数据科学与大数据技术系列

Python 数据挖掘方法及应用

——知识图谱（第 2 版）

王　术　王斌会　著

電子工業出版社
Publishing House of Electronics Industry
北京 · BEIJING

内容简介

本书重点介绍Python语言数据处理与数据分析方面的应用技巧，内容涉及数据的整理、数据的输入/输出、探索性数据分析、基本数据分析、多元数据分析、时间序列数据分析、网络爬虫技术、社会网络分析、知识图谱和文献计量研究等数据分析方面的内容。第2版在每章增加了内容的知识图谱，方便读者随时了解章节的主要内容。附录中提供了Python数据分析相关方法和函数等内容，方便读者随时查看。本书内容丰富、图文并茂、可操作性强且便于查阅，主要面向基于Python数据挖掘的读者，能有效地帮助读者提高数据处理与分析的水平，提升工作效率。作者建立了本书的学习博客（https://www.yuque.com/rstat/pydm）和学习网站（http://www.jdwbh.cn/Rstat），本书的例子数据和习题数据都可直接从华信教育资源网（http://www.hxedu.com.cn）免费下载。另外，本书为了使读者快速掌握Python数据挖掘技术，建立了本书学习的云计算平台（http://www. jdwbh.cn/PyDm），可在上面直接操作本书的代码，也可获得习题解答。

本书可作为各大中专院校和培训班的数据分析教材，适合各个层次的数据分析用户，既可作为初学者的入门指南，又可作为中高级用户的参考手册。

图书在版编目（CIP）数据

Python数据挖掘方法及应用：知识图谱 / 王术，王斌会著. —2版. —北京：电子工业出版社，2023.7

ISBN 978-7-121-45969-6

Ⅰ. ①P… Ⅱ. ①王… ②王… Ⅲ. ①软件工具－程序设计－高等学校－教材 Ⅳ. ①TP311.561

中国国家版本馆CIP数据核字（2023）第130008号

责任编辑：秦淑灵
印　　刷：三河市华成印务有限公司
装　　订：三河市华成印务有限公司
出版发行：电子工业出版社
　　　　　北京市海淀区万寿路173信箱　　邮编：100036
开　　本：787×1 092　1/16　印张：14.75　字数：377.6千字
版　　次：2019年3月第1版
　　　　　2023年7月第2版
印　　次：2024年3月第2次印刷
定　　价：55.00元

凡所购买电子工业出版社图书有缺损问题，请向购买书店调换。若书店售缺，请与本社发行部联系，联系及邮购电话：（010）88254888，88258888。

质量投诉请发邮件至zlts@phei.com.cn，盗版侵权举报请发邮件至dbqq@phei.com.cn。

本书咨询联系方式：qinshl@phei.com.cn。

前　言

人类从农耕时代进入工业时代用了上千年时间，从工业时代进入信息时代用了一百多年时间，而从信息时代进入数据时代仅仅用了不到10年时间。随着互联网、物联网、云计算的不断深入应用，产生了大量数据，这些大量数据的挖掘和分析应用，急需人们掌握数据的分析技术，人类正全面进入大数据分析时代。

需要是发明之母。近年来，数据挖掘引起了信息产业界的极大关注，其主要原因是存在大量的数据，可以广泛使用，并且迫切需要将这些数据转换成有用的信息和知识。获取的信息和知识可以广泛用于各种应用，包括商务管理、生产控制、市场分析、工程设计和科学探索等。

“人生苦短，我要用Python”，这是网上对Python评价最多的一句话，说明Python作为一种新兴的编程语言，已深入人心。现在我国许多地区的高考都加入了Python编程的内容，一些中小学也开始开设Python编程课程。

本书重点介绍Python语言数据处理与数据分析方面的应用技巧，内容涉及数据的整理、数据的输入/输出、探索性数据分析、基本数据分析、多元数据分析、时间序列数据分析、网络爬虫技术、社会网络分析、知识图谱和文献计量研究等数据分析方面的内容。附录中提供了Python数据分析相关方法和函数等内容，方便读者随时查看。

本书分为三部分，第1部分讲解数据挖掘基础，包括第1章、第2章和第3章的内容，重点介绍Python数据挖掘基础、数据挖掘的基本方法和数据挖掘的统计基础；第2部分讲解数值数据的挖掘，包括第4章、第5章和第6章的内容，重点介绍线性相关与回归模型、时间序列数据分析和多元数据的统计分析；第3部分讲解文本数据的挖掘，包括第7章、第8章和第9章的内容，重点介绍简单文本处理方法、社会网络与知识图谱和文献计量与知识图谱。最后对本书所建的资源共享平台与云计算进行了介绍。

本书内容丰富、图文并茂、可操作性强且便于查阅，主要面向基于Python数据挖掘的读者，能有效地帮助读者提高数据处理与分析的水平，提升工作效率。本书适合各个层次的数据分析用户，既可作为初学者的入门指南，又可作为中、高级用户的参考手册，同时可作为各大中专院校和培训班的数据分析教材。

为了方便读者学习和使用Python的数据分析技术，本书具有以下四大优点。

（1）本书使用Python科学计算发行版Anaconda，方便数据分析者使用，可从https://www.anaconda.com免费下载安装并使用。

（2）本书公开了自编函数的源代码，使用者可以深入理解Python函数的编程技巧，用这些函数建立自己的开发包。本书还建立了学习博客（https://www.yuque.com/rstat/pydm）和学习网站（http://www.jdwbh.cn/Rstat），本书的例子数据和习题数据都可直接从华信教育资源网（http://www.hxedu.com.cn）免费下载使用。

（3）本书采用网络化教学平台：Python 的基础版缺少一个面向一般人群的菜单界面，对那些只想用其进行数据分析的使用者来说，是一个大难题。本书采用 Python 的 Anaconda 自带的分析平台 Jupyter 和 Spyder，该平台可作为数据分析教学与科研软件使用。

（4）本书建立了自己的云计算平台（http://www.jdwbh.cn/PyDm），可在上面直接操作本书的代码，也可获得习题解答。

本书由王术和王斌会共同完成，王术对本书进行了统稿，王斌会对本书进行了校对。

由于作者知识和水平有限，书中难免有疏漏和不足之处，欢迎读者批评指正！

作　者

2023 年 6 月于暨南园

目　　录

第 1 部分　数据挖掘基础

第 3 部分　文本数据的挖掘

- **Python 数据挖掘方法及应用——知识图谱（第2版）**
  - 第1部分 数据挖掘基础
    - 第1章 Python数据挖掘基础
      - 1.1 数据挖掘软件简介
      - 1.2 Anaconda计算包
      - 1.3 Python编程基础
      - 1.4 Python程序设计
    - 第2章 数据挖掘的基本方法
      - 2.1 数据收集过程
      - 2.2 数据的描述分析
      - 2.3 数据的透视分析
    - 第3章 数据挖掘的统计基础
      - 3.1 均匀分布及其应用
      - 3.2 正态分布及其应用
  - 第2部分 数值数据的挖掘
    - 第4章 线性相关与回归模型
      - 4.1 两变量相关与回归分析
      - 4.2 多变量相关与回归分析
    - 第5章 时间序列数据分析
      - 5.1 时间序列简介
      - 5.2 时间序列模型的构建
      - 5.3 时间序列模型的应用
    - 第6章 多元数据的统计分析
      - 6.1 综合评价方法
      - 6.2 主成分分析方法
      - 6.3 聚类分析方法
  - 第3部分 文本数据的挖掘
    - 第7章 简单文本处理方法
      - 7.1 字符串处理
      - 7.2 简单文本处理
      - 7.3 网络数据的爬虫
    - 第8章 社会网络与知识图谱
      - 8.1 社会网络的初步印象
      - 8.2 社会网络图的构建
      - 8.3 商业数据知识图谱应用
    - 第9章 文献计量与知识图谱
      - 9.1 文献计量研究的框架
      - 9.2 文献数据的收集与分析
      - 9.3 科研数据的管理与评价

第 1 部分
数据挖掘基础

第1章 Python数据挖掘基础
- 1.1 数据挖掘软件简介
- 1.2 Anaconda计算包
- 1.3 Python编程基础
- 1.4 Python程序设计
- 数据及练习1

第2章 数据挖掘的基本方法
- 2.1 数据收集过程
- 2.2 数据的描述分析
- 2.3 数据的透视分析
- 数据及练习2

第3章 数据挖掘的统计基础
- 3.1 均匀分布及其应用
- 3.2 正态分布及其应用
- 数据及练习3

第 1 部分思维导图

第 1 章　Python 数据挖掘基础

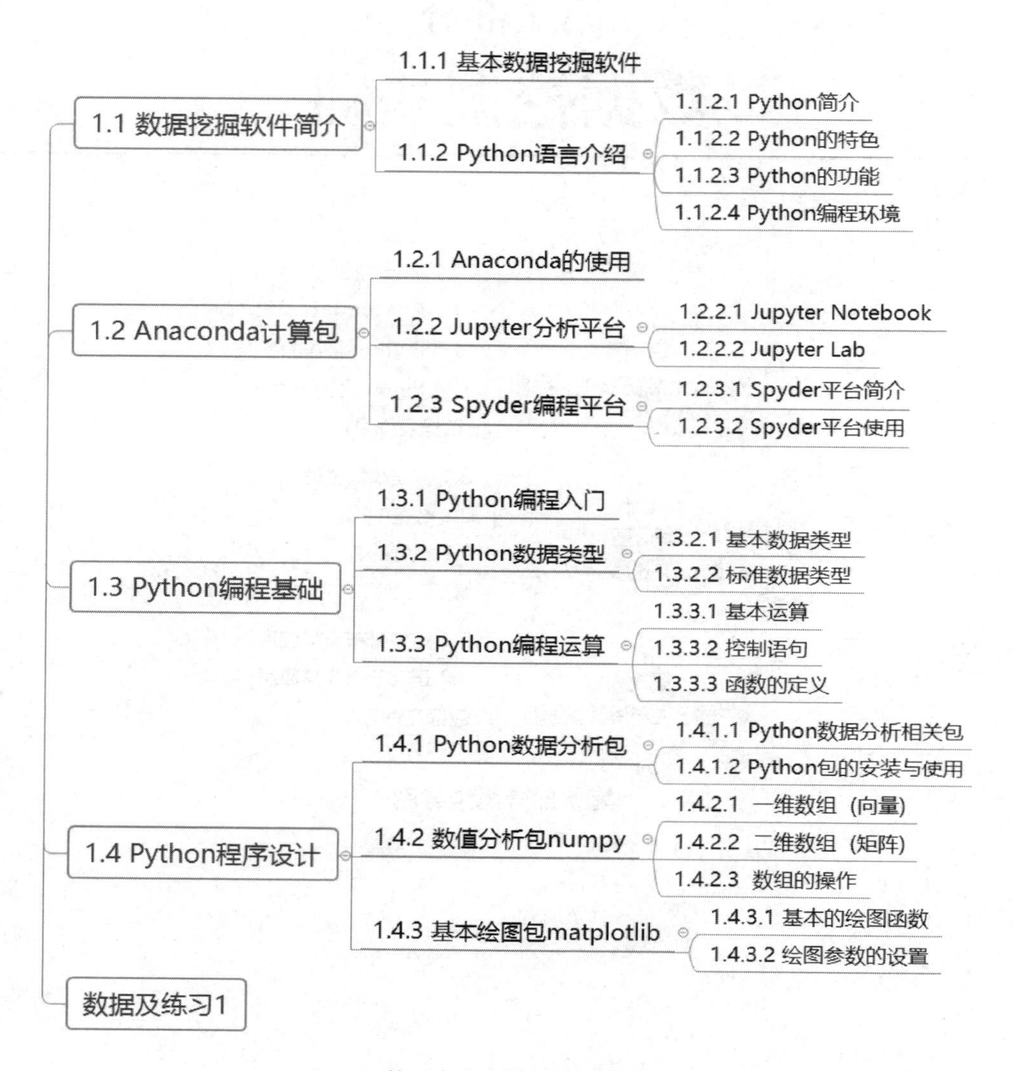

第 1 章内容的知识图谱

1.1　数据挖掘软件简介

1.1.1　基本数据挖掘软件

能进行数据挖掘的软件有很多，如电子表格、SAS、SPSS、MATLAB、R、Python、Stata、Eviews 等，下面简单介绍这些软件。

电子表格（Excel、WPS 等）不仅是数据管理软件，还是数据挖掘的入门工具。尽管其统计分析功能并不十分强大，但是它可以快速地进行一些基本的数据分析工作，也可以创建供大多数人使用的数据图表。由于电子表格在数据存量、图形样式、统计方法和统计建模方面功能受限，所以它们很难成为专业的数据分析软件。

SAS（Statistical Analysis System）是使用最为广泛的三大著名统计分析软件（SAS、SPSS 和 Splus）之一，被誉为统计分析的标准软件。SAS 是功能最为强大的统计软件，有完善的数据管理和统计分析功能，是熟悉统计学并擅长编程的专业人士的首选。

SPSS（Statistical Package for the Social Science）也是世界上著名的统计分析软件之一。SPSS 中文名为社会科学统计软件包，这是为了强调其社会科学应用的一面，而实际上它在社会科学和自然科学的各个领域都能发挥巨大作用。与 SAS 相比，SPSS 是非统计学专业人士的首选。

MATLAB 是美国 MathWorks 公司出品的商业数学软件，是用于算法开发、数据可视化、数据分析及数值计算的高级技术计算语言和交互式环境，主要包括 MATLAB 和 Simulink 两大部分。它在数值计算和模拟分析方面首屈一指，主要应用于工程计算、控制设计、信号处理与通信、图像处理、信号检测、金融建模设计与分析等领域。

Stata 是一套完整的、集成的统计分析软件包，可以满足数据分析、数据管理和统计图形的所有需要。Stata 12 增加了许多新的特征，如结构方程模型（SEM）、ARFIMA、Contrasts、ROC 分析、自动内存管理等。Stata 适用于 Windows、Macintosh 和 Unix 平台计算机（包括 Linux）。Stata 的数据集、程序和其他的数据能够跨平台共享，且不需要转换，同样可以快速而方便地从其他统计分析软件包、电子表单和数据库中导入数据集。

Eviews 是美国 QMS 公司于 1981 年发行的第 1 版 Micro TSP 的 Windows 版本，通常称为计量经济学软件包，是当今世界最流行的计量经济学软件之一。它可应用于科学计算中的数据分析与评估、财务分析、宏观经济分析与预测、模拟、销售预测和成本分析等。由于 Eviews 提供了一个很好的工作环境，能够迅速进行编程、估计、使用新的工具和技术，所以它在计量经济建模方面有着广泛的应用。

从纯数据分析角度来说，应用最好的当属 S 语言的免费开源及跨平台系统 R 语言。R 语言是一个用于统计计算的很成熟的免费软件，也可以把它理解为一种统计计算语言，实际上很多人都直接称呼它为“R”，它比 C++、Fortran 等不知道简单了多少倍！如果你是一位数据分析的初学者，面对众多数据分析软件感到困惑且难以抉择，又想快速地掌握统计计算、数据分析，甚至目前比较流行的数据挖掘技术，那么首选的语言就是 R 语言。

不过，R 语言对于初学编程和数据分析的人来说，入门还是有一定难度的，因为它还不是真正意义上的编程语言，所以现在流行“人生苦短，我用 Python”这样的说法，说明 Python

作为一种新兴的编程语言，已深入人心。现在我国许多地区的高考试卷中都加入了 Python 编程的内容，一些中小学也开始开设 Python 编程课程。另外，由于 Python 博采众长，不断吸收其他数据分析软件的优点，并加入了大量的数据分析功能，它已成为仅次于 Java、C 及 C++的第四大语言，且在数据处理领域有超过 R 语言的趋势，因此本数据分析教程采用了 Python 作为分析工具。

综上所述，出于数据管理的方便，适用于一般数据分析的最好的数据管理软件应该是电子表格软件（如微软 Office 的 Excel、金山 WPS 的表格等），大量数据可以在一个工作簿中保存。所以，对于规模不是很大的数据集，建议采用该方法来管理和编辑数据，而统计软件是进行数据分析不可或缺的工具。随着知识产权保护要求的不断提高，免费和开放源代码逐渐成为一种趋势，Python 正是在这个大背景下发展起来的，并逐渐成为数据分析的标准软件。考虑到微软 Office 的 Excel 必须购买正版，而金山 WPS 的表格提供官方免费正版软件，作者认为，通常的数据处理和分析工作用 WPS+Python 足矣。

1.1.2 Python 语言介绍

1.1.2.1 Python 简介

Python 是一种面向对象的解释型计算机程序设计语言，由荷兰人 Guido van Rossum 于 1989 年发明，第一个公开发行版发行于 1991 年。

Python 是纯粹的自由软件，源代码和解释器 CPython 遵循 GPL（General Public License）协议。Python 语法简洁清晰，特色之一是强制用空白符（White Space）作为语句缩进。

Python 具有丰富而强大的包，常被称为“胶水语言”，能够把用其他语言制作的各种模块（尤其是 C/C++）轻松地联结在一起。常见的一种应用情形是，先使用 Python 快速生成程序的原型（有时甚至是程序的最终界面），然后对其中有特别要求的部分用更合适的语言改写，如 3D 游戏中的图形渲染模块对性能要求特别高，就可以用 C/C++重写，最后封装为 Python 可以调用的扩展包。需要注意的是，在使用扩展包时可能需要考虑平台问题，某些扩展包可能不提供跨平台的实现。

由于 Python 语言的简洁性、易读性及可扩展性，在国外用 Python 进行科学计算的研究机构日益增多，一些知名大学已经采用 Python 来教授程序设计课程。例如，卡耐基梅隆大学的编程基础、麻省理工学院的计算机科学及编程导论就使用 Python 语言讲授。众多开源的科学计算软件包都提供了 Python 的调用接口，如著名的计算机视觉包 OpenCV、三维可视化包 VTK、医学图像处理包 ITK。而 Python 专用的科学计算扩展包就更多了，如以下三个十分经典的科学计算扩展包：numpy、scipy 和 matplotlib。它们分别为 Python 提供了快速数组处理、数值运算及绘图功能。因此，Python 语言及其众多的扩展包所构成的开发环境十分适合工程技术、科研人员处理实验数据、制作图表，甚至开发科学计算应用程序。Python 的官方网站为 https://www.python.org/，在该网站可以下载 Python 软件和许多程序包，以及有关 Python 的资料。

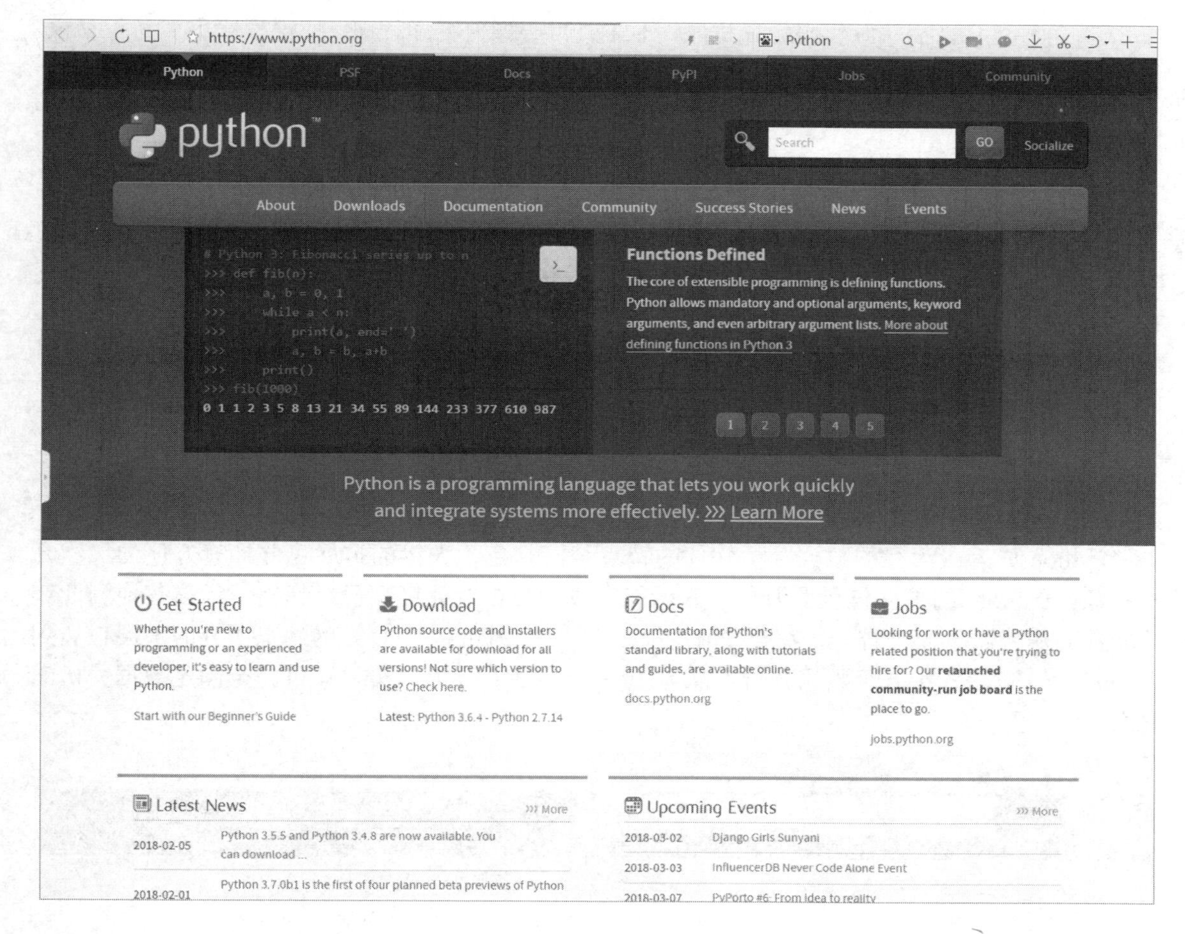

1.1.2.2　Python 的特色

Python 是一种高层次的脚本语言，其结合了解释性、编译性、互动性和面向对象，设计具有很强的可读性。

① Python 是解释型的语言：这意味着开发过程中没有编译这个环节。

② Python 是交互式的语言：这意味着可以在一个 Python 提示符下直接互动执行写程序。

③ Python 是面向对象的语言：这意味着 Python 支持面向对象的风格或代码封装在对象中的编程技术。

④ Python 是初学者的语言：Python 对初学者而言，是一种友好易学的语言，它支持广泛的应用程序开发——从简单的文字处理到网络开发再到游戏。

具体而言，Python 有以下一些特点。

① 简单、易学。

② 免费、开源。

③ 高层语言：封装内存管理等。

④ 可移植性：程序如果不使用依赖于系统的特性，那么不需要修改就可以在任何平台上运行。

⑤ 解释性：直接从源代码运行程序，不需要担心如何编译程序，使得程序更加易于移植。

⑥ 面向对象：支持面向过程的编程，也支持面向对象的编程。

⑦ 可扩展性：需要保密或高效的代码，可以先用 C/C++进行编写，然后在 Python 程序中使用。

⑧ 可嵌入性：可以把 Python 嵌入 C/C++程序，从而向程序用户提供脚本功能。

⑨ 丰富的包：包括正则表达式、文档生成、单元测试、线程、数据库、网页浏览器、CGI、FTP、电子邮件、XML、XML-RPC、HTML、WAV 文件、密码系统、GUI（图形用户界面）、Tk 和其他与系统有关的操作。

除标准包外，还有许多其他高质量的包，如 wxPython、Twisted 和 Python 图像包等。

⑩ 概括性强：Python 是一种十分精彩又强大的语言，使得编写程序简单有趣。

⑪ 规范的代码：Python 采用强制缩进的方式，使得代码具有极佳的可读性。

1.1.2.3 Python 的功能

Python 成为最流行的数据分析软件的特点是，它包含大量的扩展包并拥有方便的二次开发功能。Python 的扩展包包罗万象，它所能完成的数据统计模型已经超出了任何其他商业统计软件。作者做了一个统计，截至 2019 年 1 月，在 Python 的官方网站上所列的扩展包达到 165797 个（包含几十万个数据分析方法），除进行各种程序开发外，还可完全满足数据分析的要求。

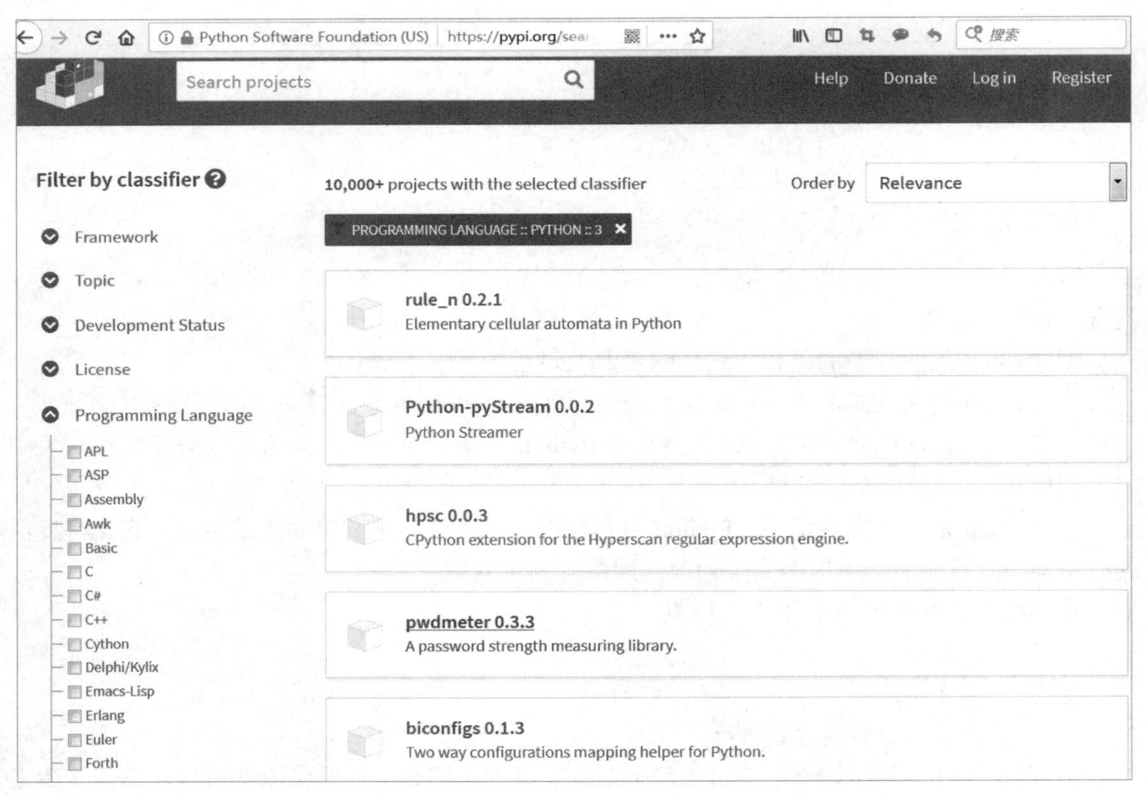

1.1.2.4　Python 编程环境

Python 是一种强大的面向对象的编程语言，这样的编程环境需要使用者不仅熟悉各种命令的操作，还需要熟悉 DOS 编程环境，而且所有命令执行完即进入新的界面，这给那些不具备编程经验或对统计方法掌握不够好的使用者造成了极大的困难。从 Python 的官方网站上下载 Python 最新版，安装后只是一个包括基础包的语言环境。本书采用基于 Anaconda 的 Jupyter 平台进行数据分析。

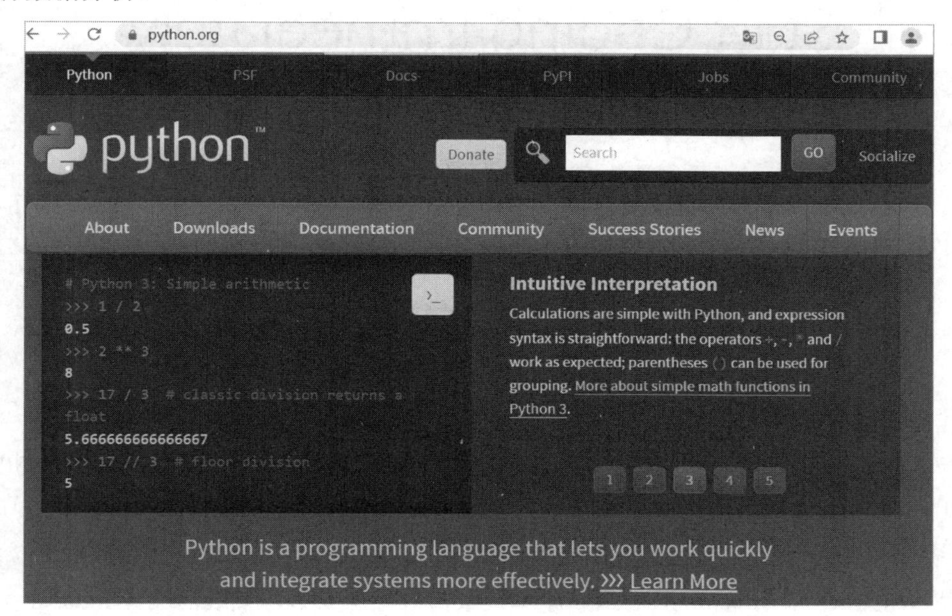

1.2　Anaconda 计算包

如果用来讲课或演示数据分析结果，则推荐 Jupyter 平台，它有类似于 Mathematica 的界面，特点是可同时查看代码和运行结果，支持多种语言功能。如果用来进行数据挖掘和统计分析，则建议用 Spyder 平台；如果用来做大工程，则可考虑使用其他开发环境，如 Pycharm 等。你会发现，MATLAB、Rstudio、Spyder 三者“长得”很像，说明进行数据分析就应该是这样的界面。一个用熟了，其他两个就很容易上手了，可以将三者的常用功能的快捷键改成一致。

1.2.1　Anaconda 的使用

基本的 Python 编程环境只包含基本的编程模块，不包含数据分析和科学计算模块，所以数据分析工作者需要选择一个方便的 Python 编程环境。

可喜的是，现在有许多公司为了迎接大数据时代的来临，构建了许多基于 Python 的发行版，其中包含用于编程的 IDE（Integrated Development Environment，集成开发环境）、常用的编程和数据分析包。

这里给大家推荐一款用于科学计算和数据分析的 Python 的发行版 Anaconda，可登录

https://www.anaconda.com/网站下载其安装包。

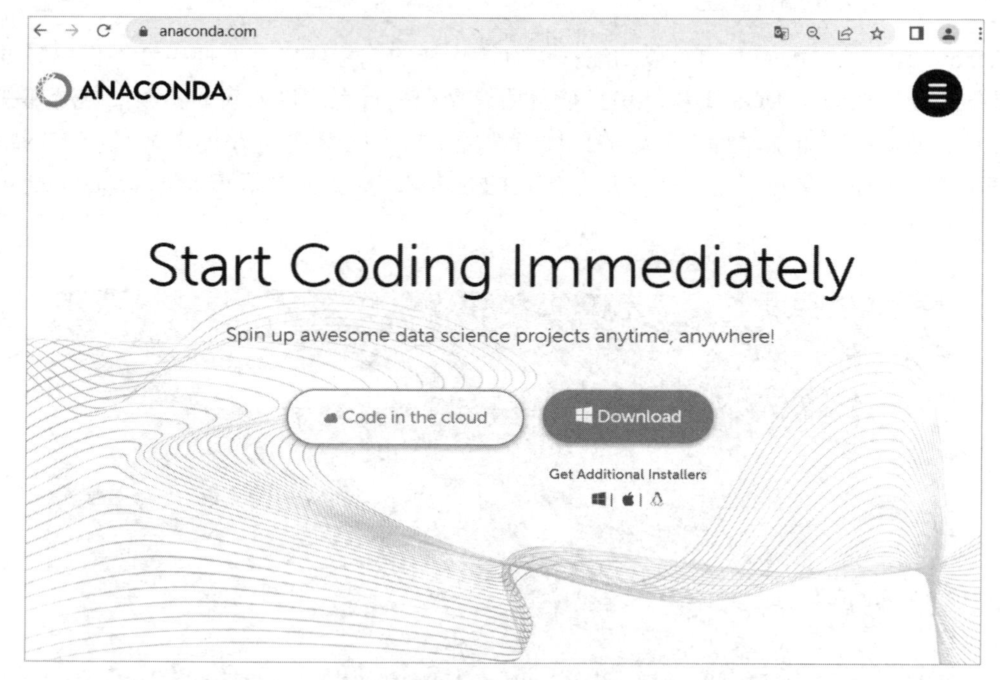

注意：Anaconda 指的是一个开源的 Python 发行版，包含 numpy、pandas、matplotlib、scipy 等 180 个科学包及其依赖项。因为包含大量的科学计算包，所以 Anaconda 的下载文件比较大（约 500MB），但安装后可满足大多数数据分析的需求。

下载 Windows 版 Anaconda 的最新版本，按常规方法安装，安装后在 Windows 系统菜单中会出现子菜单，可选择其中一个程序来使用 Python。

在 Windows 中安装好 Anaconda 后，将会在 Windows 菜单中出现下面的界面。

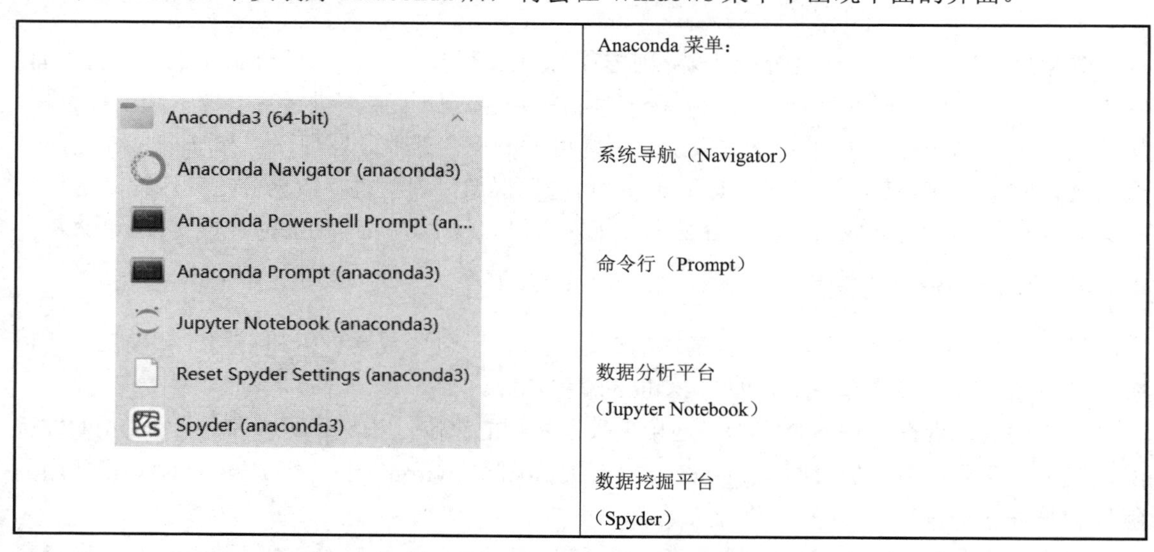

Anaconda 菜单：

系统导航（Navigator）

命令行（Prompt）

数据分析平台（Jupyter Notebook）

数据挖掘平台（Spyder）

从这里单击菜单中的按钮进入 Jupyter Notebook 或 Spyder。

第三方程序包通常在命令行上安装，安装命令为 pip install 包名或 conda install 包名，如要安装 nbextensions 扩展包，则在命令行执行：

```
>>> pip install jupyter_contrib_nbextensions
```

下面是一些包的命令。

列出当前安装的包：>>> pip list。

列出可升级的包：>>> pip list --outdate。

升级一个包：>>> pip install --upgrade jupyterlab。

卸载一个包：>>> pip uninstall jupyterlab。

如果要进行基本的数据分析和展示，则可执行 Jupyter Notebook。

1.2.2　Jupyter 分析平台

1.2.2.1　Jupyter Notebook

1）Jupyter Notebook 简介

Jupyter Notebook（此前称为 IPython Notebook）是一个交互式编程笔记本，支持运行 40 多种编程语言。Jupyter Notebook 的本质是一个 Web 应用程序，便于创建和共享流程化程序文档，支持实时代码、数学方程、可视化和 Markdown。用途包括数据清理、数据转换、数值模拟、统计建模、数据可视化机器学习等。其特点是用户可以通过电子邮件 Dropbox、GitHub 和 Jupyter Notebook Viewer，将 Jupyter Notebook 分享给其他人。在 Jupyter Notebook 中，代码可以实时生成图像、视频、LaTeX 和 JavaScript。

有时为了能与同行们有效沟通，需要重现整个分析过程，并将说明文字、代码、图表、公式、结论整合在一个文档中。显然，传统的文本编辑工具不能满足这一需求，而 Jupyter Notebook 不仅能在文档中执行代码，还能以网页形式分享。

2）Jupyter Notebook 的使用

建议使用 Anaconda 发行版安装 Python 和 Jupyter，其中包括 Python、Jupyter Notebook、Jupyter Lab，以及用于科学计算和数据科学的其他常用软件包。

如果已经安装了 Jupyter Notebook，要运行笔记本，则在终端（Mac/Linux）或命令行（Windows）运行 Jupyter Notebook 命令。

如果安装的是 Anaconda，那么它已包含 Jupyter Notebook，由于 Jupyter 具有网页功能，因此直接在菜单中打开它，不容易确定当前执行目录。当你的目录不在计算机桌面上时，建议用下面的方式在当前目录（如 D:\PyDm2）中打开 Jupyter Notebook。

先在 Anaconda Prompt 命令行上将目录切换为 D:\PyDm2，然后运行 Jupyter Notebook 命令，如

```
C:\Users\Lenovo> D:
D:\>cd PyDm2
D:\PyDm2>jupyter notebook
```

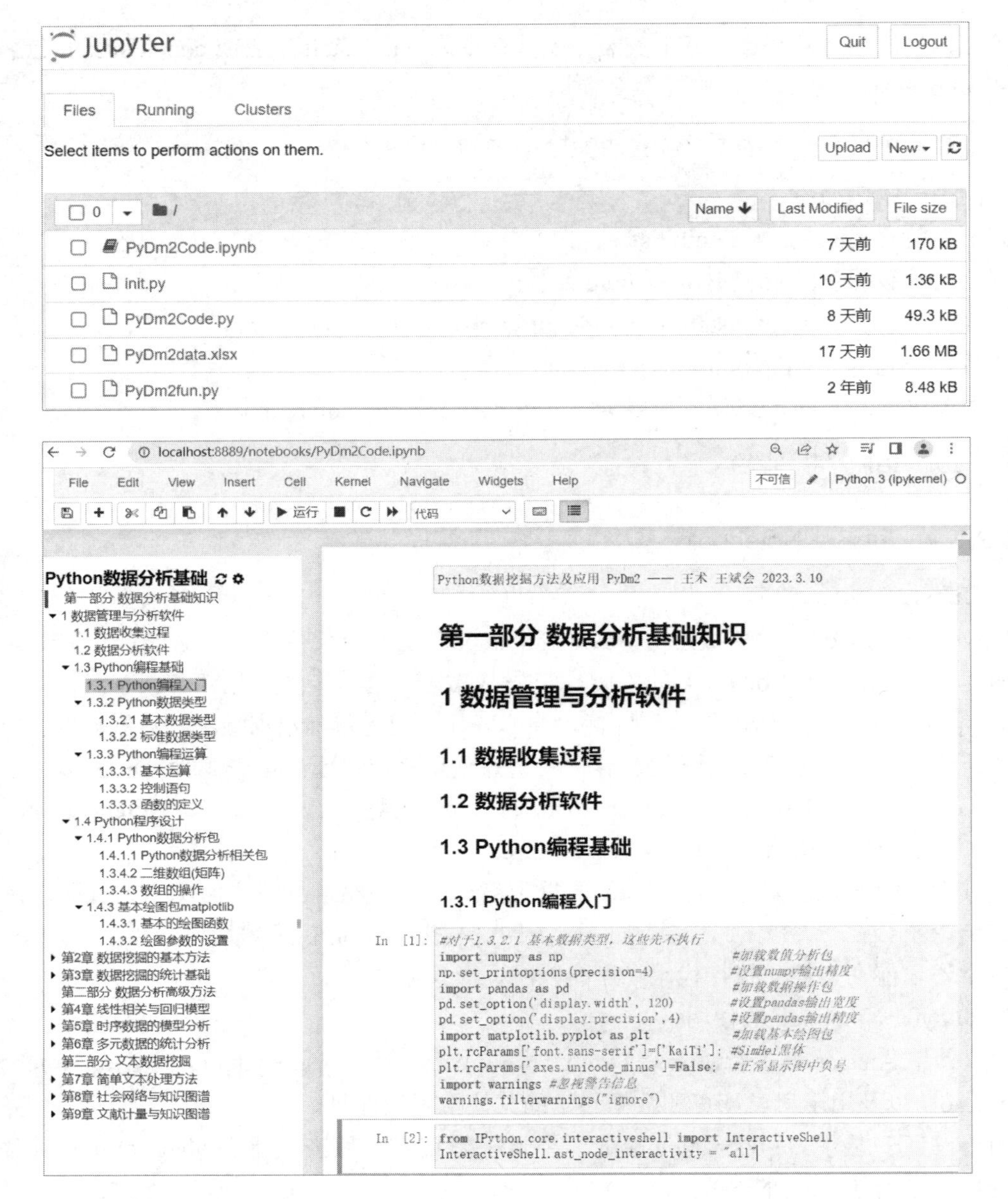

3）Jupyter Notebook 的优点

Jupyter Notebook 的主要优点如下。

（1）所见即所得。

① 适合进行数据分析。想象以下混乱的场景：你在终端运行程序，可视化结果却显示在其他窗口中，而包含函数和类的脚本又存放在其他文档中，更可恶的是，你还需要另写一份说明文档来解释程序如何执行，以及结果如何。此时，Jupyter Notebook“从天而降”，将所有内容收归一处，你是不是顿觉灵台清明，思路更加清晰了呢？

② 支持多语言。Jupyter Notebook 支持 40 多种编程语言。如果你习惯使用 R 语言来进行数据分析，或者想用学术界常用的 MATLAB 和 Mathematica，那么只要安装相对应的核（Kernel）即可。

③ 分享便捷。支持以网页的形式分享，GitHub 天然支持 Jupyter Notebook 展示，也可以通过 Nbviewer 分享文档，当然也支持导出成 HTML、Markdown、PDF 等格式的文档。

④ 远程运行。在任何地点都可以通过网络连接远程服务器来实现运算。

⑤ 交互式展现。不仅可以输出图片、视频、数学公式，还可以呈现一些互动的可视化内容，如可以缩放的地图或可以旋转的三维模型。

（2）数学公式编辑。

如果你曾做过严格的学术研究，那么一定对 LaTeX 不陌生，这简直是写科研论文的必备工具，不但能实现严格的文档排版，而且能编辑复杂的数学公式。在 Jupyter Notebook 的 Markdown 单元中，也可以使用 LaTeX 的语法来插入数学公式。

在文本行插入数学公式，使用一对 $ 符号，如质能方程$E = mc^2$。如果要插入一个数学区块，则使用两对$符号。例如，用下面的公式表示 z=x/y：

```
$$ z = frac{x}{y} $$
```

关于如何在 Jupyter Notebook 中使用 LaTeX，可以上网查找相关资料。

（3）幻灯片制作。

既然 Jupyter Notebook 擅长展示数据分析的过程，那么除了通过网页形式分享，当然也可以将其制作成幻灯片的形式。

如何用 Jupyter Notebook 制作幻灯片呢？首先在 Jupyter Notebook 的菜单栏选择 View→Cell Toolbar→Slideshow，这时在文档的每个单元右上角显示了 Slide Type 的选项。通过设置不同的类型，来控制幻灯片的格式，有以下 6 种类型。

- Slide：主页面，通过按左右方向键进行切换。
- Sub-Slide：副页面，通过按上下方向键进行切换。
- Fragment：默认是隐藏的，按空格键或方向键后显示，可实现动态效果。
- Skip：在幻灯片中不显示的单元。
- Notes：作为演讲者的备忘笔记，也不在幻灯片中显示。
- Jupyter Notebook：幻灯片设置。

编写好幻灯片形式的 Jupyter Notebook 以后，如何来演示呢？这时需要使用 nbconvert：

```
jupyter nbconvert notebook.ipynb --to slides --post serve
```

在命令行输入上述代码后，浏览器会自动打开相应的幻灯片。

（4）魔术关键字。

魔术关键字（Magic Keywords），正如其名，是用于控制 Jupyter Notebook 的特殊命令。它们运行在代码单元中，以%或%%开头，前者控制一行，后者控制整个单元。

例如，要得到代码运行的时间，则可以使用%timeit；要在文档中显示 matplotlib 包生成的图形，则使用%matplotlib inline；要进行代码调试，则使用%pdb。注意：这些命令大多是在 Python Kernel 中适用的，在其他 Kernel 中大多不适用。有许多魔术关键字可以使用，更详细的清单请上网查询。

1.2.2.2　Jupyter Lab

相信 Python 开发者都对 Jupyter Notebook 这种笔记本式的开发环境非常喜欢。这种基于网页的开发环境不仅允许用户创建和共享含有代码的文档，还可以植入公式、可视化图片和描述性文本等。

然而，所有的东西都不是十全十美的，我们在享受 Jupyter Notebook 带来便利的同时，总感觉有种或多或少的缺失感，因为感觉它不太像或压根就不算 IDE（集成开发环境），所以看着使用 PyCharm、Spyder 和 Visual Studio For Python 的用户，总有一种莫名的羡慕之感。

令所有开发者为之振奋的好消息是，Jupyter Notebook 的下一代产品 Jupyter Lab 发布了。

1）Jupyter Lab 的特点

① Jupyter Lab 是一个名副其实的 IDE，也是一个基于网页的 IDE（保留了全部的 Notebook 特性）。作者认为，仅凭这一条，Jupyter 项目就是一个飞跃。这个集成开发环境不仅有 Console，还有 IPython Terminal，所有开发所用到的资源（如图片、代码、文本等）、插件包等，都可以在其中运行 Python 和 R 等程序。

② 集成开发环境还内置了一个用起来得心应手且功能强大的 Markdown 编辑器，这对于编辑程序文档而言十分方便，再也不需要其他的编辑器来撰写 README 了。与大多数编辑器一样，该编辑器采取对照方式，一边为 Markdown 编辑页面，另一边为显示页面。

③ Jupyter Lab 有很多种打开方式，用于打开特定的数据结构和文件格式。例如，要打开一个 csv 文件，不是用 numpy/pandas 就是用 Excel，但 Jupyter Lab 提供了一种表格打开方式，可直接在页面打开这个表格数据，而不是逗号隔开的混乱数据。再例如，对于一个 Geo-JSON 文件，如何直观地实现可视化呢？用 Jupyter Lab 以地图形式打开，各个位置就直接显示在 Google Map 中了。

④ Jupyter Lab 扩展了小插件（Widget）功能。该功能采纳了其他交互性可视化项目的形式（如 Bokeh）。例如，可以通过滑块（Slider）来可视化改变变量值、图形大小、图的分布等。Jupyter Lab 还有很多令人惊喜的功能，这里不再赘述。

2）Jupyter Lab 的使用

如果你安装的是 Anaconda，那么它已包含 Jupyter Lab，由于 Jupyter 具有网页功能，因此直接打开它，不容易确定当期执行目录，可按以下步骤进行操作：进入工作目录文件夹（如 D:/PyDm2），在命令窗口中输入 Jupyter Lab，如下图所示。

```
D:\PyDm2\>Jupyter Lab
```

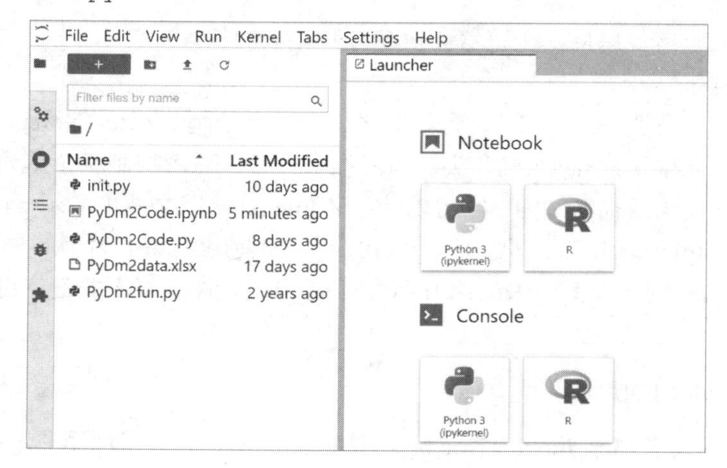

在此，就可以像在通常的编程环境中那样来编辑代码和进行数据分析了，操作类似于 Jupyter Notebook。

1.2.3　Spyder 编程平台[①]

1.2.3.1　Spyder 平台简介

如果要在 Anaconda 中使用 Python 作为数据分析与开发平台，则推荐使用其 Spyder。Spyder 是 Python(x,y)（Python 的一个发行版）的作者为它开发的一个简单的集成开发环境。与其他 Python 的集成开发环境相比，它最大的优点是模仿 MATLAB 和 Rstudio 的“工作空间”功能，可以方便编辑代码和修改数组的值。

如果要进行大量的编程、数据处理和分析工作，则可使用 Spyder 编辑器实现类似 MATLAB 和 Rstudio 的开发环境。

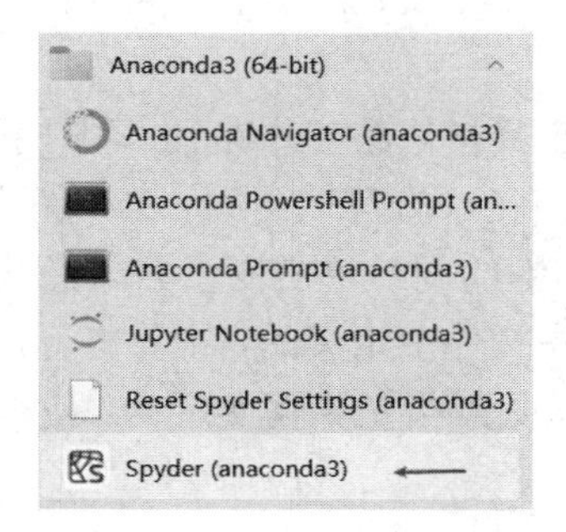

下图所示为类似 MATLAB 和 Rstudio 的 Spyder 开发环境。

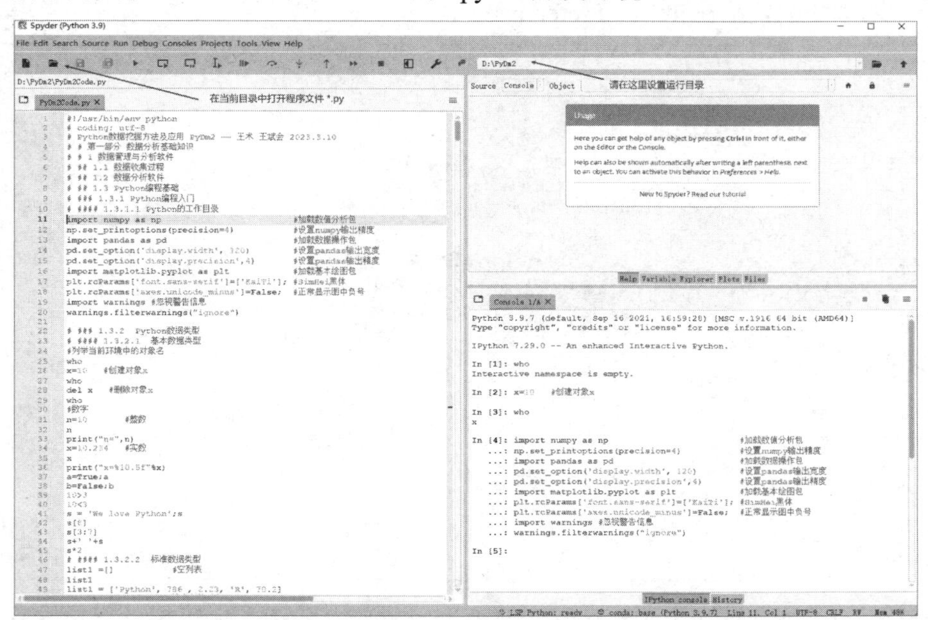

Spyder 是通过按 F9 键来运行代码的（可选择一行或多行执行）。

① 进行 Python 数据挖掘，建议使用 Spyder，编程和程序调试要比 Jupyter 方便很多。

1.2.3.2 Spyder 平台使用

关于Spyder的详细介绍，参见Spyder网站。上图就是调整后的Spyder界面，实际与MATLAB和 Rstudio 的编辑器差别不大，但更友好，熟悉 MATLAB 和 Rstudio 的用户较容易上手。

1）Spyder 的编辑

Spyder 的界面由许多窗格构成，用户可以根据自己的喜好调整它们的位置和大小。当多个窗格出现在同一个区域时，将以标签页的形式显示。在View菜单中可以设置是否显示Editor、Object inspector、Variable explorer、File explorer、Console、History 和两个显示图像等窗格。

2）功能与技巧

Spyder 的功能比较多，这里仅介绍一些常用的功能和技巧。

在控制台中，可以按 Tab 键进行自动补全。在变量名之后输入“?”，可以在 Object inspector 窗格查看对象的说明文档。此窗格的 Options 菜单中的 Show source 选项可以开启显示函数的源程序。

可以通过 Working directory 工具栏修改工作路径，用户程序运行时，将以此工作路径为当前路径。例如，只需要修改工作路径，就可以用同一个程序处理不同文件夹下的数据文件。

在程序编辑窗口中按住 Ctrl 键的同时单击变量名、函数名、类名或模块名，可以快速跳转到定义位置。如果是在别的程序文件中定义的，则将打开此文件。在学习一个新模块的用法时，经常需要查看模块中的某个函数或类是如何实现的，使用此功能可以快速查看和分析各个模块的源程序。

3）Spyder 的配置

Spyder 基本的配置都在 Tool→Preferences 中。

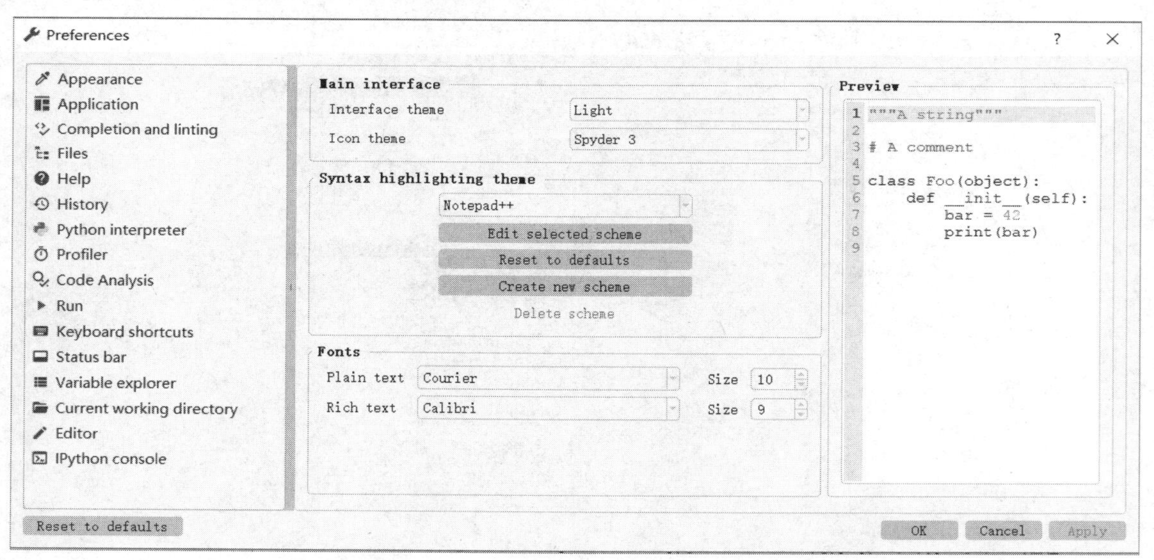

考虑到数据挖掘过程在大多数情况下需要通过编程来实现，所以本书采用 Spyder 进行操作。

1.3 Python 编程基础

网上有大量的 Python 编程基础知识介绍，请大家自行学习。由于本书重点介绍 Python 的数据分析，所以对 Python 编程的基础知识不展开讨论。

1.3.1 Python 编程入门

Python 创建和控制的实体称为对象（Object），它们可以是变量、数组、字符串、函数或结构。由于 Python 是一种所见即所得的脚本语言，因此不需要编译。在 Python 中，对象是通过名字创建和保存的，可以用 who 命令来查看当前打开的 Python 环境中的对象，用 del 删除这些对象。

1）查看数据对象

In	#列举当前环境中的对象名 %who
Out	Interactive namespace is empty.

2）生成数据对象

In	x=10.12 #创建对象 x %who
Out	x

3）删除数据对象

In	del x #删除对象 x %who
Out	Interactive namespace is empty.

上面列出的是新创建的数据对象 x 的名称。Python 对象的名称必须以一个英文字母打头，并由一串大小写字母、数字或下画线组成。

注意：Python 区分大小写，如 Orange 与 orange 数据对象是不同的。不要用 Python 的内置函数名作为对象的名称，如 who、del 等。

1.3.2 Python 数据类型

1.3.2.1 基本数据类型

Python 的基本数据类型包括数值型、逻辑型、字符型等，也可能是缺失值。

1）数值型

数值型数据的形式是实数，可以写成整数（如 n=3）、小数（如 x=1.46）、科学计数（y=1e9）的形式，该类型数据默认是双精度数据。

Python 支持 4 种不同的数值类型：int（有符号整型）、long（长整型，也可以代表八进制和十六进制）、float（浮点型）、complex（复数）。

说明：Python 中显示数据或对象内容直接用其名称，相当于执行 print 函数，如下所示。

In	n=10　　　　　　#整数 n　　　　　　　#无格式输出，相当于 print(n) print("n=",n)　　#有格式输出 x=10.234　　　　#实数 print(x) print("x=%10.5f"%x)
Out	10 n= 10 10.234 x= 10.23400

2）逻辑型

逻辑型数据只能取值 True 或 False。

In	a=True;a b=False;b
Out	True False

可以通过比较获得逻辑型数据，如下所示。

In	10>3 10<3
Out	True False

3）字符型

字符型数据的形式是夹在双引号" "或单引号' '之间的字符串，如'MR'。**注意**：一定要用英文引号，不能用中文引号。Python 语言中的 string（字符串）是由数字、字母和下画线组成的一串字符。一般形式为

```
s = 'We love Python'
```

它在编程语言中表示文本的数据类型。

另外，Python 字符串具有切片功能，即从左到右索引默认从 0 开始，最大范围是字符串长度减 1（左闭右开）；从右到左索引默认从–1 开始。如果要实现从字符串中获取一段子字符串，则可以使用变量[头下标:尾下标]，其中下标从 0 开始算起，可以是正数或负数，也可以为空，表示取到头或尾。例如，下例中 s[8]的值是 P，s[3:7]的结果是 love。

加号（+）是字符串连接运算符，星号（*）是重复操作。

In	s = 'We love Python';s s[8] s[3:7]

	s+' '+s s*2
Out	'We love Python' 'P' 'love' 'We love Python We love Python' 'We love PythonWe love Python'

4）缺失值

有些统计资料是不完整的。当一个元素或值在统计的时候是“不可得到”或“缺失值”的时候，相关位置可能会被保留并且赋予一个特定的 nan（not available number，不是一个数）值。任何 nan 的运算结果都是 nan，如 float('nan')就是一个实数缺失值。

5）数据类型转换

有时候，需要对数据内置的类型进行转换。数据类型的转换，只需要将数据类型作为函数名即可。以下几个内置的函数可以实现数据类型之间的转换，这些函数返回一个新的对象，表示转换的值。下面列出几种常用的数据类型转换方式：

```
int(x [,base])  #将 x 转换为一个整数
float(x)        #将 x 转换为一个浮点数
str(x)          #将对象 x 转换为字符串
chr(x)          #将一个整数转换为一个字符
```

Python 的所有数据类型都是类，可以通过 type()函数查看该变量的数据类型。

1.3.2.2　标准数据类型

在内存中存储的数据可以有多种类型。例如，一个人的年龄可以用数字来存储，名字可以用字符来存储。Python 定义了一些标准类型，用于存储各种类型的数据。这些标准的数据类型是由前述基本类型构成的。

1）list

list（列表）是 Python 中使用最频繁的一种数据类型。列表可以完成大多数集合类的数据结构实现。它支持字符、数字、字符串，甚至可以包含列表，即嵌套。列表用“ [] ”标识，是一种最通用的复合数据类型。Python 的列表具有切片功能，列表中值的切割用到变量 [头下标:尾下标]，可以截取相应的列表，从左到右索引默认从 0 开始，从右到左索引默认从–1 开始，下标可以为空，表示取到头或尾。

加号（+）是列表连接运算符，星号（*）是重复操作。操作方法类似字符串。

list（列表）是进行数据分析的基本类型，所以必须掌握。

In	list1 =[]　　　　#空列表 list1 list1 = ['Python', 786 , 2.23, 'R', 70.2] list1　　　　　#输出完整列表 list1[0]　　　　#输出列表的第一个元素 list1[1:3]　　　#输出第二个至第四个元素

	list1[2:]　　　　#输出从第三个开始至列表末尾的所有元素 list1 * 2　　　　#输出列表两次 list1 + list1[2:4]　　#打印组合的列表
Out	[] ['Python', 786, 2.23, 'R', 70.2] 'Python' [786, 2.23] [2.23, 'R', 70.2] ['Python', 786, 2.23, 'R', 70.2, 'Python', 786, 2.23, 'R', 70.2] ['Python', 786, 2.23, 'R', 70.2, 2.23, 'R']
In	X=[1,3,6,4,9]; X sex=['女','男','男','女','男'] sex weight=[67,66,83,68,70]; weight
Out	[1, 3, 6, 4, 9] ['女', '男', '男', '女', '男'] [67, 66, 83, 68, 70]

2）tuple

tuple（元组）是另一种数据类型，类似于 list（列表）。元组用“()”标识，内部元素用逗号隔开。元组不能赋值，相当于只读列表，操作类似列表。

3）dictionary

dictionary（字典）也是一种数据类型，且可存储任意类型对象。字典的每个键值对用冒号“:”分隔，每个键值对之间用逗号“,”分隔，整个字典包括在花括号“{}”中，格式如下：

```
dict= {key1 : value1, key2 : value2 }
```

键必须是唯一的，但值则不必，值可以取任何数据类型，如字符串、数字或元组。

字典是除列表外 Python 中最灵活的内置数据结构类型。列表是有序的对象集合，字典是无序的对象集合。

两者之间的区别在于：字典中的元素是通过键来存取的，而不是通过下标来存取的。

In	{} dict1={'name':'john','code':6734,'dept':'sales'};dict1 dict1['code'] dict1.keys() dict1.values()	#空字典 #定义字典 #输出键为'code'的值 #输出所有键 #输出所有值
Out	{} {'name': 'john', 'code': 6734, 'dept': 'sales'} 6734 dict_keys(['name', 'code', 'dept']) dict_values(['john', 6734, 'sales'])	

In	dict2={'sex': sex,'weight':weight}; dict2 #根据列表构成字典
Out	{'sex': ['女', '男', '男', '女', '男'], 'weight': [67, 66, 83, 68, 70]}

1.3.3 Python 编程运算

1.3.3.1 基本运算

与 Basic、Visual Basic、C、C++等一样，Python 具有编程功能，但 Python 是新时期的编程语言，具有面向对象的功能，同时 Python 还是面向函数的语言。既然 Python 是一种编程语言，就具有常规语言的算术运算符和逻辑运算符（见表 1-1），以及控制语句、自定义函数等功能。下面对 Python 的编程特点进行一些简单介绍。

表 1-1 Python 中常用的算术运算符和逻辑运算符

算术运算符	含 义	逻辑运算符	含 义
+	加	<（<=）	小于（小于或等于）
−	减	>（>=）	大于（大于或等于）
*	乘	==	等于
/	除	!=	不等于
**	幂	not x	非 x
%	取模	or	或
//	整除	and	与

1.3.3.2 控制语句

编程离不开对程序的控制，下面介绍几个最常用的控制语句，其他控制语句参见 Python 手册。

1）循环语句 for

Python 的 for 循环可以遍历任何序列的项目，如一个列表或一个字符串。for 循环允许循环使用向量或数列的每个值，在编程时非常有用。

for 循环的语法格式如下：

```
for iterating_var in sequence:
  statements(s)
```

Python 的 for 循环比其他语言的 for 循环更强大，例如：

In	for i in [1,2,3,4,5]: print(i)
Out	1 2 3 4 5
In	fruits = ['banana', 'apple', 'mango'] for fruit in fruits:

	print('当前水果 :', fruit)
Out	当前水果 : banana 当前水果 : apple 当前水果 : mango
In	[i*2 for i in [1,2,3,4,5]] #循环的快捷写法，并生成新的列表
Out	[2, 4, 6, 8, 10]

2）条件语句 if/else

if/else 语句是分支语句中的主要语句，其格式如下：

In	Code

In	a = −100
	if a < 100:
	  print("数值小于 100")
	else:
	  print("数值大于 100")

Out	数值小于 100

Python 中有更简洁的形式来表达 if/else 语句。

In	−a if a<0 else a
Out	100

注意：循环和条件等语句中要输出结果，请用 print()函数，这时只用变量名是无法显示结果的。

1.3.3.3　函数的定义

在较复杂的计算问题中，有时一个任务可能需要重复多次，这时不妨自定义函数。这么做的好处是，函数内的变量名是局部的，即函数运行结束后它们不再保存到当前的工作空间，这就可以避免许多不必要的混淆和内存空间占用。Python 与其他统计软件的区别之一是，可以随时随地自定义函数，而且可以像使用 Python 的内置函数一样使用自定义的函数。

不同于 SAS、SPSS 等基于过程的统计软件，Python 进行数据分析是基于函数和面向对象的，所有 Python 的命令都是以函数形式出现的，如读取文本数据的 read_clipboard()函数和读取 csv 数据文件的 read_csv()函数，以及建立序列的 Series()函数和构建数据框的 DataFrame()函数。由于 Python 是开源的，因此所有函数使用者都可以查看其源代码。下面简单介绍 Python 的函数定义方法。定义函数的句法如下：

```
def 函数名(参数 1, 参数 2, …):
    函数体
    return
```

要学好 Python 数据分析，就必须掌握 Python 中的函数及其编程方法。表 1-2 所示为 Python 中常用的数学函数。

表 1-2　Python 中常用的数学函数

math 中的数学函数	含义（针对数值）	numpy 中的数学函数	含义（针对数组）
abs(x)	数值的绝对值	len(x)	数组中元素个数
sqrt(x)	数值的平方根	sum(x)	数组中元素求和
log(x)	数值的对数	prod(x)	数组中元素求积
exp(x)	数值的指数	min(x)	数组中元素最小值
round(x,n)	有效位数 n	max(x)	数组中元素最大值
sin(x),cos(x),…	三角函数	sort(x)	数组中元素排序
		rank(x)	数组中元素秩次

函数名可以是任意字符，但之前定义过的要小心使用，后定义的函数会覆盖先定义的函数。

注意： 如果函数只用来计算，不需要返回结果，则可在函数中用 print()函数，这时只用变量名是无法显示结果的。

一旦定义了函数名，就可以像 Python 的其他函数一样使用。例如，定义一个用来求一组数据的均值的函数，可以用与 C、C++、Visual Basic 等语言相同的方式定义，但方便得多。如计算向量 $\boldsymbol{X}=(x_1,x_2,\cdots,x_n)$ 的均值函数：

$$\bar{x}=\frac{\sum_{i=1}^{n} x_i}{n}$$

代码如下：

In	x=[1,3,6,4,9,7,5,8,2]; x
	def xbar(x):
	  n=len(x)
	  xm=sum(x)/n
	  return(xm)
	xbar(x)

Out	[1, 3, 6, 4, 9, 7, 5, 8, 2] 5.0

当然，在 Python 中可以调用现成的均值计算函数，如下：

In	import numpy as np np.mean(x)
Out	5.0

要了解任何一个 Python 函数，使用 help()函数即可。例如，help(sum)或?sum 命令将显示 sum()函数的使用帮助。

1.4　Python 程序设计

Python 具有丰富的数据分析模块，大多数进行数据分析的人使用 Python 是因为其强大的数据分析功能。所有的 Python 函数和数据集是保存在包里面的。只有当一个包被安装并被载入（import）时，它的内容才可以被访问。这样做，一是为了高效（完整的列表会耗费大量的内存，并且增加搜索的时间）；二是为了帮助包的开发者，防止命名和其他代码中的名称冲突。

1.4.1 Python 数据分析包

1.4.1.1 Python 数据分析相关包

由于 Anaconda 发行版已安装常用的数据分析包，所以我们只需要调用即可。下面介绍几个 Python 常用数据分析包，如表 1-3 所示。

表 1-3 Python 常用数据分析包

包 名	说 明	主 要 功 能
math	基础数学包	提供函数，完成各种数学运算
random	随机数生成包	Python 中的 random 模块用于生成各种随机数
numpy	数值计算包	numpy（numeric python）是 Python 的一种开源的数值计算扩展，一个用 Python 实现的数值计算工具包。它提供许多高级的数值编程工具，如矩阵数据类型、矢量处理，以及精密的运算包。专为进行严格的数值处理而产生
scipy	数值分析包	提供很多科学计算工具包和算法，易于使用，专为科学和工程设计的数值分析工具包。它包括统计、优化、整合、线性代数模块、傅里叶变换、信号和图像处理、常微分方程求解器等，包含常用的统计估计和检验方法
pandas	数据操作包	提供类似于 R 语言的 DataFrame 操作，非常方便。pandas 是面板数据（panel data）的简写。它是 Python 中最强大的数据分析和探索工具，因金融数据分析工具而开发，支持类似 SQL 的数据增、删、改、查，支持时间序列分析，灵活处理缺失数据
statsmodels	统计模型包	statsmodels 可以补充 scipy.stats，是一个包含统计模型、统计测试和统计数据挖掘的 Python 模块。对每个模型都会生成一个对应的统计结果，对时间序列有完美的支持
matplotlib	基本绘图包	matplotlib 主要用于绘图和绘表，是一个强大的数据可视化工具，也是一个 Python 的图形框架，类似于 MATLAB 和 R 语言。它是 Python 最著名的绘图库，提供了一整套与 MATLAB 相似的命令 API，十分适合交互式制图。也可以方便地将它作为绘图控件，嵌入 GUI 应用程序中
sklearn	机器学习包	sklearn 是基于 Python 的机器学习工具模块，里面主要包含 6 大模块：分类、回归、聚类、降维、模型选择、预处理，如使用 sklearn.decomposition 可进行主成分分解
beautifulSoup	网络爬虫包	beautifulSoup 是 Python 的一个包，最主要的功能是从网页抓取数据。beautifulSoup 提供一些简单的、Python 式的函数，用来处理导航、搜索、修改分析树等功能。通过解析文档为用户提供需要抓取的数据，通过它可以很方便地提取出 HTML 或 XML 标签中的内容
networkx	复杂网络包	networkx 是一款 Python 的软件包，用于创造、操作复杂网络，以及学习复杂网络的结构、动力学及其功能。通过它可以用标准或不标准的数据格式加载或存储网络，可以产生许多种类的随机网络或经典网络，也可以分析网络结构、建立网络模型、设计新的网络算法、绘制网络等

1.4.1.2　Python 包的安装与使用

注意：安装程序包和载入程序包是两个概念，安装程序包是指将需要的程序包安装到计算机中，载入程序包是指将程序包调入 Python 环境中。程序包的安装通常在下面的命令行状态下：

```
>>> pip install pandas
```

Python 调用包的命令是 import，如果要调用上述包，则可用：

```
import math
import random
import numpy
import scipy
import pandas
import matplotlib
```

这些包中的函数，可直接使用包名加“.”。如果要用 matplotlib 绘制 plot 图，则可用 matplotlib.plot(…)。

如果要简化这些包的写法，则可用 as 命令赋予别名：

```
import numpy as np
import scipy as sp
import pandas as pd
import matplotlib as plt
```

这样 matplotlib.plot(…)可简化为 plt.plot(…)。

如果要调用 Python 包中某个具体函数或方法，则可使用 from…import。例如，要调用 math 包中的开方、对数和 pi 函数，则用

```
from math import sqrt, log, pi
```

这样，可在程序中直接使用，如 sqrt(2)等价于 math.sqrt(2)。

例如，下面是一些常用包的加载及设置。

```
In   import numpy as np                                #加载数值分析包
     np.set_printoptions(precision=4)                  #设置 numpy 输出精度
     import pandas as pd                               #加载数据操作包
     pd.set_option('display.width', 120)               #设置 pandas 输出宽度
     pd.set_option('display.precision',4)              #设置 pandas 输出精度
     import matplotlib.pyplot as plt                   #加载基本绘图包
     plt.rcParams['font.sans-serif']=['SimHei'];       #SimHei 黑体
     plt.rcParams['axes.unicode_minus']=False;         #正常显示图中负号
```

例如，要调用本书自定义函数文档 PyDm2fun.py 中的函数（见相关章节及附录），需要按以下方式进行操作。

（1）安装自定义模块：将 PyDm2fun.py 文档复制到当前工作目录 D:\PyDm2 下。

（2）加载自定义模块：%run PyDm2fun.py。

（3）自定义函数调用：mcor_test (X)。

In	%run PyDm2fun.py #调用自定义函数

1.4.2 数值分析包 numpy

在使用 numpy 包前，需要将其加载到内存中，语句为 import numpy，通常将其简化为 import numpy as np。

1.4.2.1 一维数组（向量）

下面是使用 Python 的 numpy 包对一维数组或向量进行的基本操作。

In	import numpy as np #加载数组包 np.array([1,2,3,4,5]) #一维数组
Out	array([1, 2, 3, 4, 5])
In	np.array([1,2,3,np.nan,5]) #包含缺失值的数组
Out	array([1., 2., 3., nan, 5.])
In	np.arange(9) #数组序列 np.arange(1,9,0.5) #等差数列 np.linspace(1,9,5) #等距数列
Out	array([0, 1, 2, 3, 4, 5, 6, 7, 8]) array([1. , 1.5, 2. , 2.5, 3. , 3.5, 4. , 4.5, 5. , 5.5, 6. , 6.5, 7. , 7.5, 8. , 8.5]) array([1., 3., 5., 7., 9.])

1.4.2.2 二维数组（矩阵）

下面是使用 Python 的 numpy 包构建二维数组或矩阵的基本函数。

In	np.array([[1,2],[3,4],[5,6]]) #二维数组
Out	array([[1, 2], [3, 4], [5, 6]])
In	A=np.arange(9).reshape(3,3);A #形成 3×3 矩阵
Out	array([[0, 1, 2], [3, 4, 5], [6, 7, 8]])

1.4.2.3 数组的操作

下面是对数组进行操作的一些常用函数。

1）数组的维度

In	A.shape
Out	(3, 3)

2）空数组

In	np.empty([3,3])　　　　#空数组
Out	array([[4.6730e-307, 1.6912e-306, 1.8692e-306], [1.0236e-306, 1.4242e-306, 7.5660e-307], [8.4560e-307, 4.4505e-307, 2.3767e-312]])

3）零数组

In	np.zeros((3,3))　　　　#零数组
Out	array([[0., 0., 0.], [0., 0., 0.], [0., 0., 0.]])

4）1 数组

In	np.ones((3,3))　　　　#1 数组
Out	array([[1., 1., 1.], [1., 1., 1.], [1., 1., 1.]])

5）单位数组

In	np.eye(3)　　　　#单位数组
Out	array([[1., 0., 0.], [0., 1., 0.], [0., 0., 1.]])

1.4.3　基本绘图包 matplotlib

1.4.3.1　基本的绘图函数

matplotlib 是 Python 的基本绘图包，也是 Python 的图形框架，类似于 MATLAB 和 R 语言。它是 Python 中最著名的绘图包，提供了一整套与 MATLAB 相似的命令 API，十分适合交互式制图。常用的绘图函数如表 1-4 所示。在绘制中文图形时，需要进行一些基本设置。

```
In  import matplotlib.pyplot as plt                      #基本绘图包
    plt.rcParams['font.sans-serif']=['KaiTi'];           #KaiTi 楷体
    plt.rcParams['axes.unicode_minus']=False;            #正常显示图中负号
    plt.figure(figsize=(5,4));                           #图形大小
```

表 1-4　常用的绘图函数

计数数据	用　途	计量数据	用　途
bar( )	条图	plot( )	线图
pie( )	饼图	hist( )	直方图

1）计数数据的基本统计图

① 条图。

计数数据可以用条图描述。条图的高度可以是频数或频率，图的形状看起来一样，但是刻度不一样。matplotlib 画条图的函数是 bar()。在对计数数据绘制条图时，必须先对原始数据分组，否则绘制出的不是计数数据的条图。

In
```
X=['A','B','C','D','E','F','G']
Y=[1,4,7,3,2,5,6]
plt.bar(X,Y);
```

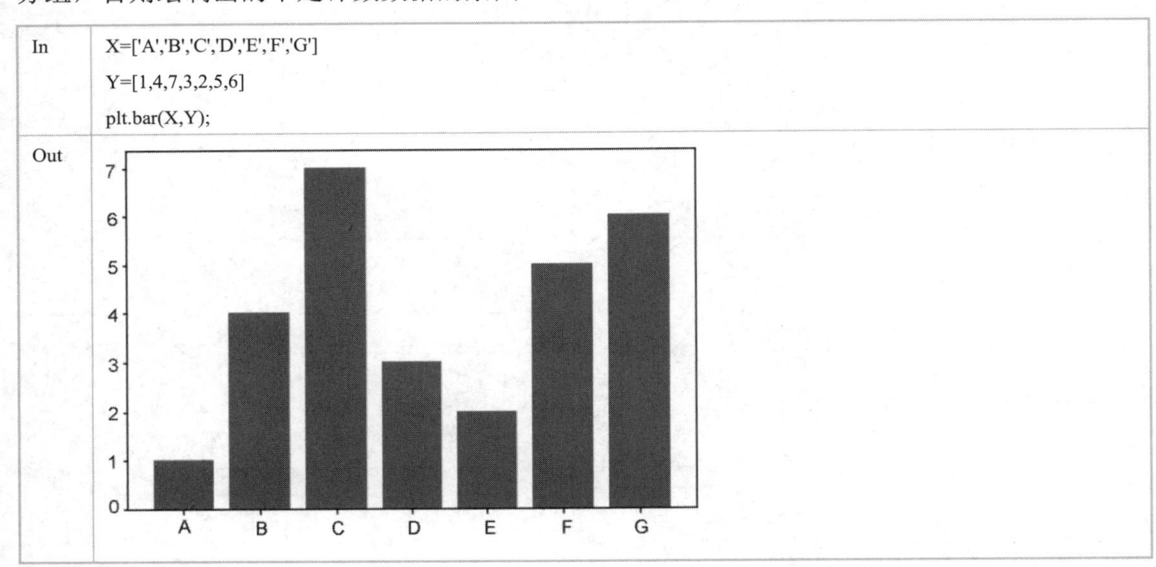

② 饼图。

计数数据还可以用饼图描述。饼图用于表示各类别的构成比情况，它以图形的总面积为 100%，扇形面积的大小表示事物内部各组成部分所占的百分比。在 matplotlib 中绘制饼图也很简单，只要使用 pie()函数就可以了。值得注意的是，与条图一样，对原始数据绘制饼图前要先分组。

In
```
plt.pie(Y,labels=X);
```

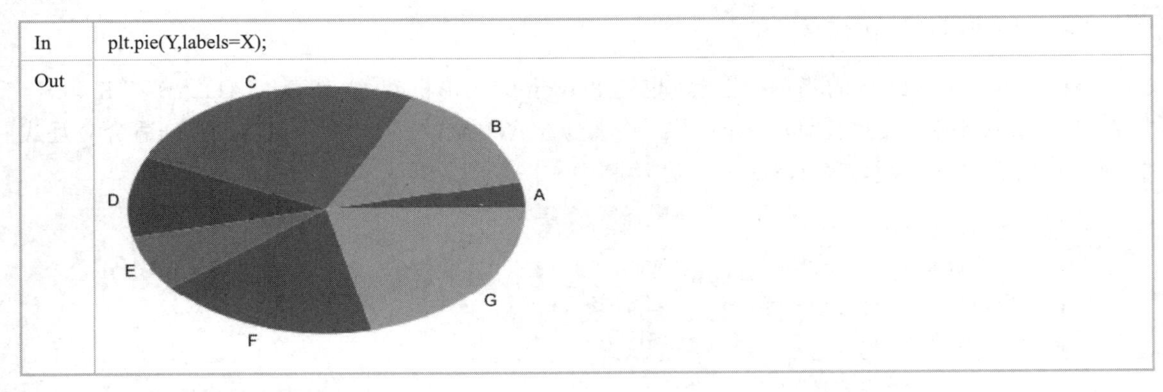

2）计量数据的基本统计图

① 线图。

线图可以显示随时间变化的连续数据，主要用于显示在相等时间间隔下数据的趋势。

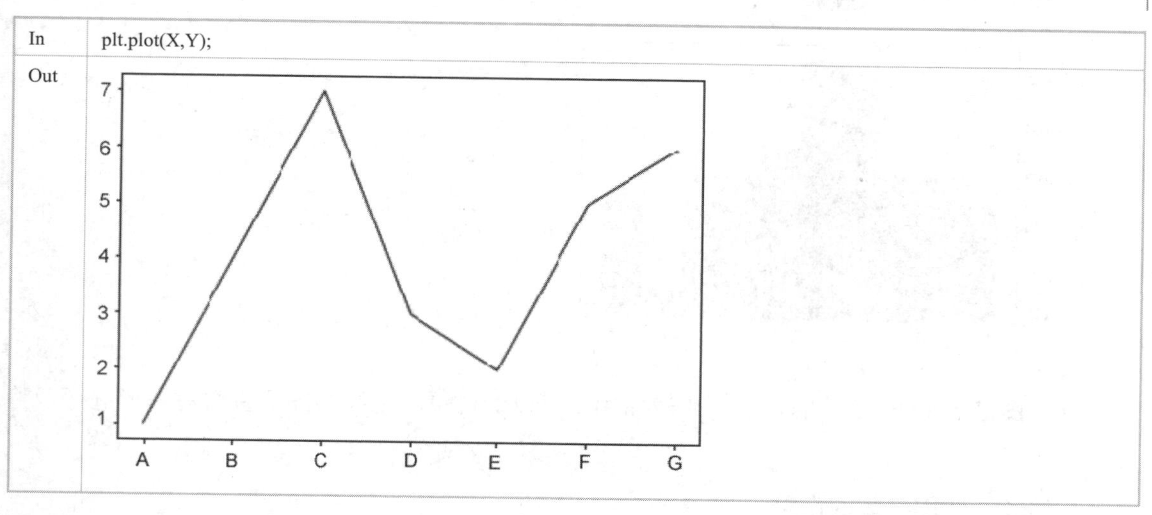

② 直方图。

直方图用于表示连续型变量的频数分布，常用于考察变量的分布是否服从某种分布类型，如正态分布。图形以矩形的面积表示各组段的频数（或频率），各矩形的面积总和为总频数（或等于 1）。matplotlib 中用来绘制直方图的函数是 hist()，也可以用频率绘制直方图，只要把 density 参数设置为 True 就可以了，默认为 False。

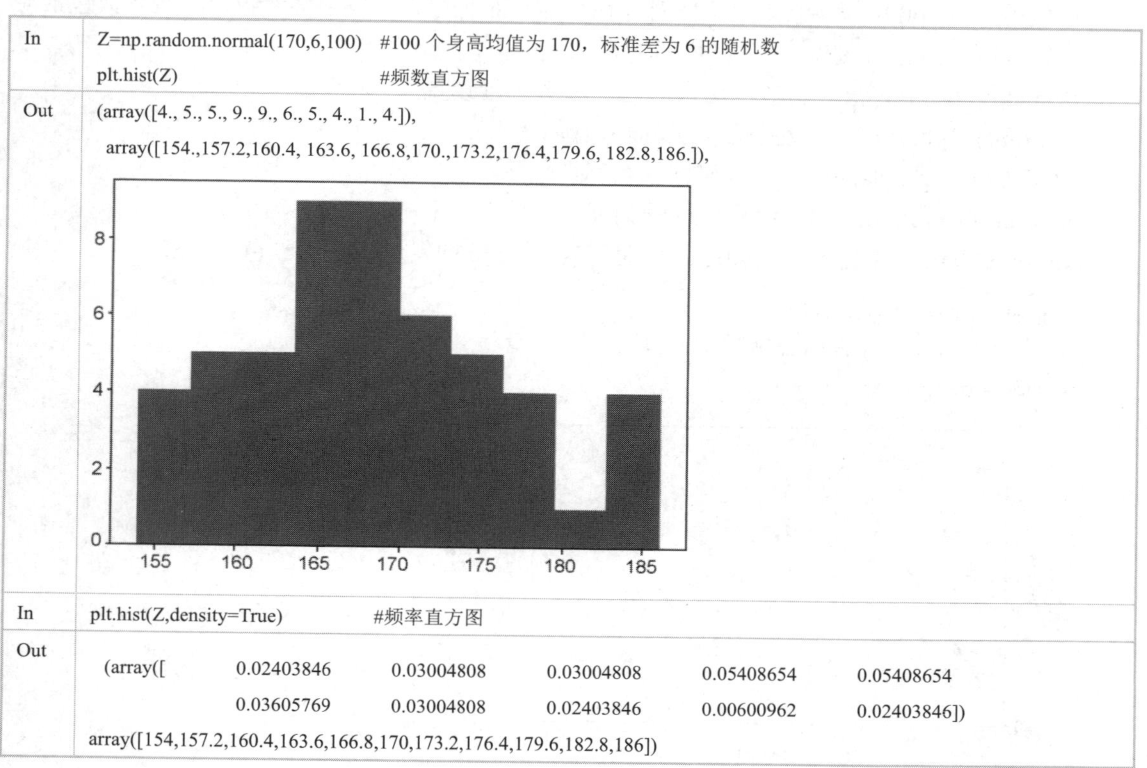

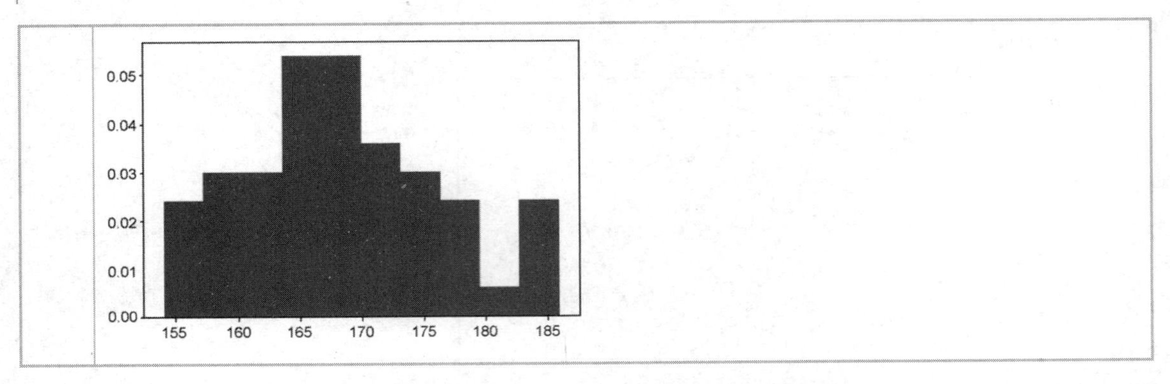

这些图是 Python 默认的形式，比较原始，可以通过设置不同的图形参数对图形进行调整和优化。

1.4.3.2　绘图参数的设置

1）图形参数设置

Python 中的每个绘图函数，都有许多参数设置选项，大多数函数的部分选项是一样的，下面列出一些主要的共同选项及其缺失值。

① 标题、标签、标尺及颜色。

在使用 matplotlib 模块绘制坐标图时，往往需要对坐标轴设置很多参数，这些参数包括横/纵坐标轴范围、坐标轴刻度、坐标轴名称等。

在 matplotlib 中有很多函数，用来对这些参数进行设置。

plt.xlim()，plt.ylim()：设置横/纵坐标轴范围。

plt.xlabel()，plt.ylabel()：设置坐标轴名称。

plt.xticks()，plt.yticks()：设置坐标轴刻度。

colors 参数用来控制图形的颜色，可简写为 c，c='red'表示设置为红色。

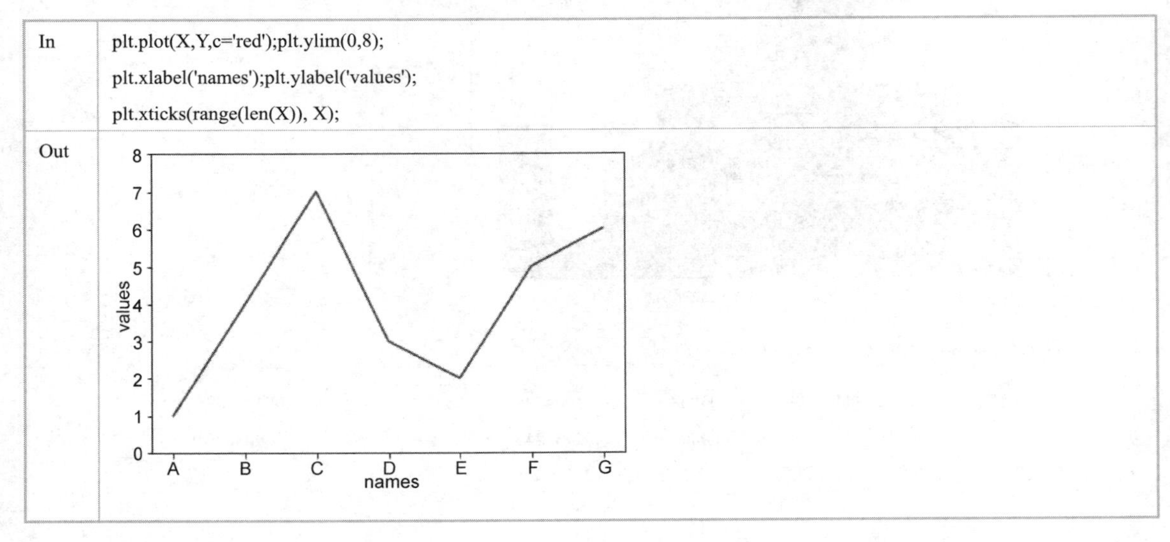

In

```
plt.plot(X,Y,c='red');plt.ylim(0,8);
plt.xlabel('names');plt.ylabel('values');
plt.xticks(range(len(X)), X);
```

Out

② 线型和符号。

linestyle 参数用来控制连线的线型(-：实线，--：虚线，.：点线)。

marker 参数用来控制符号的类型，如'o'为绘制实心圆点图。

```
In   plt.plot(X,Y,linestyle='--',marker='o');
```

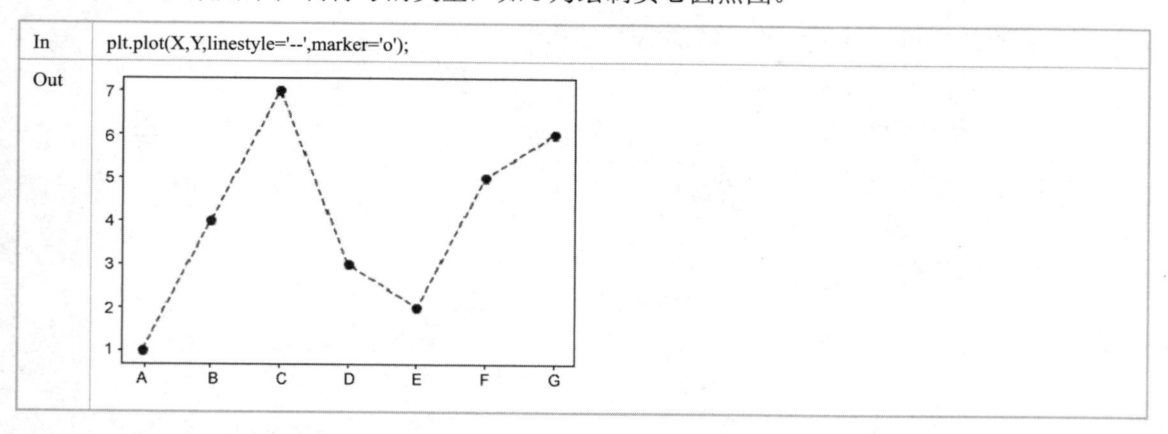

③ 绘图函数附加图形。

使用高级绘图函数可以绘制出一幅新图，而低级绘图函数只能作用于已有的图形之上。

- 垂线：在纵坐标 y 处画垂直线（plt.axvline()）。
- 水平线：在横坐标 x 处画水平线（plt.axhline()）。

```
In   plt.plot(X,Y,'o--'); plt.axvline(x=1);plt.axhline(y=4);
```

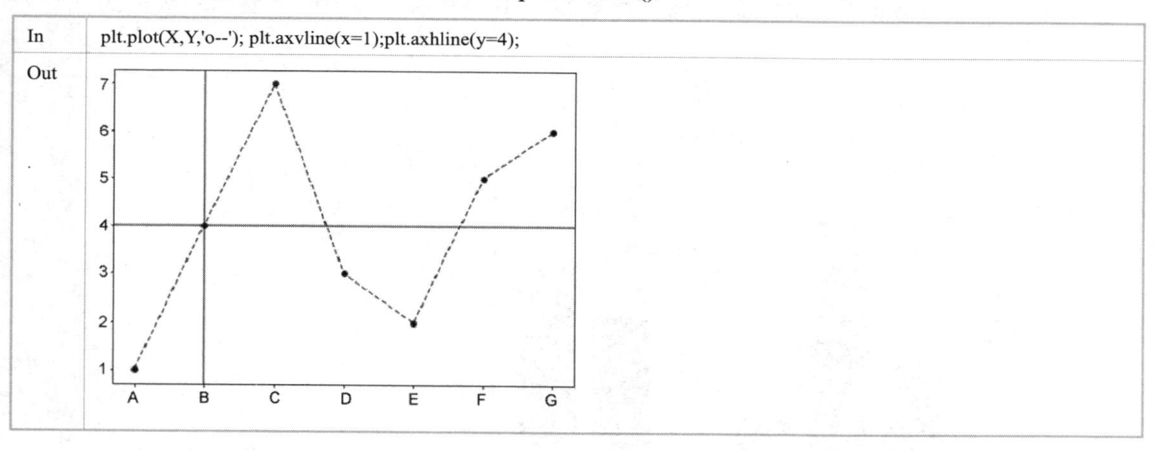

④ 文字函数。

text(x, y, labels,…)：在(x,y)处添加用 labels 指定的文字。

```
In   plt.plot(X,Y);plt.text(2, 7, ' peak point');
```

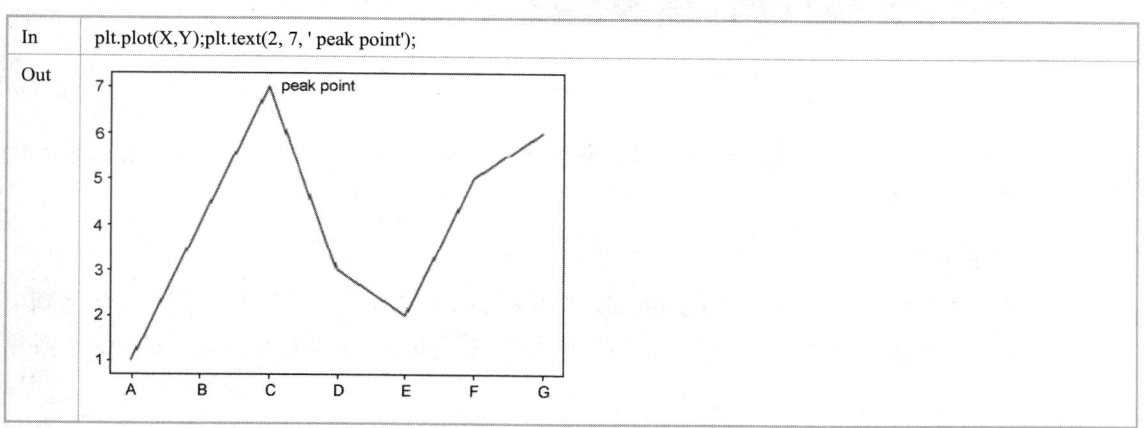

⑤ 图例。

绘制图形后，可使用 legend()函数给图形加图例。

In
```
plt.plot(X,Y,label=u'折线');plt.legend();
```
Out

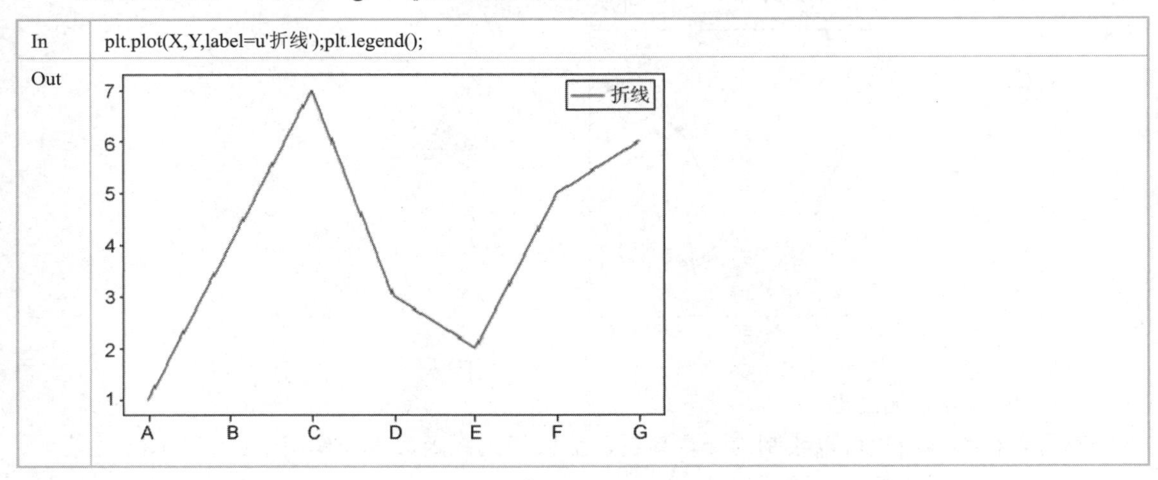

2）误差条图

误差条图由带标记的线条组成，通常这些线条用于显示有关图中所显示的数据的标准差信息。

In
```
s=[0.1,0.4,0.7,0.3,0.2,0.5,0.6]
plt.bar(X,Y,yerr=s,error_kw={'capsize':5});
```
Out

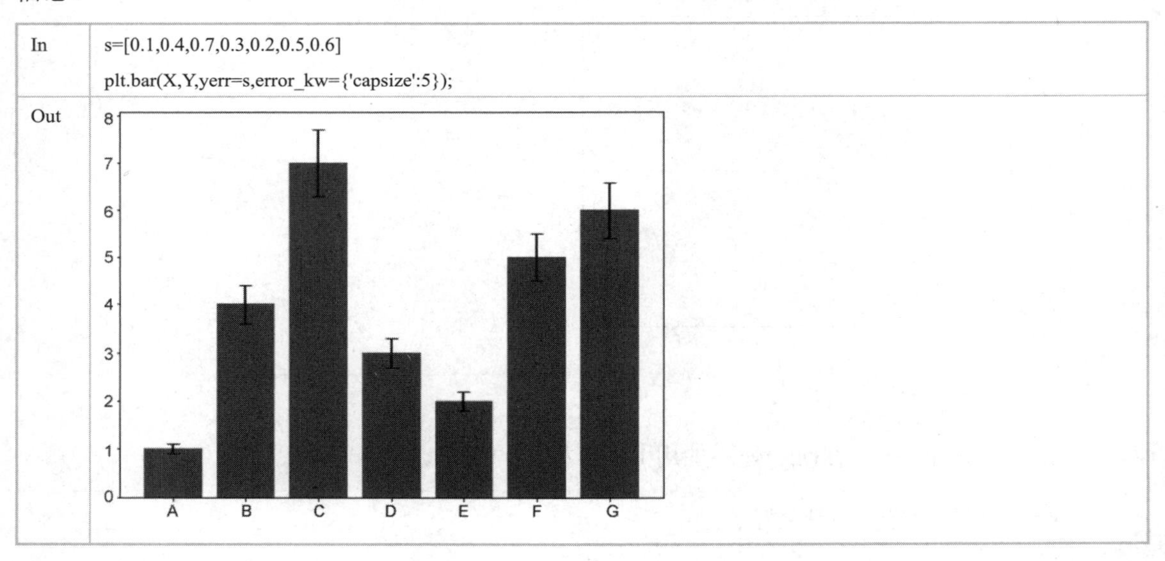

3）多图

在 matplotlib 下，一个 Figure 对象可以包含多个子图（Axes），可以使用 subplot()函数快速绘制，其调用形式如下：

```
subplot(numRows, numCols, plotNum)
```

图表的整个绘图区域先被分成 numRows 行和 numCols 列，然后按照从左到右、从上到下的顺序对每个子区域进行编号，左上子区域的编号为 1，plotNum 参数指定创建的 Axes 对象所在的区域。

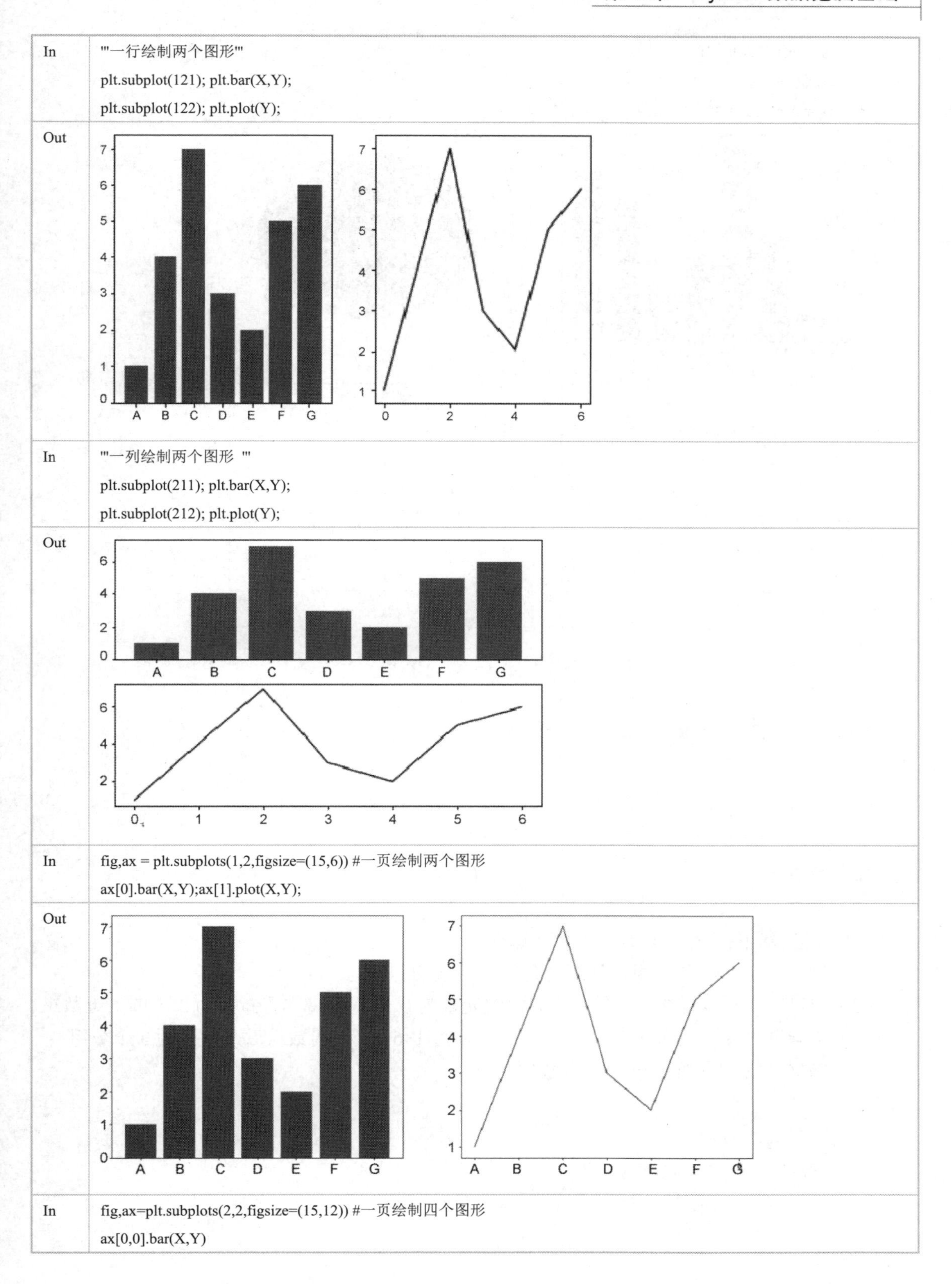

In	'''一行绘制两个图形'''
	plt.subplot(121); plt.bar(X,Y);
	plt.subplot(122); plt.plot(Y);

Out	

In	'''一列绘制两个图形 '''
	plt.subplot(211); plt.bar(X,Y);
	plt.subplot(212); plt.plot(Y);

Out	
In	fig,ax = plt.subplots(1,2,figsize=(15,6)) #一页绘制两个图形 ax[0].bar(X,Y);ax[1].plot(X,Y);
Out	
In	fig,ax=plt.subplots(2,2,figsize=(15,12)) #一页绘制四个图形 ax[0,0].bar(X,Y)

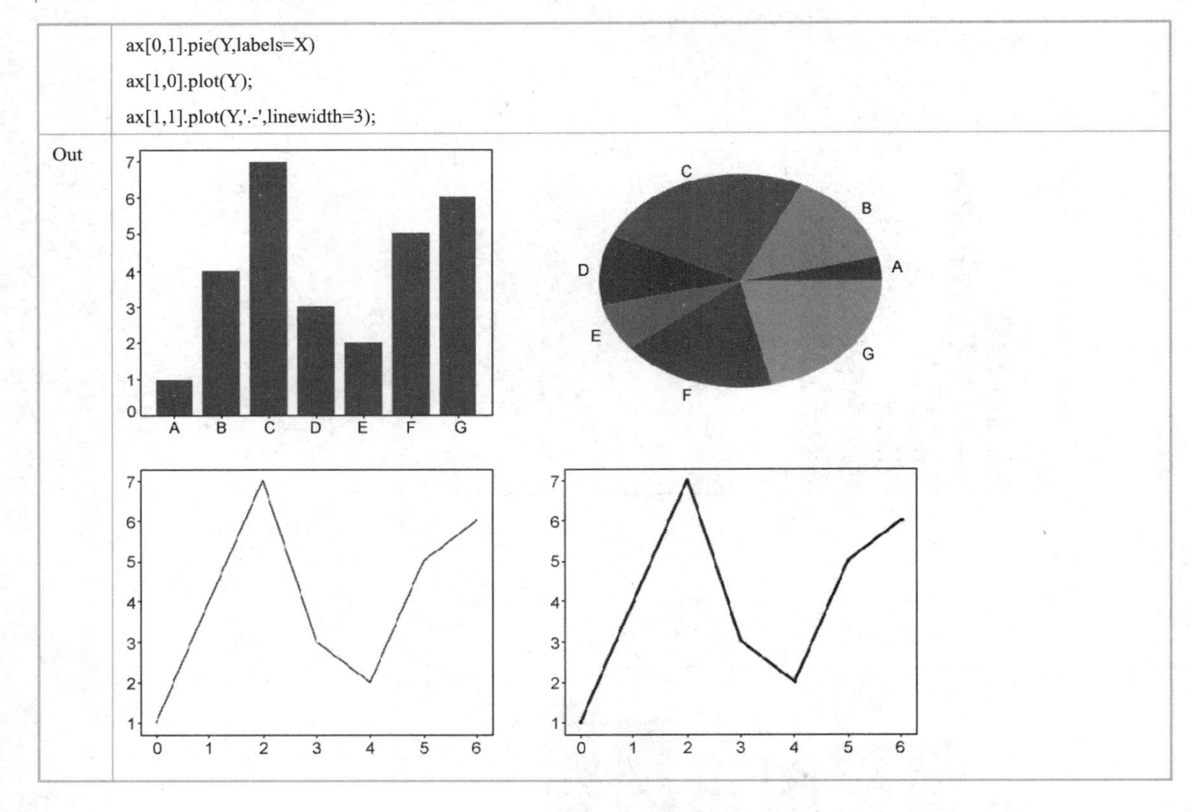

```
ax[0,1].pie(Y,labels=X)
ax[1,0].plot(Y);
ax[1,1].plot(Y,'.-',linewidth=3);
```


数据及练习 1

1.1　下面有三组数据：

```
1, 2, 3, 4, 5
a, b, c, d
physics, chemistry, 1997, 2000
```

（1）将其写入列表。

（2）将其写入字典。

1.2　请创建下列 Python 数组，并计算。

（1）创建一个 2×2 的数组，计算对角线上元素的和。

（2）创建一个长度为 9 的一维数据，数组元素为 0～8，并将它重新变为 3×3 的二维数组。

（3）创建两个 3×3 的数组，分别将它们合并为 3×6、6×3 的数组后，拆分为 3 个数组。

1.3　文本数据。下面有一些文本数据：

```
name,physics,Python,math,english
Google,100,100,25,12
Facebook,45,54,44,88
Twitter,54,76,13,91
Yahoo,54,452,26,100
```

（1）请将其写入列表。

（2）请将其写入字典。

（3）请将其写入数据框。

（4）请将其保存到 csv 格式的文档中，并从 read_csv()函数读入 Python。

1.4　调查数据。某公司对财务部门人员的抽烟状况进行调查，结果：否，否，否，是，是，否，否，是，否，是，否，否，是，是，否，是，否，否，是，是。

（1）请用列表录入该数据。

（2）请将这组数据输入电子表格，并将其读入 Python。

1.5　学生成绩。从某大学统计系的学生中随机抽取 24 人，对数学和统计学的考试成绩进行调查，数据如表 1-5 所示。

表 1-5　部分学生的数学和统计学考试成绩

编号	性别	数学	统计学	编号	性别	数学	统计学
1	男	81	72	13	女	83	78
2	女	90	90	14	女	81	94
3	女	91	96	15	男	77	73
4	男	74	68	16	男	60	66
5	女	70	82	17	女	66	58
6	女	73	78	18	男	84	87
7	男	88	89	19	女	80	86
8	男	78	82	20	女	85	84
9	男	95	96	21	男	70	82
10	女	63	75	22	男	54	56
11	女	85	86	23	女	93	98
12	男	60	71	24	男	68	76

（1）试将这组数据输入电子表格。

（2）分别用 Python 的 read_csv()函数和 read_excel()函数读取。

（3）用 Python 方法获取性别、数学和统计学成绩变量，并筛选不同性别学生的成绩。

（4）请在电子表格和 Python 中分别对性别、数学和统计学成绩排序。

1.6　电子表格。将 1.1 题～1.5 题中的数据统一放入一个 Excel 或 WPS 电子表格，每个表格（Sheet）放一组，并给文档起名为 mydata1.xlsx，以备后用。

第 2 章　数据挖掘的基本方法

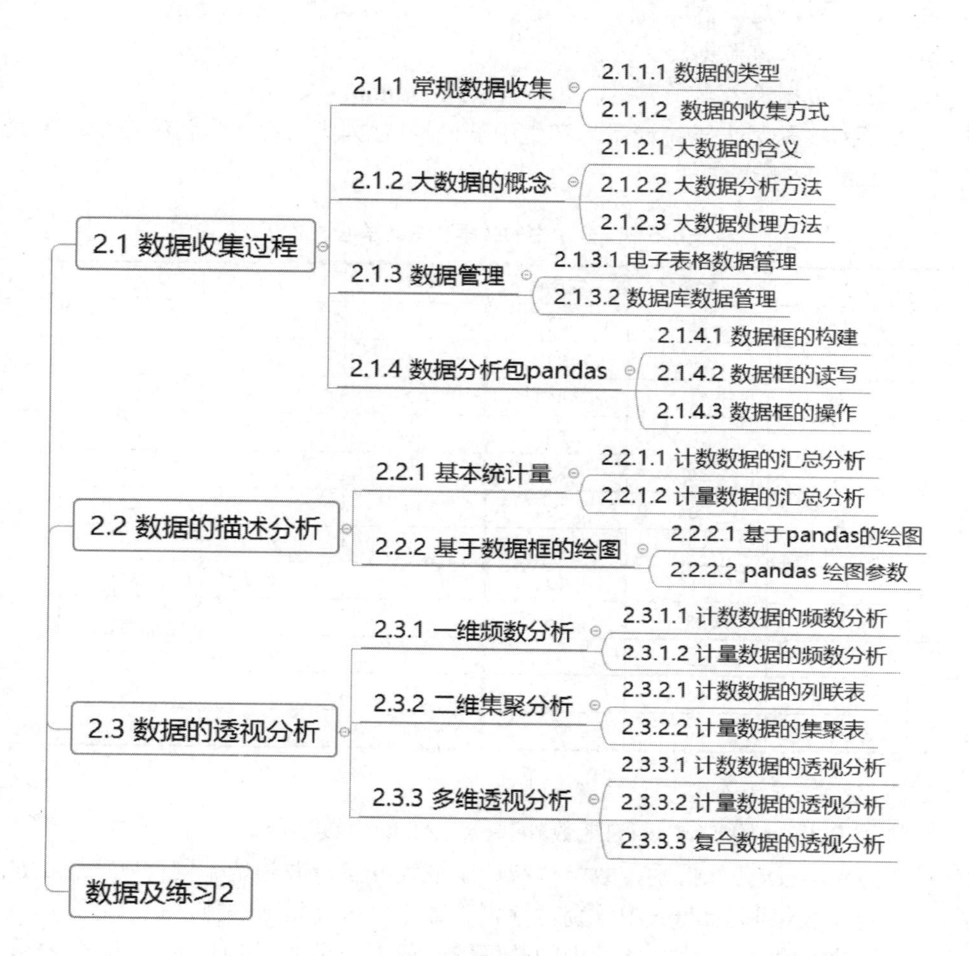

第 2 章内容的知识图谱

在进行任何统计分析之前，都需要对数据进行探索性数据分析（Exploratory Data Analysis，EDA），以了解资料的性质和数据的特点。当面对一组陌生的数据时，进行探索性数据分析有助于我们掌握数据的基本情况。探索性数据分析是通过分析数据集来决定选择哪种方法进行统计推断的过程。对于一维数据，人们想知道数据是否近似服从正态分布，是否呈现拖尾或截尾分布；它的分布是对称的，还是呈偏态的；分布是单峰、双峰的，还是多峰的。这一分析主要通过计算基本统计量和绘制基本统计图来实现。

2.1　数据收集过程

2.1.1　常规数据收集

数据是采用某种计量尺度对事物进行计量的结果，采用不同的计量尺度会得到不同类型的数据。通常按数据收集的途径可将数据进行以下分类。

2.1.1.1　数据的类型

数据的类型按性质分为定性数据和定量数据。

1）定性数据

定性数据（Qualitative Data）也称为计数数据，是对度量事物进行分类的结果。结果表现为类别，用文字来表述，如性别、区域、产品分类等。假如某班学生按性别分为男、女两类，那么性别就构成了一个定性变量。

性别：女，男，男，女，男，男，女，男，女，男，女，女，男，男，女，男

2）定量数据

定量数据（Quantitative Data）也称为计量数据，是对度量事物的精确测度。结果表现为具体的数值，如身高、体重、家庭收入、成绩等。假如测量某班每个学生的身高，这样身高就构成了一个定量变量。

身高：172，169，166，165，158，164，178，161，162，171，165，169，156，183

数据的类型按表现形式分为横向数据和纵向数据。

1）横向数据

横向数据（Cross-Section Data）也称为横截面数据，是对变量在某一时点上收集的数据的集合，反映在相同或近似相同的时间点上收集的数据的变化情况。例如，2014 年我国各地区的国内生产总值、从业人员等数据：

地区	北京	天津	河北	山西	…	甘肃	青海	宁夏	新疆
生产总值	162.519	113.073	245.158	112.376	…	50.204	16.704	21.022	66.101
从业人员	1069.70	763.16	3962.42	1738.90	…	1500.30	309.18	339.60	953.34

当收集的数据有多个指标时，就形成了多元统计分析的数据格式。

2）纵向数据

纵向数据（Time Series Data）也称为时间序列数据，是按照一定的时间间隔对某一变量在

不同时间的取值进行观测得到的一组数据，反映在不同时间上收集到的数据描述现象随时间变化的情况。例如，收集 2015 年 6 月 3 日至 2018 年 5 月 31 日的沪深 300 指数的收盘价数据，这些数据就是一个时间序列数据：

日期	2015-6-3	2015-6-4	2015-6-5	2015-6-8	...	2018-5-28	2018-5-29	2018-5-30	2018-5-31
收盘价	5143.590	5181.416	5230.552	5353.751	...	3833.26	3804.01	3723.37	3802.38

2.1.1.2 数据的收集方式

数据收集有一定的方式，当对一个观察指标测量了每个观察单位的数据时，通常以向量的形式展现，即 $\boldsymbol{x}_1, \boldsymbol{x}_2, \cdots, \boldsymbol{x}_n$。

当对每个观察单位测量了多个指标时，通常以双向表的矩阵形式展现，即

$$\boldsymbol{X}_1, \boldsymbol{X}_2, \cdots, \boldsymbol{X}_m$$

这里 $\boldsymbol{X}_j(j=1, 2, \cdots, m)$为 $n\times1$ 向量，$\boldsymbol{X}=(x_{ij})_{n\times m}$，如下所示。

$$\begin{array}{c} \\ 1 \\ 2 \\ \vdots \\ n \end{array} \begin{array}{c} \begin{matrix} X_1 & X_2 & \cdots & X_m \end{matrix} \\ \begin{bmatrix} x_{11} & x_{12} & \cdots & x_{1m} \\ x_{11} & x_{22} & \cdots & x_{21} \\ \vdots & \vdots & & \vdots \\ x_{n1} & x_{n2} & \cdots & x_{nm} \end{bmatrix} \end{array}$$

不同领域对该数据的观察单位和指标的叫法不同：数学上称它们为行（Row）和列（Column）的二维数组或矩阵，统计学上称它们为观测（Observation）和变量（Variable）的数据集，数据库中称它们为记录（Record）和字段（Field）的数据表，人工智能中称它们为示例（Example）和属性（Attribute）的数据集。

为了使大家将注意力集中在如何进行数据分析上，而不是将精力花在对数据的收集和输入上，本书采用一种新的数据分析策略，即通篇使用几组数据讲解如何进行数据分析。

1）横向数据的收集

横向数据通常都是单独的数据变量，每个变量都可单独拿来进行分析。

【例 2.1 单变量数据】

为了解某专业 60 名学生的一些个人情况和对开设数据分析课程的一些看法，共收集了这些学生的 8 项指标（有时为了方便数据挖掘编程运算，最好将变量名改成英文或拼音形式）：

学生编号（定性变量，按年份、学院、专业、序号排列，简记为学号，也可记为 id）。

学生性别（定性变量，简记为性别，也可记为 sex）。

学生来自区域（定性变量，简记为区域，也可记为 region）。

是否学过相关课程（定性变量，简记为课程，也可记为 course）。

是否学过或用过何种数据分析软件（定性变量，简记为软件，也可记为 software）。

学生身高（定量变量，单位为 cm，简记为身高，也可记为 height）。

学生体重（定量变量，单位为 kg，简记为体重，也可记为 weight）。

学生个人年消费支出额（定量变量，单位为千元，简记为支出，也可记为 expense）。

数据由变量及其观测值组成。本例共有 8 个变量：学号、性别、区域、课程、软件、身高、体重、支出。

表 2-1 所示为 60 名研究生的个人和开课信息表，该信息表每行为一个观测单位（样品），每列为一个指标（变量）。该信息表数据保存在 PyDm2data.xlsx 文档的基本数据表单 BSdata 中。

表 2-1 60 名研究生的个人和开课信息表

id	sex	region	course	software	height	weight	expense
20210501	男	西部	概率统计	Excel	172	75	17.8
20210502	男	中部	统计方法	SPSS	169	73	19.8
20210503	女	东部	都学习过	Matlab	166	63	13.5
20210504	女	西部	统计方法	R	165	67	10.4
20210505	男	东部	概率统计	SPSS	158	56	12.8
20210506	女	东部	统计方法	SPSS	164	65	35.3
20210507	男	东部	统计方法	Excel	178	80	60.1
20210508	女	中部	都学习过	Excel	161	64	21.6
20210509	女	中部	都未学过	No	162	66	36.0
20210510	男	西部	概率统计	Matlab	171	69	10.4
20210511	女	西部	统计方法	SPSS	165	63	21.0
20210512	男	西部	编程技术	Excel	169	74	4.9
20210513	男	西部	都学习过	Python	156	55	25.9
20210514	男	东部	编程技术	Excel	183	76	85.6
20210515	女	西部	编程技术	Excel	164	64	9.1
20210516	女	东部	都未学过	Excel	166	65	2.5
20210517	女	东部	都未学过	Excel	165	66	35.6
20210518	男	西部	统计方法	R	173	67	22.8
20210519	男	东部	都学习过	Excel	184	82	10.3
20210520	男	西部	概率统计	Matlab	163	66	13.0
20210521	男	西部	都学习过	SPSS	162	63	9.8
20210522	女	东部	统计方法	SPSS	168	69	35.3
20210523	女	中部	统计方法	SPSS	164	66	50.5
20210524	男	东部	统计方法	Excel	180	81	64.1
20210525	女	中部	都学习过	Excel	158	61	20.6
20210526	男	西部	编程技术	Python	179	75	5.8
20210527	女	东部	编程技术	Python	163	65	39.4
20210528	男	西部	都未学过	Excel	160	62	4.8
20210529	女	东部	都学习过	R	168	70	8.2
20210530	男	西部	都学习过	SPSS	185	83	5.1
20210531	男	西部	概率统计	Excel	174	76	15.8
20210532	男	中部	统计方法	SPSS	167	72	9.8
20210533	女	东部	都学习过	Matlab	160	62	11.5
20210534	女	西部	统计方法	R	163	65	19.4
20210535	男	东部	概率统计	SPSS	155	56	10.8
20210536	男	中部	概率统计	Matlab	178	78	8.9

续表

id	sex	region	course	software	height	weight	expense
20210537	男	西部	概率统计	SAS	170	70	15.1
20210538	男	西部	统计方法	Excel	164	60	21.9
20210539	男	西部	都学习过	SPSS	172	71	10.4
20210540	男	东部	统计方法	R	178	77	35.6
20210541	男	东部	都未学过	No	186	87	9.5
20210542	女	西部	都学习过	Excel	171	69	7.3
20210543	女	中部	统计方法	Excel	156	56	32.8
20210544	女	中部	统计方法	SAS	166	68	47.9
20210545	男	东部	概率统计	Excel	176	78	75.5
20210546	男	东部	概率统计	No	178	78	28.4
20210547	女	中部	编程技术	Excel	155	56	13.4
20210548	女	中部	概率统计	Matlab	163	62	11.1
20210549	男	西部	编程技术	R	158	60	6.1
20210550	女	东部	都未学过	Excel	167	68	27.2
20210551	女	中部	编程技术	Python	172	72	19.1
20210552	女	中部	概率统计	No	173	71	17.6
20210553	女	中部	编程技术	Python	164	62	10.3
20210554	男	西部	统计方法	SAS	169	65	9.5
20210555	男	中部	统计方法	R	166	70	35.6
20210556	男	中部	统计方法	Excel	175	69	44.4
20210557	女	中部	编程技术	Python	166	65	5.3
20210558	女	中部	都学习过	SPSS	159	58	71.4
20210559	女	西部	统计方法	Excel	169	70	5.5
20210560	女	东部	概率统计	Excel	165	67	56.8

【例 2.2 多变量数据】

为了解我国各地区对外贸易国际竞争力的情况，我们从各省、市、自治区的对外贸易能力、对外贸易经济效益、贸易资本竞争力等方面选取了 8 个对外贸易国际竞争力的基础指标。

- 地区国内生产总值（单位为百亿元，简记为生产总值，也可记为 Y）。
- 从业人员人数（单位为万人，简记为从业人员，也可记为 X1）。
- 全社会固定资产投资额（单位为百亿元，简记为固定资产，也可记为 X2）。
- 实际利用外资总额（单位为百亿元，简记为利用外资，也可记为 X3）。
- 进出口贸易总额（单位为亿美元，简记为进出口额，也可记为 X4）。
- 工业企业新产品出口额（单位为亿元，简记为新品出口，也可记为 X5）。
- 国际市场占有率（单位为‰，简记为市场占有，也可记为 X6）。
- 对外贸易依存度（单位为%，简记为对外依存，也可记为 X7）。

这些指标基本覆盖了各省外贸国际竞争力的各方面，能够较好地反映各省国际竞争力水平。我国 30 个省、市、自治区（不包括西藏）2011 年对外贸易数据如表 2-2 所示。

表 2-2　我国 30 个省、市、自治区（不包括西藏）2011 年对外贸易数据

地　区	Y	X1	X2	X3	X4	X5	X6	X7
北京	162.52	1069.70	55.79	196.91	3894.90	6470.51	2.63	1.55
天津	113.07	763.16	70.68	61.95	1033.90	7490.32	1.99	0.59
河北	245.16	3962.42	163.89	178.78	536.00	2288.19	1.28	0.14
山西	112.38	1738.90	70.73	104.95	147.60	1522.79	0.24	0.08
内蒙古	143.60	1249.30	103.65	54.43	119.40	342.36	0.21	0.05
辽宁	222.27	2364.90	177.26	155.30	959.60	4150.24	2.28	0.28
吉林	105.69	1337.80	74.42	58.84	220.50	746.94	0.22	0.13
黑龙江	125.82	1977.80	74.75	81.98	385.10	318.89	0.79	0.20
上海	191.96	1104.33	49.62	179.58	4373.10	10326.44	9.36	1.47
江苏	491.10	4758.23	266.93	261.12	5397.60	43928.94	13.95	0.71
浙江	323.19	3680.00	141.85	239.45	3094.00	25355.08	9.66	0.62
安徽	153.01	4120.90	124.56	92.61	313.40	2344.05	0.76	0.13
福建	175.60	2459.99	99.11	92.16	1435.60	7957.50	4.14	0.53
江西	117.03	2532.60	90.88	71.53	315.60	1301.04	0.98	0.17
山东	453.62	6485.60	267.50	223.06	2359.90	17688.02	5.61	0.34
河南	269.31	6198.00	177.69	147.02	326.40	2176.17	0.86	0.08
湖北	196.32	3672.00	125.57	113.43	335.20	1614.37	0.87	0.11
湖南	196.70	4005.03	118.81	106.23	190.00	1814.50	0.44	0.06
广东	532.10	5960.74	170.69	410.62	9134.80	56849.07	23.74	1.11
广西	117.21	2936.00	79.91	66.82	233.50	641.55	0.56	0.13
海南	25.23	459.22	16.57	18.89	127.60	185.49	0.11	0.33
重庆	100.11	1590.16	74.73	70.12	292.20	3928.45	0.89	0.19
四川	210.27	4785.50	142.22	162.01	477.80	1233.51	1.30	0.15
贵州	57.02	1792.80	42.36	39.44	48.80	308.65	0.13	0.06
云南	88.93	2857.24	61.91	66.85	160.50	257.76	0.42	0.12
陕西	125.12	2059.02	94.31	92.21	146.20	408.45	0.31	0.08
甘肃	50.20	1500.30	39.66	42.50	87.40	300.89	0.10	0.11
青海	16.70	309.18	14.36	10.49	9.20	0.30	0.03	0.04
宁夏	21.02	339.60	16.45	13.56	22.90	197.00	0.07	0.07
新疆	66.10	953.34	46.32	44.41	228.20	83.39	0.75	0.22

本书所选数据是我国 30 个省、市、自治区（不包括西藏）2011 年的相关数据，数据来源于中国统计年鉴和各省级地区统计年鉴，该数据存放在 PyDm2data.xlsx 文档的多元数据 MVdata 表单中。

2）纵向数据的收集

纵向数据是一类比较特殊的数据，也称为时间序列数据，它对数据的格式有一定要求，必须注意时间序列数据的输入格式。

【例 2.3 时间序列数据】

今从某证券网站收集到 2015 年 6 月 3 日至 2018 年 5 月 31 日的沪深 300 指数的收盘价数据，如表 2-3 所示。这是一种典型的日期时间序列数据集，共 732 个数据，该数据存放在 PyDm2data.xlsx 文档的股票数据 TSdata 表中。

表 2-3 沪深 300 指数的收盘价数据

Date	Close	Date	Close	Date	Close
2015-6-3	5143.590	2017-5-2	3426.58	…	…
2015-6-4	5181.416	2017-5-3	3413.13	2018-5-18	3903.06
2015-6-5	5230.552	2017-5-4	3404.39	2018-5-21	3921.24
2015-6-8	5353.751	2017-5-5	3382.55	2018-5-22	3906.21
2015-6-9	5317.461	2017-5-8	3358.81	2018-5-23	3854.58
2015-6-10	5309.112	2017-5-9	3352.53	2018-5-24	3827.22
2015-6-11	5306.590	2017-5-10	3337.70	2018-5-25	3816.50
2015-6-12	5335.115	2017-5-11	3356.65	2018-5-28	3833.26
2015-6-15	5221.167	2017-5-12	3385.38	2018-5-29	3804.01
2015-6-16	5064.820	2017-5-15	3399.19	2018-5-30	3723.37
…	…	2017-5-16	3428.65	2018-5-31	3802.38

进一步，我们还可以收集股票指数的时数据、分数据、秒数据、毫秒数据和微秒数据，这类数据就形成了高频数据，它是一种大数据，限于篇幅，本节不涉及。

上述的数据都是一些结构化数据，但随着大数据时代的来临，出现了大量的非结构化数据，这些数据的类型不只是数字，还包括大量的文字、图像、影像和视频数据。

2.1.2 大数据的概念

2.1.2.1 大数据的含义

最早提出大数据时代到来的是麦肯锡，他称：“数据，已经渗透到当今每个行业和业务职能领域，成为重要的生产因素。人们对于海量数据的挖掘和运用，预示着新一波生产率增长和消费者盈余浪潮的到来。”

业界（IBM 最早定义）将大数据的特征归纳为 4 个“V”，即体量大（Volume）、速度快（Velocity）、类型多（Variety）、价值密度低（Value）。或者说特点有四个层面：第一，数据体量巨大，大数据的起始计量单位至少是 P（10^3T）、E（10^5T）或 Z（10^9T）；第二，数据类型繁多，如网络日志、视频、图像、地理位置信息等；第三，价值密度低，商业价值高，需要进行数据挖掘；第四，数据收集频率高，维度大，处理速度快。最后一点与传统的数据分析技术有着本质的不同。

大数据正在不断改变着人们的生活，在未来一段时间内，大数据将成为企业、社会和国家层面重要的战略资源。大数据将不断成为各类机构（尤其是企业）的重要资产，成为提升机构和公司竞争力的有力武器。企业将更加“钟情”于用户数据，充分利用客户与其在线产品或服务交互产生的数据，并从中获取价值。此外，在市场影响方面，大数据也将扮演着重要角色——影响广告、产品推销和消费者行为。

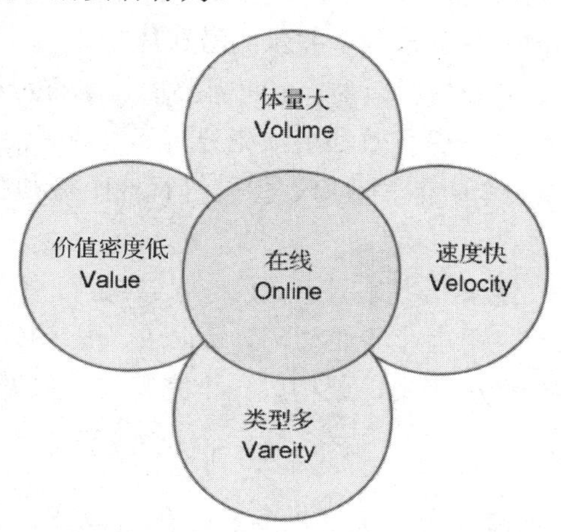

数据科学作为一个与大数据相关的新兴学科的出现，促进了大量的数据科学类专著的出版。大数据也将催生一批新的就业岗位，如数据分析师、数据科学家等。具有丰富经验的数据分析人才成为稀缺资源，数据驱动型工作机会将呈现爆炸式的增长。

近两年，“大数据”这个词越来越为大众所熟悉，“大数据”一直以“高冷”的形象出现在大众面前，面对大数据，许多人都一头雾水。下面通过几个经典案例，让大家实打实地“触摸”一把“大数据”。你会发现它其实就在身边，而且是很有趣的。

1）啤酒与尿布

全球零售业巨头沃尔玛在对消费者购物行为分析时发现，男性顾客在购买婴儿尿片时，常常会顺便搭配几瓶啤酒来犒劳自己，于是尝试推出将啤酒和尿布摆在一起的促销手段。没想到这个举措居然使尿布和啤酒的销量都大幅增加了。如今，“啤酒+尿布”的数据分析成果已成为大数据技术应用的经典案例，被人津津乐道。

2）数据新闻让英国撤军

2010 年 10 月 23 日，《卫报》利用维基解密的数据做了一篇“数据新闻”，将伊拉克战争中所有的人员伤亡情况标注在地图上，地图上一个红点代表一次死伤事件，鼠标点击红点后弹出的窗口有详细的说明：伤亡人数、时间、造成伤亡的具体原因。密布的红点多达 39 万个，触目惊心。该文一经刊出立即引起轰动，最终推动英国做出撤出驻伊拉克军队的决定。

3）“魔镜”预知石油市场走向

如果你对“魔镜”的认知还停留在“魔镜魔镜，告诉我谁是世界上最美丽的女人”，那么就真的落伍了。“魔镜”不仅是童话中王后的宝贝，而且是现实世界中的一款神器。其实，“魔镜”不仅是苏州国云数据科技有限公司的一款出色的大数据可视化产品，而且是国内首款。现在，“魔镜”通过数据的整合分析可视化不仅可以得出“谁是世界上最美丽的女人”，还能通过价量关系得出市场的走向。“魔镜”曾帮助中国石油化工股份有限公司等企业分析数据，将数据可视化，使企业科学地进行判断、决策，节约了成本，合理配置了资源，提高了收益。

未来大数据的应用场景主要集中在以下几方面。

① 利用大数据实现客户交互改进。电信、零售、旅游、金融服务和汽车等行业将“快速抓取客户信息，从而了解客户需求”列为首要任务。

② 利用大数据实现运营分析优化。制造、能源、公共事业、电信、旅行和运输等行业要时刻关注突发事件，通过监控提升运营效率并预测潜在风险。

③ 利用大数据实现 IT 效率和规模效益。企业需要增强现有数据仓库基础架构，满足大数据传输、低延迟和查询的需求，确保有效利用预测分析和商业智能实现或扩展某些性能。

④ 利用大数据实现智能安全防范。政府、保险等行业亟待利用大数据技术补充和加强传统的安全解决方案。

当然，无论哪个行业的大数据分析和应用场景，其典型特点之一都是无法离开以人为中心所产生的各种用户行为数据、用户业务活动、交易记录、用户社交数据，这些核心数据的相关性再加上可感知设备的智能数据采集，就构成一个完整的大数据生态环境。

2.1.2.2 大数据分析方法

越来越多的应用涉及大数据，这些大数据的属性包括数量、速度、多样性等，都呈现了大数据不断增长的复杂性，所以，大数据的分析在大数据领域就显得尤为重要，可以说它是决定最终信息是否有价值的决定性因素。基于此，大数据分析的方法理论有哪些呢？

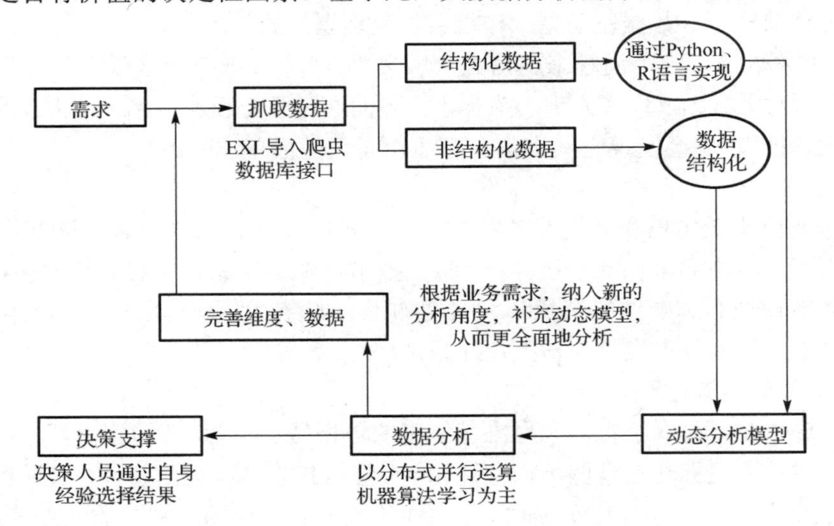

大数据分析方法的基础知识如下。

① 数据库基本知识。

② 数学及编程能力。

③ 统计理论与相关知识。

大数据分析的基本方面如下。

1）预测性分析能力

数据挖掘可以让分析员更好地理解数据，而预测性分析可以让分析员根据可视化分析和数据挖掘的结果做出一些预测性的判断。

2）数据质量和数据管理

数据质量和数据管理是一些管理方面的最佳实践。通过标准化的流程和工具对数据进行处理，可以保证一个预先定义好的高质量的分析结果。

3）可视化分析

不管是对数据分析专家还是对普通用户而言，数据可视化都是数据分析最基本的要求。可视化可以直观展示数据，让数据“自己说话”，让观众“听”到结果。

4）语义引擎

非结构化数据的多样性带来了数据分析的新挑战，需要一系列工具去解析、提取、分析数据，语义引擎要设计成能够从“文档”中智能提取信息。

5）数据挖掘算法

可视化是给人看的，数据挖掘就是给机器“看”的。集群、分割、孤立点分析和其他算法让我们深入数据内部挖掘价值。这些算法不仅要处理大数据的量，也要处理大数据的速度。

2.1.2.3　大数据处理方法

大数据处理时代理念的三大转变：要全体而不只是样本，要效率而不只是绝对精确，要相关性也要因果关系。具体的大数据处理方法有很多，根据长时间的实践，整个处理流程可以概括为四步，分别是采集、导入和预处理、统计和分析，以及挖掘。

1）采集（存储）

大数据的采集是指利用多个数据库来接收发自客户端的数据，并且用户可以通过这些数据库进行简单的查询和处理工作。例如，电商使用传统的关系型数据库 MySQL 和 Oracle 等来存储每笔事务数据，除此之外，Redis 和 MongoDB 这样的非结构化数据库也常用于数据的采集。

在大数据的采集过程中，其主要特点及挑战是并发数高，因为可能同时会有成千上万个用户进行访问和操作，如火车票售票网站和淘宝网，它们并发的访问量在峰值时达到上百万，所以需要在采集端部署大量数据库才能支撑。如何在这些数据库之间进行负载均衡和分片？这需要深入思考和设计。

2）导入和预处理

虽然采集端本身会有很多数据库，但如果要对这些海量数据进行有效分析，那么应该将这些来自前端的数据导入一个集中的大型分布式数据库或分布式存储集群，并且可以在导入基础上进行一些简单的清洗和预处理工作。也有一些用户会在导入时使用来自 Twitter 的 Storm 对数据进行流式计算，来满足部分业务的实时计算需求。导入和预处理过程的特点及挑战主要是导入的数据量大，每秒钟的导入量经常会达到百兆甚至千兆级别。

3）统计和分析

统计和分析主要利用分布式数据库，或者分布式计算集群对存储在其内的海量数据进行普通分析和分类汇总等，以满足大多数常见的分析需求。在这方面，一些实时性需求会用到 EMC 的 GreenPlum、Oracle 的 Exadata，以及基于 MySQL 的列式存储 Infobright 等，而一些批处理或基于半结构化数据的需求可以使用 Hadoop。统计和分析部分的主要特点及挑战主要是涉及的数据量大，对系统资源，特别是 I/O，占用量极大。

4）挖掘（算法）

与前面的统计和分析过程不同的是，数据挖掘一般没有什么预先设定好的主题，主要是对现有数据进行基于各种算法的计算，从而达到预测的效果，并实现一些高级别数据分析的需求。比较典型的算法有用于聚类的 K-Means 算法、用于统计学习的 SVM 算法和用于分类的

Naive Bayes 算法等，主要使用的工具有 Hadoop、Mahout 等。该过程的特点及挑战主要是用于挖掘的算法很复杂，并且计算涉及的数据量和计算量都很大。此外，常用的数据挖掘算法都以单线程为主。

2.1.3 数据管理

数据管理是利用计算机硬件和软件技术对数据进行有效的收集、存储、处理和应用的过程。对于一般的数据分析而言，电子表格软件已经足以胜任分析所需要的数据管理。最常用的电子表格软件有微软 Office 的 Excel 电子表格软件（收费）和金山 Office 的 WPS 电子表格软件（免费）。

2.1.3.1 电子表格数据管理

如果仅进行一般数据管理，数据量不是特别大，而且要求系统免费、跨平台，那么首选的数据管理软件应该是 WPS 电子表格软件（WPS 电子表格是跟 Excel 电子表格兼容度最高的电子表格软件，但 WPS 电子表格软件是免费的，建议使用）。下面是采用 WPS 电子表格软件对上面数据进行管理的界面。

数据存放在 PyDm2data.xlsx 文档中，可登录 www.jdwbh.cn/Rstat 下载该数据。

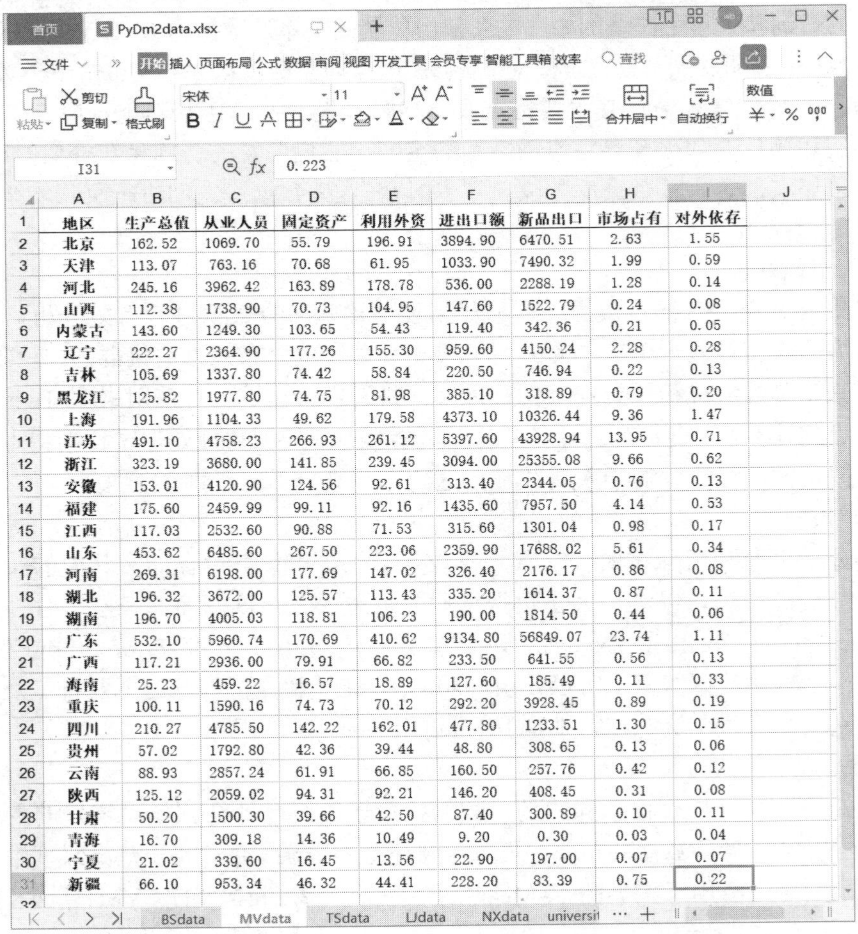

地区	生产总值	从业人员	固定资产	利用外资	进出口额	新品出口	市场占有	对外依存
北京	162.52	1069.70	55.79	196.91	3894.90	6470.51	2.63	1.55
天津	113.07	763.16	70.68	61.95	1033.90	7490.32	1.99	0.59
河北	245.16	3962.42	163.89	178.78	536.00	2288.19	1.28	0.14
山西	112.38	1738.90	70.73	104.95	147.60	1522.79	0.24	0.08
内蒙古	143.60	1249.30	103.65	54.43	119.40	342.36	0.21	0.05
辽宁	222.27	2364.90	177.26	155.30	959.60	4150.24	2.28	0.28
吉林	105.69	1337.80	74.42	58.84	220.50	746.94	0.22	0.13
黑龙江	125.82	1977.80	74.75	81.98	385.10	318.89	0.79	0.20
上海	191.96	1104.33	49.62	179.58	4373.10	10326.44	9.36	1.47
江苏	491.10	4758.23	266.93	261.12	5397.60	43928.94	13.95	0.71
浙江	323.19	3680.00	141.85	239.45	3094.00	25355.08	9.66	0.62
安徽	153.01	4120.90	124.56	92.61	313.40	2344.05	0.76	0.13
福建	175.60	2459.99	99.11	92.16	1435.60	7957.50	4.14	0.53
江西	117.03	2532.60	90.88	71.53	315.60	1301.04	0.98	0.17
山东	453.62	6485.60	267.50	223.06	2359.90	17688.02	5.61	0.34
河南	269.31	6198.00	177.69	147.02	326.40	2176.17	0.86	0.08
湖北	196.32	3672.00	125.57	113.43	335.20	1614.37	0.87	0.11
湖南	196.70	4005.03	118.81	106.23	190.00	1814.50	0.44	0.06
广东	532.10	5960.74	170.69	410.62	9134.80	56849.07	23.74	1.11
广西	117.21	2936.00	79.91	66.82	233.50	641.55	0.56	0.13
海南	25.23	459.22	16.57	18.89	127.60	185.49	0.11	0.33
重庆	100.11	1590.16	74.73	70.12	292.20	3928.45	0.89	0.19
四川	210.27	4785.50	142.22	162.01	477.80	1233.51	1.30	0.15
贵州	57.02	1792.80	42.36	39.44	48.80	308.65	0.13	0.06
云南	88.93	2857.24	61.91	66.85	160.50	257.76	0.42	0.12
陕西	125.12	2059.02	94.31	92.21	146.20	408.45	0.31	0.08
甘肃	50.20	1500.30	39.66	42.50	87.40	300.89	0.10	0.11
青海	16.70	309.18	14.36	10.49	9.20	0.30	0.03	0.04
宁夏	21.02	339.60	16.45	13.56	22.90	197.00	0.07	0.07
新疆	66.10	953.34	46.32	44.41	228.20	83.39	0.75	0.22

2.1.3.2　数据库数据管理[①]

当分析的数据量很大时，采用电子表格软件有很大问题，需要采用数据库来管理数据表格。

前面讲到，大数据通常有 4V 特征，即体量大（Volume）、速度快（Velocity）、类型多（Variety）和价值密度低（Value），但本书作为大数据分析的入门教程，不可能涉及大数据的方方面面，仅从大量数据分析出发，进行基本的大数据挖掘分析，牵扯到的也仅是传统的结构化数据，使用的也是过去的关系型数据库。

这类数据最典型的有人口普查数据、经济普查数据、金融证券数据、交通通信数据等，下面采用 Python 进行数据库数据的管理与分析，如果用不到数据库，则可跳过本节内容。

1）Python 中数据库的使用

当分析的数据量很大时，采用电子表格软件有一大问题，即电子表格软件有数据限制。例如，Excel 2007 以下版本数据最大为 65560 条记录，虽然 Excel 2007 以上版本数据可包含百万级的数据行，但当数据超过几十万条以后，运行就很慢了，而且在 Excel 中直接分析这类数据已不现实。

Python 自身目前不易支持数据共享，因为当多个用户获取数据的时候，存在更新同一个数据的情况，这样，一个用户的操作对另外的用户就是不可见的了。

数据库管理系统，尤其是关系型数据库管理系统，可用来完成这些工作，其功能有以下方面：

① 提供读取大数据集中快速选取部分数据的功能。

② 数据库中强大功能的汇总和交叉列表的功能。

③ 以比长方形格子模型的电子表格更加严格的方式保存数据。

④ 多用户并发存取数据，同时确保存取数据的安全约束。

⑤ 作为一个服务器，为大范围的用户提供服务。

2）Python 中数据库的接口

网上有很多包可以实现 Python 和数据库的通信，它们提供了不同层次的抽象，有些提供了将整个数据框读入/写出数据库的功能。这些包中都有通过 SQL 查询语言的函数来选取的数据，选取的数据结果是分片的（通常是不同组的行）或整体的（作为数据框）。

在 Python 中连接数据库需要安装其他扩展包，根据连接方式不同，我们有两种选择：一种是 ODBC（开放数据库接口）方式，需要安装 ODBC 驱动；另一种是基于 pandas 的 pandas.io.sql 模块的 SQLAlchemy 统一接口。SQLAlchemy 是 Python 编程语言下的一款 ORM 框架，该框架建立在数据库 API 之上，先使用关系对象映射进行数据库操作，即将对象转换成 SQL，再使用数据 API 执行 SQL 并获取执行结果。SQLAlchemy 的一个目标是提供能兼容众多数据库（如 SQLite、MySQL、PostgreSQL、Oracle、MSSQL、SQL Server 和 Firebird）的企业级持久性模型。

根据配置文件的不同调用不同的数据库 API，从而实现对数据库的操作，如“数据库类型+数据库驱动名称://用户名:口令@机器地址:端口号/数据库名”。

---

① 选学内容

```
from sqlalchemy import create_engine
MySQL:
  engine=create_engine('mysql+mysqldb://scott:tiger@localhost/foo')
MSSQL:
  engine=create_engine('mssql+pyodbc://mydsn')
PostgreSQL:
  engine=create_engine('postgressql://scott:tiger@localhost:5432/mydatabase')
Oracle:
  engine=create_engine('oracle://scott:tiger@127.1.1.1:1521/sidname')
SQLite:
  engine=create_engine('sqlite:///foo.db')
```

这些数据库中 SQLite 是一个轻量级的数据库，完全免费，使用方便，不需要安装，不需要任何配置，也不需要管理员。如果只需要本地单机操作，那么用它配合 Python 来存取数据是非常方便的。

2.1.4 数据分析包 pandas

在数据分析中，数据通常以变量（一维数组，Python 中用序列表示）和矩阵（二维数组，Python 中用数据框表示）的形式出现，下面结合 Python 介绍 pandas 数据框操作。

注意：在 Python 编程中，变量通常以列表（一组数据），而不是以一般编程语言的标量（一个数据）形式出现。

2.1.4.1 数据框的构建

pandas 中的函数 DataFrame()可用序列构成一个数据框，如下面的 df1 和 df2。数据框相当于关系数据库中的结构化数据类型，传统的数据大都以结构化数据形式存储在关系数据库中，因而传统的数据分析是以数据框为基础的。Python 中的数据分析大都是基于数据框进行的，所以本书的分析也以该数据类型为主，向量和矩阵都可以看成数据框的一个特例。

1）生成空数据框

In	pd.DataFrame()　　　　#生成空数据框
Out	—

2）根据列表创建数据框

In	X=[1,3,6,4,9] pd.DataFrame(X) pd.DataFrame(X, columns=['X'], index=range(5)) pd.DataFrame(X,columns=['weight'], index=['A','B','C','D','E'])
Out	…… weight A　　1 B　　3 C　　6

	D　　4 E　　9

3）根据字典创建数据框

In	S1=X;S2=sex;S3=weight; df1=pd.DataFrame({'S1':S1,'S2':S2,'S3':S3}); df1
Out	S1　S2　S3 0　1　女　67 1　3　男　66 2　6　男　83 3　4　女　68 4　9　男　70
In	df2=pd.DataFrame({'sex':sex,'weight':weight},index=X);df2
Out	sex　weight 1　女　67 3　男　66 6　男　83 4　女　68 9　男　70

4）增加数据框列

In	df2['weight2']=df2['weight']**2; df2　　　　#增加数据框列
Out	sex　weight　weight2 1　女　67　4489 3　男　66　4356 6　男　83　6889 4　女　68　4624 9　男　70　4900

5）删除数据框列

In	del df2['weight2']; df2　　　　#删除数据框列
Out	sex　weight 1　女　67 3　男　66 6　男　83 4　女　68 9　男　70

6）缺失值处理

In	S2=[66,68,np.nan,70,np.nan];S3=['男','女',np.nan,'男',np.nan] df3=pd.DataFrame({'S2':S2,'S3':S3},index=S1);df3
Out	S2　S3 1　66.0　男

	3　68.0　女 6　NaN　NaN 4　70.0　男 9　NaN　NaN
In	df3.isnull()　　#若是缺失值则返回 True，否则返回 False
Out	S2　S3 1　False　False 3　False　False 6　True　True 4　False　False 9　True　True
In	df3.isnull().sum()　　#返回每列包含的缺失值的个数
Out	S2　2 S3　2 dtype: int64
In	df3.dropna()　　#直接删除含有缺失值的行，多变量谨慎使用
Out	S2　S3 1 66.0　男 3 68.0　女 4 70.0　男

7）数据框排序

In	df3.sort_index()　　#按 index 排序
Out	S2　S3 1　66.0　男 3　68.0　女 4　70.0　男 6　NaN　NaN 9　NaN　NaN
In	df3.sort_values(by='S3')　　#按列值排序
Out	S2　S3 3　68.0　女 1　66.0　男 4　70.0　男 6　NaN　NaN 9　NaN　NaN

2.1.4.2　数据框的读写

1）pandas 读取数据集

大的数据对象常常是从外部文件读入的，而不是在 Python 中直接输入的。外部的数据源有很多，可以是电子表格、数据库、文本文件等形式。Python 的导入工具非常简单，但是对导入文件有一些比较严格的限制。本书使用的是 pandas 包读取数据的方式，事先需要调用

pandas 包，即 import pandas。

① 从剪贴板上读取。

前面讲到，电子表格软件是目前数据管理和编辑最方便的工具，所以可以考虑用电子表格软件管理数据，用 Python 分析数据，电子表格软件与 Python 之间的数据交换（适用于本书）过程非常简单，简述如下。

先在 PyDm2data.xlsx 数据文件的 BSdata 表中选取 A1:H52，并复制，再在 Python 中读取数据。

In	
	BSdata=pd.read_clipboard();　　#从剪贴板上复制数据 BSdata[:5]　　#BSdata.head() 见 2.1.4.3 节

Out

	id	sex	region	course	software	height	weight	expense
0	20210501	男	西部	概率统计	Excel	172	75	17.8
1	20210502	男	中部	统计方法	SPSS	169	73	19.8
2	20210503	女	东部	都学习过	Matlab	166	63	13.5
3	20210504	女	西部	统计方法	R	165	67	10.4
4	20210505	男	东部	概率统计	SPSS	158	56	12.8

这里，BSdata 为读入 Python 中的数据框名，clipboard 为剪贴板。

② 读取 Excel 格式数据。

使用 pandas 包中的 read_excel()函数可直接读取 Excel 文档中的任意表单数据，其读取命令也比较简单。例如，要读取 PyDm2data.xlsx 表单的 BSdata，可用以下命令。

In

```
BSdata=pd.read_excel('PyDm2data.xlsx','BSdata');
BSdata
```

Out

	id	sex	region	course	software	height	weight	expense
0	20210501	男	西部	概率统计	Excel	172	75	17.8
1	20210502	男	中部	统计方法	SPSS	169	73	19.8
2	20210503	女	东部	都学习过	Matlab	166	63	13.5
3	20210504	女	西部	统计方法	R	165	67	10.4
…	……	…	……	……	……	……	……	…
56	20210557	女	中部	编程技术	Python	166	65	5.3
57	20210558	女	中部	都学习过	SPSS	159	58	71.4
58	20210559	女	西部	统计方法	Excel	169	70	5.5
59	20210560	女	东部	概率统计	Excel	165	67	56.8

③ 读取其他统计软件的数据。

要调用 SAS、SPSS、Stata 等统计软件的数据集，需要先用相应的包，详见 Python 手册。

2）pandas 数据集的保存

Python 读取和保存数据集的最好方式是 csv 和 xlsx 文件格式，pandas 保存数据的命令也很简单，如下所示。

In

```
BSdata.to_csv('BSdata1.csv')                        #将数据框 BSdata 保存到 BSdata.csv 中
BSdata.to_excel('BSdata1.xlsx',index=False)   #将数据框 BSdata 保存到 BSdata1.xlsx 中
```

2.1.4.3 数据框的操作

1）获取数据框的基本信息

① 数据框显示。

有三种显示数据框内容的函数，即 info()（显示数据结构）、head()（显示数据框前 5 行）、tail()（显示数据框后 5 行）。

In

```
BSdata.info()                    #数据框信息
```

Out

```
<class 'pandas.core.frame.DataFrame'>
RangeIndex: 3 entries, 0 to 2
Data columns (total 9 columns):
 #   Column     Non-Null   Count      Dtype
     ---        ------     ------------  -----
 0   56         3          non-null   int64
 1   20210557   3          non-null   int64
 2   女         3          non-null   object
 3   中部       3          non-null   object
 4   编程技术   3          non-null   object
 5   Python     3          non-null   object
 6   166        3          non-null   int64
 7   65         3          non-null   int64
 8   5.3        3          non-null   float64
dtypes: float64(1), int64(4), object(4)
memory usage: 344.0+ bytes
```

In

```
BSdata.head()                    #显示数据框前 5 行
BSdata.tail()                    #显示数据框后 5 行
```

Out

```
      id        sex  region  course    software  height  weight  expense
0     20210501  男   西部    概率统计  Excel     172     75      17.8
1     20210502  男   中部    统计方法  SPSS      169     73      19.8
2     20210503  女   东部    都学习过  Matlab    166     63      13.5
3     20210504  女   西部    统计方法  R         165     67      10.4
4     20210505  男   东部    概率统计  SPSS      158     56      12.8

      id        sex  region  course    software  height  weight  expense
55    20210556  男   中部    统计方法  Excel     175     69      44.4
56    20210557  女   中部    编程技术  Python    166     65      5.3
57    20210558  女   中部    都学习过  SPSS      159     58      71.4
58    20210559  女   西部    统计方法  Excel     169     70      5.5
59    20210560  女   东部    概率统计  Excel     165     67      56.8
```

② 数据框列名（变量名）。

In

```
BSdata.columns             #查看列名
```

Out

```
Index(['id', 'sex', 'region', 'course', 'software', 'height', 'weight', 'expense'], dtype='object')
```

③ 数据框行名（样品名）。

In	BSdata.index　　　　　#数据框行名
Out	RangeIndex(start=0, stop=60, step=1)

④ 数据框维度。

In	BSdata.shape　　　　　#显示数据框的行数和列数 BSdata.shape[0]　　　　#数据框行数 BSdata.shape[1]　　　　#数据框列数
Out	(60, 8) 60 8

⑤ 数据框值（数组）。

In	BSdata.values[:5]　　　　　#数据框值（数组）
Out	array ([[20210501, '男', '西部', '概率统计', 'Excel', 172, 75, 17.8], [20210502, '男', '中部', '统计方法', 'SPSS', 169, 73, 19.8], [20210503, '女', '东部', '都学习过', 'Matlab', 166, 63, 13.5], [20210504, '女', '西部', '统计方法', 'R', 165, 67, 10.4], [20210505, '男', '东部', '概率统计', 'SPSS', 158, 56, 12.8]], dtype=object)

2）选取变量

选取数据框中变量的方法主要有以下几种。

① “.” 法或 “[' ']” 法：这是 Python 中最直观的选取变量的方法。例如，要选取数据框 BSdata 中的 “height” 和 “weight” 变量，直接用 “BSdata.height” 和 “BSdata.weight” 即可，也可用 BSdata['height']和 BSdata['weight']。“[' ']” 法书写比 “.” 法书写烦琐，却是最不容易出错且直观的一种方法，并可推广到多个变量的情形，推荐使用。

In	BSdata.height　　　#取一列数据，BSdata['height']
Out	0　172 1　169 2　166 3　165 4　158 ...... Name: height, dtype: int64
In	BSdata[[' height ',' weight ']]　　#取两列数据
Out	height weight 0　　172　　75 1　　169　　73 2　　166　　63 3　　165　　67 4　　158　　56 ......

② 下标法：由于数据框是二维数组（矩阵）的扩展，所以也可以用矩阵的列下标来选取变量数据，这种方法进行矩阵（数据框）运算比较方便。例如，dat.iloc[i,j]表示数据框（矩阵）的第 i 行、第 j 列数据，dat.iloc[i,]表示 dat 的第 i 行数据向量，而 dat.iloc[,j]表示 dat 的第 j 列数据向量（变量）。再例如，“height”和“weight”变量在数据框 BSdata 的第 3、4 列。

In
```
BSdata.iloc[:,2]          #取第 1 列
BSdata.iloc[:,2:4]        #取第 2、3 列
```
Out
```
0    西部
1    中部
2    东部
3    西部
4    东部
......
Name: region, dtype: object

     region   course
0      西部    概率统计
1      中部    统计方法
2      东部    都学习过
3      西部    统计方法
4      东部    概率统计
......
```

3）提取样品

In
```
BSdata.loc[3]             #取第 1 行
```
Out
```
id          20210504
sex         女
region      西部
course      统计方法
software    R
height      165
weight      67
expense     10.4
Name: 3, dtype: object
```
In
```
BSdata.loc[3:5]           #取第 3～第 5 行
```
Out
```
   id        sex  region  course    software  height  weight  expense
3  20210504  女   西部    统计方法  R         165     67      10.4
4  20210505  男   东部    概率统计  SPSS      158     56      12.8
5  20210506  女   东部    统计方法  SPSS      164     65      35.3
```

4）选取观测与变量

同时选取观测与变量数据的方法就是将提取变量和样品方法结合使用。例如，要选取数据框中男生的身高数据，可用以下语句。

In	BSdata.loc[:3,['height','weight']] BSdata.iloc[:3,:5]　#第 0～第 2 行和第 1～第 5 列数据
Out	height weight 0 172 75 1 169 73 2 166 63 3 165 67 id sex region course software 0 20210501 男 西部 概率统计 Excel 1 20210502 男 中部 统计方法 SPSS 2 20210503 女 东部 都学习过 Matlab

5）根据条件选取样品与变量

例如，选取身高超过 180cm 的男生的数据，以及身高超过 180cm 且体重小于 80kg 的男生的数据，可用以下语句。

In	BSdata[BSdata['height']>180]
Out	id sex region course software height weight expense 13 20210514 男 东部 编程技术 Excel 183 76 85.6 18 20210519 男 东部 都学习过 Excel 184 82 10.3 29 20210530 男 西部 都学习过 SPSS 185 83 5.1 40 20210541 男 东部 都未学过 No 186 87 9.5
In	BSdata[(BSdata['height']>180) & (BSdata['weight']<80)]
Out	id sex region course software height weight expense 13 20210514 男 东部 编程技术 Excel 183 76 85.6

6）数据框的运算

① 生成新的数据框。

可以通过选择变量名来生成新的数据框。

In	BSdata['BMI']=BSdata['weight']/(BSdata['height']/100)**2 round(BSdata[:5],2)
Out	id sex region course software height weight expense BMI 0 20210501 男 西部 概率统计 Excel 172 75 17.8 25.35 1 20210502 男 中部 统计方法 SPSS 169 73 19.8 25.56 2 20210503 女 东部 都学习过 Matlab 166 63 13.5 22.86 3 20210504 女 西部 统计方法 R 165 67 10.4 24.61 4 20210505 男 东部 概率统计 SPSS 158 56 12.8 22.43

② 数据框的合并 pd.concat()。

可以用 pd.concat()函数将两个或两个以上的向量、矩阵或数据框合并起来，参数 axis=0 表示按行合并，axis=1 表示按列合并。

- 按行合并，axis=0。

In	pd.concat([BSdata.height, BSdata.weight],axis=0)
Out	0 172 1 169 2 166 3 165 4 158 ...... Length: 120, dtype: int64

● 按列合并，axis=1。

In	pd.concat([BSdata.height, BSdata.weight],axis=1)
Out	height weight 0 172 75 1 169 73 2 166 63 3 165 67 4 158 56 ......

7）数据框转置（.T）

In	BSdata.iloc[:3,:5].T
Out	0 1 2 id 20210501 20210502 20210503 sex 男 男 女 region 西部 中部 东部 course 概率统计 统计方法 都学习过 software Excel SPSS Matlab

2.2 数据的描述分析

2.2.1 基本统计量

Python 提供了很多对数据进行基本分析的函数，表 2-4 所示为 Python 对变量（序列或数据框）进行基本统计分析的函数。描述统计量函数 describe()可对数据进行基本描述，默认是分析计量数据的基本统计量。

In	BSdata.describe()
Out	id height weight expense count 6.0000e+01 60.0000 60.0000 60.0000 mean 2.0211e+07 167.9333 68.1500 23.4317 std 1.7464e+01 7.7303 7.3388 19.4925 min 2.0211e+07 155.0000 55.0000 2.5000

	25%	2.0211e+07	163.0000	63.0000	9.8000
	50%	2.0211e+07	166.0000	67.0000	16.7000
	75%	2.0211e+07	172.2500	72.2500	35.3000
	max	2.0211e+07	186.0000	87.0000	85.6000

In	BSdata[['sex','region','course','software']].describe()

```
Out
         sex   region   course     software
count    60    60       60         60
unique   2     3        5          7
top      男    西部     统计方法   Excel
freq     31    22       19         22
```

表 2-4　Python 对变量（序列或数据框）进行基本统计分析的函数

计数数据	用　途	计量数据	用　途
value_counts()	一维频数表	mean()	均值
crosstab()	二维列联表	median()	中位数
pivot_table()	多维透视表	quantile()	分位数
		std()	标准差

2.2.1.1　计数数据的汇总分析

统计学中把取值范围是有限个值或一个数列的变量称为离散变量，其中表示分类情况的数据又称为计数数据。

1）频数：绝对数

Python 中的.value_counts()函数可对计数数据计算频数。

In	T1=BSdata.sex.value_counts();T1

```
Out
男   31
女   29
Name: sex, dtype: int64
```

这是性别变量的频数分析，说明在 60 名学生中有男生 31 名、女生 29 名。

2）频率：相对数

频数/总数为计数数据的频率。

In	T1/sum(T1)*100

```
Out
男   51.6667
女   48.3333
Name: sex, dtype: float64
```

这是性别变量的频率分析，说明在60名学生中男生占总数的51.67%、女生占总数的48.33%。

2.2.1.2　计量数据的汇总分析

对于数值型数据，经常要分析它的集中趋势和离散程度。用来描述集中趋势的统计量主要有均值、中位数；描述离散程度的统计量主要有方差、标准差。Python 只需要一个函数就可以简单地得到这些结果。计算均值、中位数、方差、标准差的函数分别是 mean()、median()、var()、std()。

方差、标准差对异常值很敏感，可以用稳健的极差、四分位数间距（IQR）来描述离散程度。Python 还提供了函数 quantile()用来计算分位数，describe()用来计算基本统计量。

计量数据的基本统计量主要包括均值、中位数、方差、标准差、极差和四分位数间距等，其基本含义如下。

1）均值

均值（算术平均数）指一组数据的和除以这组数据的个数所得到的商，它反映了一组数据的总体水平。对于正态分布数据，通常通过计算其均值来表示其集中趋势或平均水平。

$$\overline{X}=\frac{1}{n}\sum_{i=1}^{n}X_i$$

In	BSdata.height.mean()
Out	167.93333333333334

2）中位数

中位数是将一组数据按大小顺序排列，处于中间位置的一个数据（或中间两个数据的平均值）。它反映了一组数据的集中趋势。对非正态分布数据，通常通过计算其中位数来表示其平均水平。

$$\overline{X}=\begin{cases}X_{\left(\frac{n+1}{2}\right)} & (n\text{为奇数})\\ \frac{1}{2}\left[X_{\left(\frac{n}{2}\right)}+X_{\left(\frac{n}{2}+1\right)}\right] & (n\text{为偶数})\end{cases}$$

In	BSdata.height.median()
Out	166.0

3）极差

极差是一组数据中最大数据与最小数据的差，在统计中常用极差来刻画一组数据的离散程度。它反映的是变量分布的变异范围和离散幅度，在总体中任何两个单位的数值之差都不能超过极差。

$$R=X_{(n)}-X_{(1)}=\max(X)-\min(X)$$

In	BSdata.height.max()-BSdata.height.min()
Out	31.0

4）方差

方差是各数据与均值之差的平方的均值，它表示数据离散程度和数据的波动大小。

$$s^2=\frac{1}{n-1}\sum_{i=1}^{n}(X_i-\overline{X})^2$$

In	BSdata.height.var()
Out	59.75819209039549

5）标准差

标准差是方差的算术平方根，作用等同于方差，但单位与原数据单位是一致的。对正态分布数据，通常通过计算其标准差来反映其变异水平。

$$s = \sqrt{s^2}$$

In	BSdata.height.std()
Out	7.730342300984834

方差或标准差是表示一组数据的波动性的指标，因此，通过方差或标准差可以判断一组数据的稳定性：方差或标准差越大，数据越不稳定；方差或标准差越小，数据越稳定。

6）四分位数间距

对非正态分布数据，通常通过计算其四分位数间距（IQR）来反映其变异水平：IQR = Q_3-Q_1，其中，Q_3 和 Q_1 分别为数据的第 3 分位数和第 1 分位数（或称 75%和 25%分位数）。Python 提供了函数 quantile()，可对计量数据计算分位数，于是 IQR 可写为

$$\text{IQR} = \text{quantile}(x,0.75) - \text{quantile}(x,0.25)$$

In	BSdata.height.quantile(0.75)-BSdata.height.quantile(0.25)
Out	9.25

7）偏度

偏度（Skew）是描述数据分布偏斜方向和程度的度量，是统计数据分布非对称程度的数字特征。偏度也称为偏态、偏态系数，是表征概率分布密度曲线相对于均值不对称程度的特征数或特征量。直观看来就是密度函数曲线尾部的相对长度。

偏度的定义是样本的三阶标准化矩，定义公式如下：

$$\text{Skew} = \frac{\sum_{i=1}^{n}(X_i - \bar{X})^3 / n}{s^{3/2}}$$

In	BSdata.height.skew()
Out	0.501436760021882

8）峰度

峰度（Kurt）与偏度类似，是描述总体中所有取值分布形态陡缓程度的统计量。该统计量需要与正态分布相比较，峰度为 0，表示该总体数据分布与正态分布的陡缓程度相同；峰度大于 0，表示该总体数据分布与正态分布相比较为陡峭，为尖顶峰；峰度小于 0，表示该总体数据分布与正态分布相比较为平坦，为平顶峰。峰度的绝对值数值越大，表示其分布形态的陡缓程度与正态分布的差异程度越大。

$$\text{Kurt} = \frac{\sum_{i=1}^{n}(X_i - \bar{X})^4 / n}{s^2} - 3$$

In	BSdata.height.kurt()
Out	−0.2899352074683729

Python 的特点是基于对象的函数分析，Python 中的所有分析工具都是基于函数的。要发挥 Python 的优势，通常可构建一些数据分析函数来进行基本的数据分析。

9）自编计算基本统计量函数

In

```
def stats(x):
    stat=[x.count(),x.min(),x.quantile(.25),x.mean(),x.median(),
       x.quantile(.75),x.max(),x.max()-x.min(),x.var(),x.std(),x.skew(),x.kurt()]
    stat=pd.Series(stat,index=['Count','Min', 'Q1(25%)','Mean','Median',
                'Q3(75%)','Max','Range','Var','Std','Skew','Kurt'])
    x.plot(kind='kde')   #拟合核密度 kde 曲线
    return(stat)
stats(BSdata.height)
```

Out

```
  Count        60.0000
  Min          155.0000
  Q1(25%)      163.0000
  Mean         167.9333
  Median       166.0000
  Q3(75%)      172.2500
  Max          186.0000
  Range        31.0000
  Var          59.7582
  Std          7.7303
  Skew         0.5014
  Kurt         -0.2899
dtype: float64
```

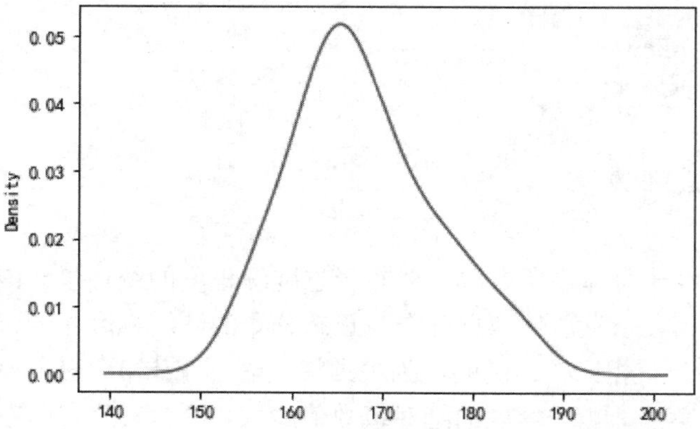

In

```
stats(BSdata.expense)
```

Out

```
  Count        60.0000
  Min          2.5000
  Q1(25%)      9.8000
  Mean         23.4317
  Median       16.7000
  Q3(75%)      35.3000
```

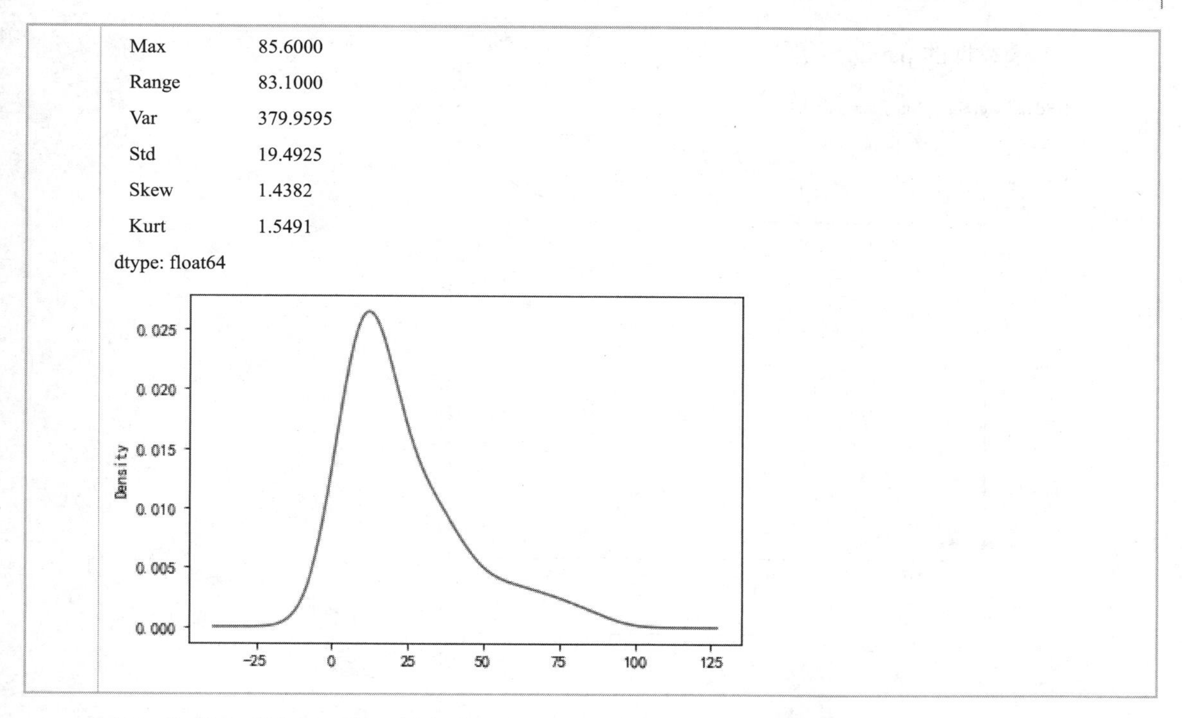

当然，这些函数还可以不断完善。例如，它只能计算向量或变量数据，而无法计算矩阵或数据框的数据，用户可以自定义一个计算矩阵或数据框的基本统计量函数。

2.2.2　基于数据框的绘图

2.2.2.1　基于 pandas 的绘图

在 pandas 中，数据框有行标签、列标签及分组信息等。要制作一张完整的图表，原本需要一长串 matplotlib 代码，现在只需要一两条简洁的语句。pandas 有许多能够利用 DataFrame 对象数据组织特点来创建标准图标的高级绘图方法（这些函数的数量还在不断增加）。

数据框 DataFrame 绘图时将每列作为一条图线绘制到一张图中，并用不同的线条颜色及不同的图例标签表示，其基本格式如下。

```
DataFrame.plot(kind='line')
kind : 图类型
  'line' : (default)#线图
  'bar': #垂直条图
  'barh' :#水平条图
  'hist' :#直方图
  'box' :#箱型图
  'kde' :#核密度估计图，对柱状图添加概率密度线，同 'density'
  'area' :#面积图
  'pie' :#饼图
  'scatter' : #散点图
```

1）计量数据的 pandas 绘图

In

```
BSdata['weight'].plot(kind='line');
BSdata['weight'].plot(kind='hist');
BSdata['weight'].plot(kind='box');
```

Out

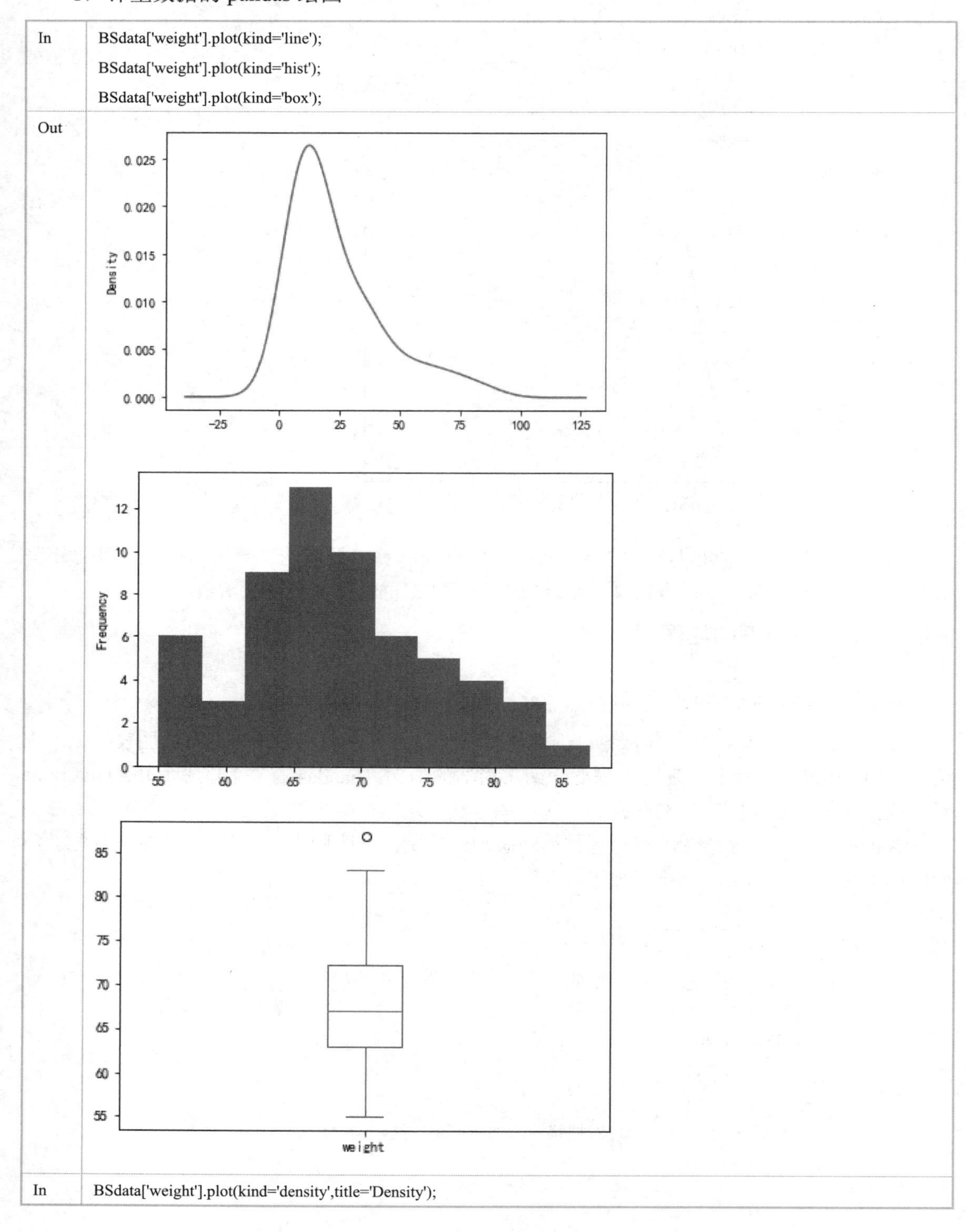

In

```
BSdata['weight'].plot(kind='density',title='Density');
```

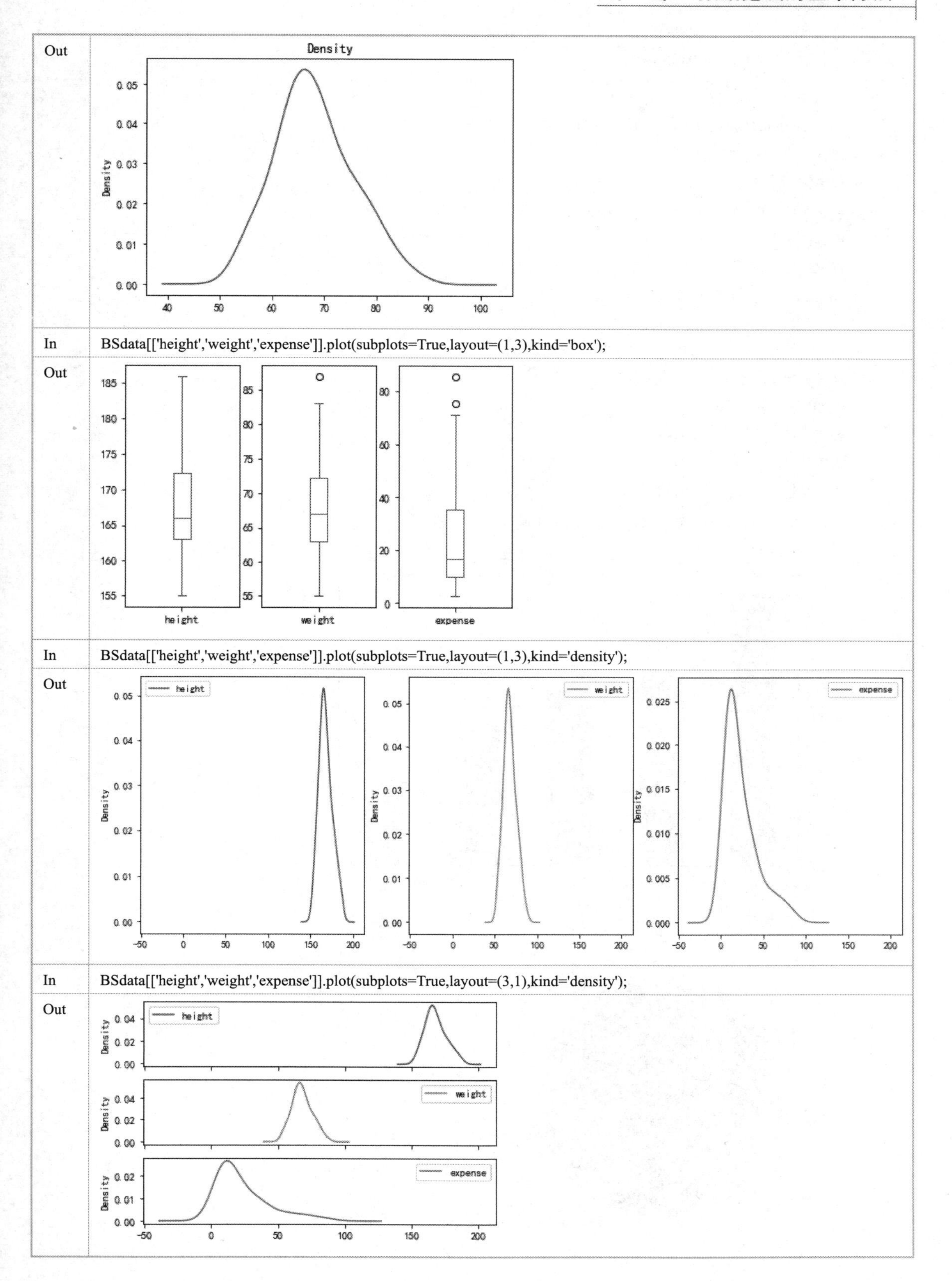
Out
Density
Density
In
BSdata[['height','weight','expense']].plot(subplots=True,layout=(1,3),kind='box');
Out
height
weight
expense
In
BSdata[['height','weight','expense']].plot(subplots=True,layout=(1,3),kind='density');
Out
height
weight
expense
Density
In
BSdata[['height','weight','expense']].plot(subplots=True,layout=(3,1),kind='density');
Out
height
weight
expense
Density

2）计数数据的 pandas 绘图

In	T1=BSdata['course'].value_counts();T1 pd.DataFrame({'频数':T1,'频率':T1/T1.sum()*100})
Out	统计方法 19 概率统计 13 都学习过 12 编程技术 10 都未学过 6 Name: course, dtype: int64 频数 频率 统计方法 19 31.6667 概率统计 13 21.6667 都学习过 12 20.0000 编程技术 10 16.6667 都未学过 6 10.0000

In	T1.plot(kind='bar'); #T1.sort_values().plot(kind='bar');
	T1.plot(kind='pie');

Out	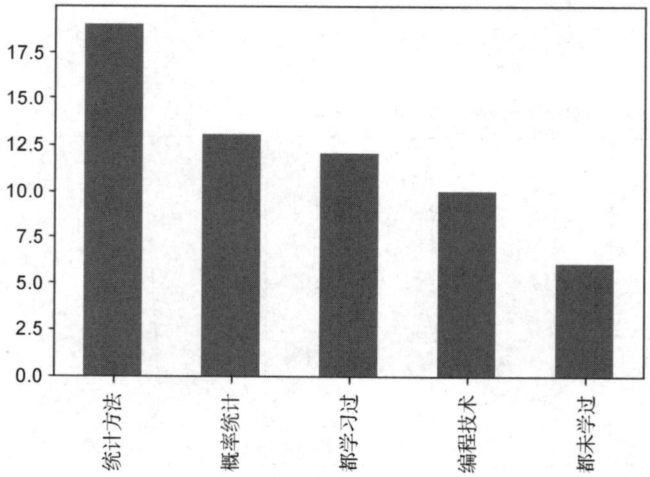 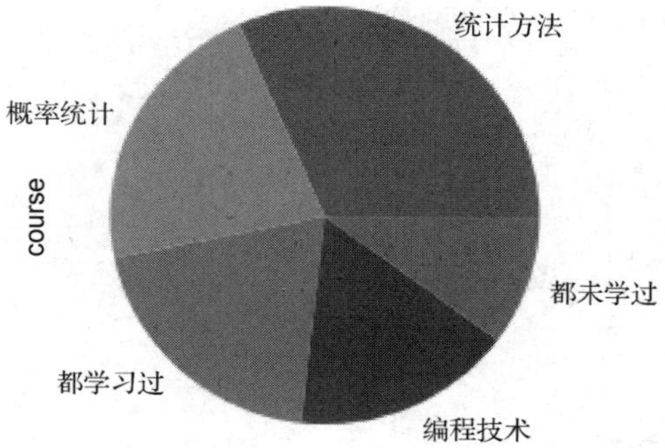

2.2.2.2　pandas 绘图参数

在 matplotlib 中有很多针对数据框格式的数据绘图参数，对这些参数进行设置可以优化结果。

x 和 y：表示标签或位置，用来指定显示的索引，默认为 None。

ax：子图，可以理解成第二个坐标轴，默认为 None。

subplots：是否对列分别作子图，默认为 False。

sharex：共享 x 轴刻度、标签。如果 ax 为 None，则默认为 True，如果传入 ax，则默认为 False。

sharey：共享 y 轴刻度、标签。

layout：子图的行列布局（rows, columns）。

figsize：图形尺寸大小（width, height）。

use_index：用索引作为 x 轴，默认为 True。

title：图形的标题。

grid：图形是否有网格，默认为 None。

style：对每列折线图设置线的类型，一般为 list 或 dict 格式。

logx/logy：设置 x 轴或 y 轴刻度是否取对数，默认为 False。

loglog：同时设置 x、y 轴刻度是否取对数，默认为 False。

xticks/yticks：设置 x 轴或 y 轴刻度值，一般为序列形式（如列表）。

xlim/ylim：设置 x 轴或 y 轴的范围。一般为数值、列表或元组（区间范围）。

rot：轴标签（轴刻度）的显示旋转度数，默认为 None。

fontsize：设置轴刻度的字体大小。

colormap：设置图的区域颜色。

colorbar：设置图的柱子颜色。

position：柱形图的对齐方式，取值范围为[0,1]，默认为 0.5（中间对齐）。

table：图下添加表，默认为 False。若为 True，则使用 DataFrame 中的数据绘制表格。

stacked：是否堆积，在折线图和柱状图中默认为 False，在区域图中默认为 True。

sort_columns：对列名称进行排序，默认为 False。

secondary_y：设置第二个 y 轴（右辅助 y 轴），默认为 False。

mark_right：当使用 secondary_y 轴时，在图例中自动用“right”标记列标签，默认为 True。

2.3　数据的透视分析

数据透视分析通常是以透视表的形式进行的。透视表是一种交互式的表，可以进行某些计算，如求和与计数等。数据透视表可以动态地改变变量的布置，以便按照不同的方式分析数据。

2.3.1　一维频数分析

频数分析又称为次数分析，是数据的统计整理方式之一。通常按照某种标志（计数或计量）将数据分成若干组，分别统计各组数据的频数（有时包括频率），以反映数据分布在各组的情况。

一维频数分析即单变量数据的透视表分析。

2.3.1.1 计数数据的频数分析

下面是课程开设数据的频数表与条图。

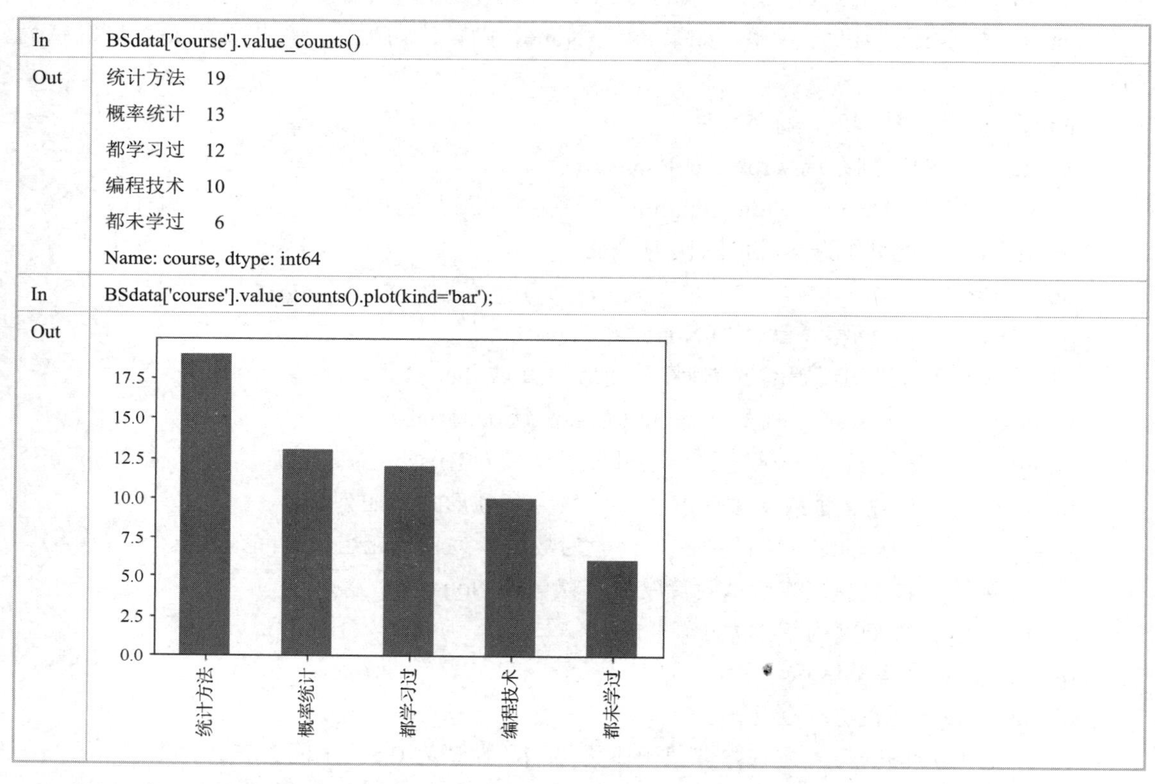

In	BSdata['course'].value_counts()
Out	统计方法 19 概率统计 13 都学习过 12 编程技术 10 都未学过 6 Name: course, dtype: int64
In	BSdata['course'].value_counts().plot(kind='bar');
Out	

2.3.1.2 计量数据的频数分析

1）身高数据的频数表与条图

In	pd.cut(BSdata.height,bins=10).value_counts()
Out	(161.2, 164.3] 11 (164.3, 167.4] 11 (154.969, 158.1] 7 (167.4, 170.5] 7 (170.5, 173.6] 7 (176.7, 179.8] 5 (158.1, 161.2] 4 (182.9, 186.0] 4 (173.6, 176.7] 3 (179.8, 182.9] 1 Name: height, dtype: int64

```
In   pd.cut(BSdata.height,bins=10).value_counts().plot(kind='bar');
Out
```

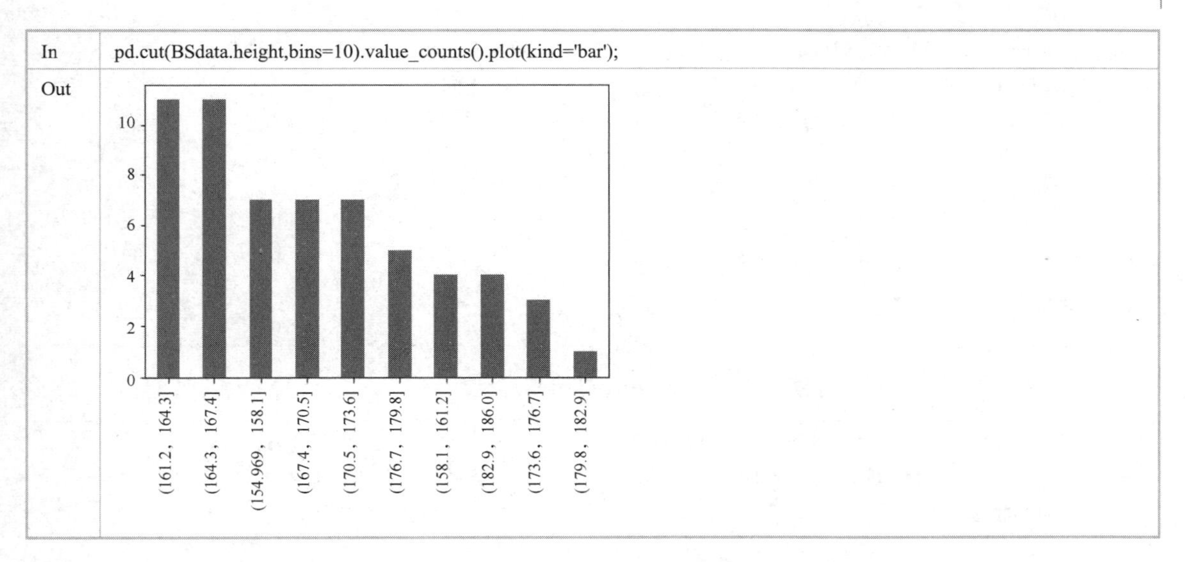

大家可以尝试制作 bins=[150,160,170,180,190,200]的频数表和条图。

2）支出数据的频数表与条图

```
In   pd.cut(BSdata.expense,bins=[0,10,30,100]).value_counts()
Out  (10, 30]     27
     (30, 100]    17
     (0, 10]      16
     Name: expense, dtype: int64
In   pd.cut(BSdata.expense,bins=[0,10,30,100]).value_counts().plot(kind='bar');
Out
```

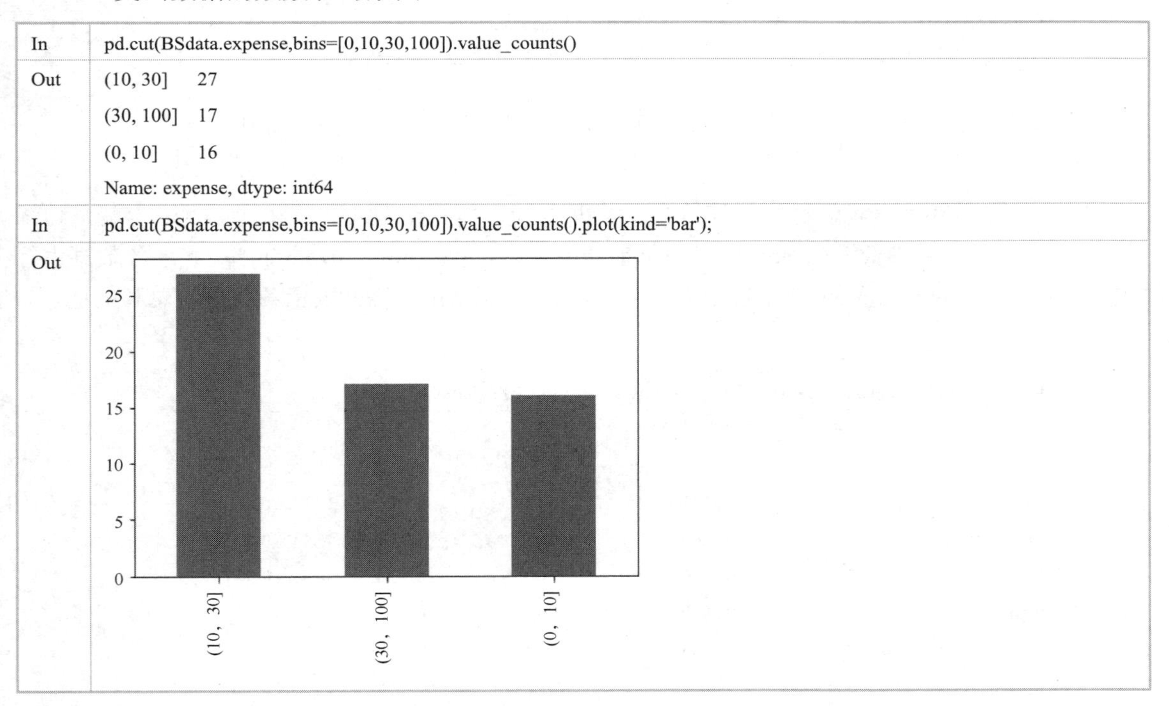

2.3.2　二维集聚分析

2.3.2.1　计数数据的列联表

1）二维列联表

Python 的 crosstab()函数可以把双变量分类数据整理成二维列联表形式。

```
In   pd.crosstab(BSdata.software,BSdata.course)
```

Out	course	概率统计	统计方法	编程技术	都学习过	都未学过
	software					
	Excel	4	6	4	4	4
	Matlab	4	0	0	2	0
	No	2	0	0	0	2
	Python	0	0	5	1	0
	R	0	5	1	1	0
	SAS	1	2	0	0	0
	SPSS	2	6	0	4	0

行和列的合计（All）可使用参数 margins=True。

In	pd.crosstab(BSdata.software,BSdata.course,margins=True)						
Out	course	概率统计	统计方法	编程技术	都学习过	都未学过	All
	software						
	Excel	4	6	4	4	4	22
	Matlab	4	0	0	2	0	6
	No	2	0	0	0	2	4
	Python	0	0	5	1	0	6
	R	0	5	1	1	0	7
	SAS	1	2	0	0	0	3
	SPSS	2	6	0	4	0	12
	All	13	19	10	12	6	60

对于二维列联表，我们经常要计算某个数据占行、列的比例或占总和的比例，也就是边缘概率，用 normalize 参数，Python 可以简单地计算这些比例。normalize ='index'表示各数据占行的比例；normalize='columns'表示各数据占列的比例；normalize ='all'表示各数据占总和的比例。

例如：

In	pd.crosstab(BSdata.software, BSdata.course, margins=True, normalize='index')						
Out	course	概率统计	统计方法	编程技术	都学习过	都未学过	
	software						
	Excel	0.1818	0.2727	0.1818	0.1818	0.1818	
	Matlab	0.6667	0.0000	0.0000	0.3333	0.0000	
	No	0.0000	0.0000	0.0000	0.5000	0.5000	
	Python	0.0000	0.0000	0.8333	0.1667	0.0000	
	R	0.0000	0.7143	0.1429	0.1429	0.0000	
	SAS	0.3333	0.6667	0.0000	0.0000	0.0000	
	SPSS	0.1667	0.5000	0.0000	0.3333	0.0000	
	All	0.2167	0.3167	0.1667	0.2000	0.1000	
In	pd.crosstab(BSdata.software, BSdata.course, margins=True, normalize='columns')						
Out	course	概率统计	统计方法	编程技术	都学习过	都未学过	All
	software						
	Excel	0.3077	0.3158	0.4	0.3333	0.6667	0.3667
	Matlab	0.3077	0.0000	0.0	0.1667	0.0000	0.1000

	No	0.1538	0.0000	0.0	0.0000	0.3333	0.0667
	Python	0.0000	0.0000	0.5	0.0833	0.0000	0.1000
	R	0.0000	0.2632	0.1	0.0833	0.0000	0.1167
	SAS	0.0769	0.1053	0.0	0.0000	0.0000	0.0500
	SPSS	0.1538	0.3158	0.0	0.3333	0.0000	0.2000

In

```
pd.crosstab(BSdata.software, BSdata.course, margins=True, normalize='all')
```

Out

course	概率统计	统计方法	编程技术	都学习过	都未学过	All
software						
Excel	0.0667	0.1000	0.0667	0.0667	0.0667	0.3667
Matlab	0.0667	0.0000	0.0000	0.0333	0.0000	0.1000
No	0.0333	0.0000	0.0000	0.0000	0.0333	0.0667
Python	0.0000	0.0000	0.0833	0.0167	0.0000	0.1000
R	0.0000	0.0833	0.0167	0.0167	0.0000	0.1167
SAS	0.0167	0.0333	0.0000	0.0000	0.0000	0.0500
SPSS	0.0333	0.1000	0.0000	0.0667	0.0000	0.2000
All	0.2167	0.3167	0.1667	0.2000	0.1000	1.0000

2）复式条图

In

```
T2=pd.crosstab(BSdata.software, BSdata.course);T2
T2.plot(kind='bar',figsize=(10,8)).legend(loc = "upper center");
```

Out

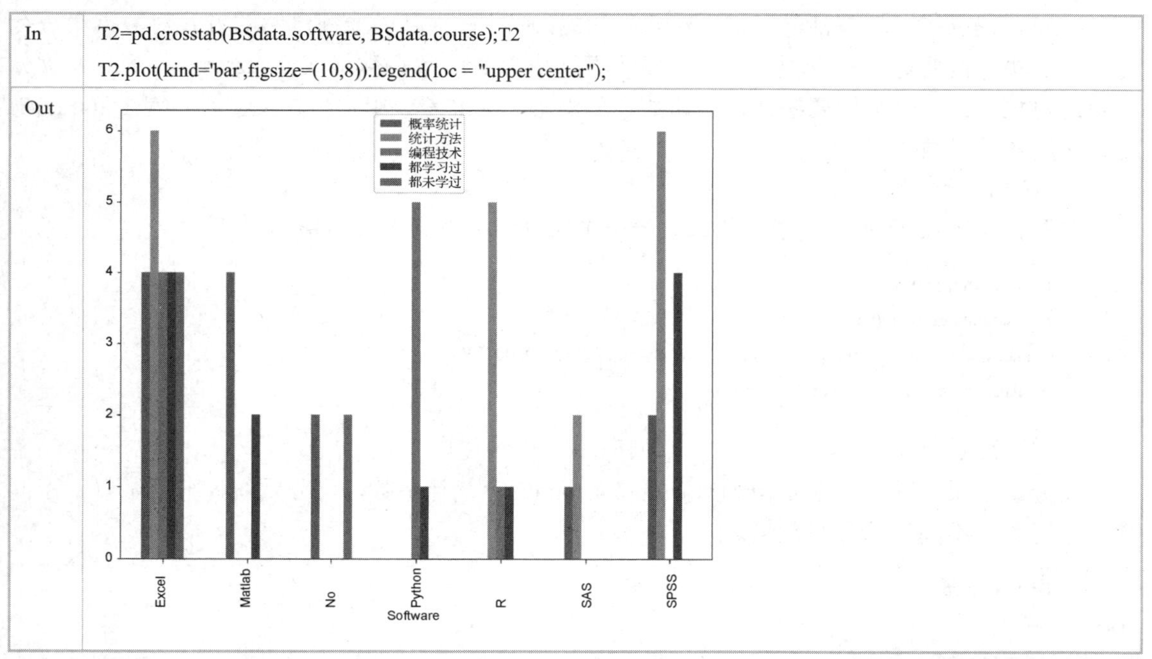

条图用等宽直条的长短来表示相互独立的各指标数值大小，该指标可以是连续型变量的某汇总指标，也可以是分类变量的频数或构成比。各组直条间的间距应相等，其宽度一般与直条的宽度相等或为直条宽度的一半。Python 中绘制条图的函数是 bar()，在绘制条图前需要对数据进行分组。继续以上面的分类数据为例绘制条图，粗略分析变量的分布情况。

In

```
T2.plot(kind='bar',stacked=True);
```

Out	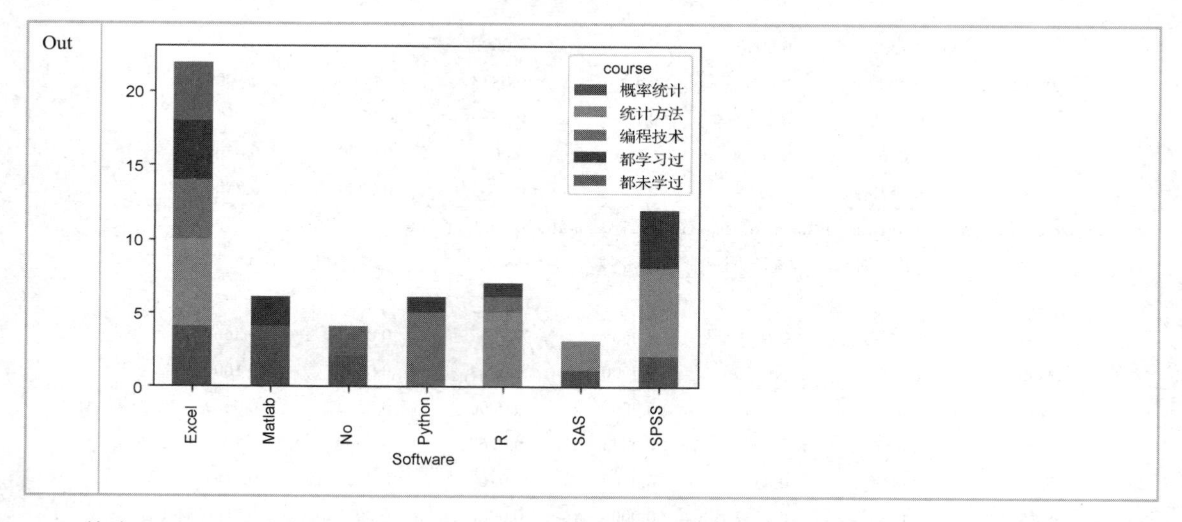

其中，stacked 参数设置为 False 时，绘制出的图是分段式条图；stacked 参数设置为 True 时，绘制出的图是并列式条图。

2.3.2.2 计量数据的集聚表

pandas 提供了一项灵活高效的 groupby 功能，通过它可以以一种自然的方式对数据集进行切片、切块、摘要等操作；根据一个或多个键（可以是函数、数组或 DataFrame 列名）拆分 pandas 对象；计算分组摘要统计，如计数、平均值、标准差或用户自定义函数；对 DataFrame 的列应用各种函数。

1）按列分组

注意：以下使用 groupby()函数生成一个中间分组变量，为 GroupBy 类型。

In	BSdata.groupby(['sex']) type(BSdata.groupby(['sex']))
Out	<pandas.core.groupby.generic.DataFrameGroupBy object at 0x000001EF5E365430> pandas.core.groupby.generic.DataFrameGroupBy

2）按分组统计

在分组结果的基础上应用 size()、sum()、count()等统计函数，可分别统计分组数量、不同列的分组和、不同列的分组数量。

In	BSdata.groupby(['sex'])['height'].mean()
Out	sex 女　164.4138 男　171.2258 Name: height, dtype: float64
In	BSdata.groupby(['sex'])['height'].size()
Out	sex 女　29 男　31 Name: height, dtype: int64

In	BSdata.groupby(['region'])['weight'].count()
Out	region 东部　　20 中部　　18 西部　　22 Name: weight, dtype: int64
In	BSdata.groupby(['region'])['expense'].sum()
Out	region 东部　　658.0 中部　　476.1 西部　　271.8 Name: expense, dtype: float64
In	BSdata.groupby(['sex','software'])['height'].mean()
Out	sex　software 女　Excel　163.3636 　Matlab　163.0000 　No　167.5000 　Python　166.2500 　R　165.3333 　SAS　166.0000 　SPSS　164.0000 男　Excel　174.0909 　Matlab　170.6667 　No　182.0000 　Python　167.5000 　R　168.7500 　SAS　169.5000 　SPSS　166.8571 Name: height, dtype: float64

3）应用 agg()函数计算统计量

对于分组的某一列或多列，应用 agg()函数可以对分组后的数据进一步计算，并可用于多个函数，如下面对男性身高和女性身高分别计算平均数和标准差。

In	BSdata.groupby(['sex'])['height'].agg([np.mean, np.std])
Out	mean　std sex 女　164.4138　4.2805 男　171.2258　8.7890

4）应用 apply()函数计算统计量

apply()函数不同于 agg()函数的地方在于：apply()函数作用于数据框的各个列，agg()函数仅作用于指定的列。

In	BSdata.groupby(['sex'])['height','weight'].apply(np.mean)
Out	height weight sex 女 164.4138 65.0000 男 171.2258 71.0968
In	BSdata.groupby(['sex','software'])['height','weight'].apply(np.mean)
Out	height weight sex software 女 Excel 163.3636 64.1818 Matlab 163.0000 62.3333 No 167.5000 68.5000 Python 166.2500 66.0000 R 165.3333 67.3333 SAS 166.0000 68.0000 SPSS 164.0000 64.2000 男 Excel 174.0909 73.9091 Matlab 170.6667 71.0000 No 182.0000 82.5000 Python 167.5000 65.0000 R 168.7500 68.5000 SAS 169.5000 67.5000 SPSS 166.8571 67.7143

2.3.3 多维透视分析

2.3.3.1 计数数据的透视分析

对于计数数据，前面介绍了用 value_counts()函数生成一维频数表，用 crosstab()函数生成二维列联表，其实 pivot_table()函数可以生成任意维统计表。下面用 pandas 包的 pivot_table()函数生成各种统计表，可以达到 Excel 等电子表格软件的透视表功能，且更为灵活方便。

用 pivot_table()函数生成计数数据的统计表时，参数 index 和 values 都为分类变量，aggfunc 通常取长度函数 len。

In	BSdata.pivot_table(index=['sex'],values=['id'],aggfunc=len)
Out	id sex 女 29 男 31
In	BSdata.pivot_table(values=['id'],index=['sex','software'],aggfunc=len)
Out	id sex software 女 Excel 11 Matlab 3 No 2

	Python　4 R　3 SAS　1 SPSS　5 男　Excel　11 Matlab　3 No　2 Python　2 R　4 SAS　2 SPSS　7
In	BSdata.pivot_table(values=['id'],index=['software'],columns=['sex'],aggfunc=len)
Out	id sex　女　男 software Excel　11　11 Matlab　3　3 No　2　2 Python　4　2 R　3　4 SAS　1　2 SPSS　5　7

2.3.3.2　计量数据的透视分析

pivot_table()函数也可以生成计量数据的统计表，这时参数 index 为分类变量，values 为数值变量，aggfunc 为要计算的统计量函数，如均值和标准差函数。

In	BSdata.pivot_table(index=['sex'],values=["height"],aggfunc=np.mean)
Out	height sex 女　164.4138 男　171.2258
In	BSdata.pivot_table(index=['sex'],values=["height"],aggfunc=[np.mean,np.std])
Out	mean　std height　height sex 女　164.4138　4.2805 男　171.2258　8.7890
In	BSdata.pivot_table(index=["sex"],values=["height","weight"])
Out	height　weight sex 女　164.4138　65.0000 男　171.2258　71.0968

2.3.3.3 复合数据的透视分析

pivot_table()函数还可以生成复合数据（计数数据与计量数据）的统计表，这时参数变量既可以是分类变量，也可以是数值变量。统计量函数 aggfunc 可包含计数函数和计量函数，如长度、均值和标准差函数。

In
```
BSdata.pivot_table('id',['sex','software'],'course',aggfunc=len,
              margins=True,margins_name='合计')
```

Out

	course	概率统计	统计方法	编程技术	都学习过	都未学过	合计
sex	software						
女	Excel	1.0	2.0	2.0	3.0	3.0	11
	Matlab	1.0	NaN	NaN	2.0	NaN	3
	No	1.0	NaN	NaN	NaN	1.0	2
	Python	NaN	NaN	4.0	NaN	NaN	4
...	...	...	...	...	...	..	
男	R	NaN	3.0	1.0	NaN	NaN	4
	SAS	1.0	1.0	NaN	NaN	NaN	2
	SPSS	2.0	2.0	NaN	3.0	NaN	7
	合计	13.0	19.0	10.0	12.0	6.0	60

In
```
BSdata.pivot_table(['height','weight'],['sex',"software"],aggfunc=[len,np.mean,np.std] )
```

Out

		len		mean		std	
		height	weight	height	weight	height	weight
sex	software						
女	Excel	11	11	163.3636	64.1818	5.2397	4.7711
	Matlab	3	3	163	62.3333	3	0.5774
	No	2	2	167.5	68.5	7.7782	3.5355
	Python	4	4	166.25	66	4.0311	4.2426
	R	3	3	165.3333	67.3333	2.5166	2.5166
	SAS	1	1	166	68	NaN	NaN
	SPSS	5	5	164	64.2	3.2404	4.0866
男	Excel	11	11	174.0909	73.9091	7.5027	7.341
	Matlab	3	3	170.6667	71	7.5056	6.245
	No	2	2	182	82.5	5.6569	6.364
	Python	2	2	167.5	65	16.2635	14.1421
	R	4	4	168.75	68.5	8.6939	7.0475
	SAS	2	2	169.5	67.5	0.7071	3.5355
	SPSS	7	7	166.8571	67.7143	10.0238	9.8947

数据及练习 2

2.1 调查数据。某公司对财务部门人员的抽烟情况进行调查，结果：否，否，否，是，是，否，否，是，否，是，否，否，是，是，否，是，否，否，是，是。

请用 value_count()函数统计人数，并绘制条图，按颜色区分男女。

2.2 医学数据。对一组 50 人的饮酒者所饮酒类进行调查，把饮酒者按红酒（1）、白酒（2）、黄酒（3）、啤酒（4）分成四类。调查数据如下：3，4，1，1，3，4，3，3，1，3，2，1，2，1，3，4，1，1，3，4，3，3，1，3，2，1，2，1，2，3，2，3，1，1，1，1，4，3，1，2，3，2，3，1，1，1，1，4，3，1。

（1）请用 value_count()函数统计饮酒者人数，用 pie()函数绘制饼图，并按颜色和文字区分酒的类型。

（2）请用 value_count()函数构建计数频数表函数。

（3）请自定义一个计数数据的频数表生成函数和频数图绘制函数。

2.3　工资数据。某企业财务部员工的月工资数据：2050，2100，2200，2300，2350，2450，2500，2700，2900，2850，3500，3800，2600，3000，3300，3200，4000，3100，4200，3500。

（1）试用 mean()、median()、var()、std()函数求数据的均值、中位数、方差、标准差。

（2）绘制该数据的散点图和直方图，应用 hist()函数构建计量频数表函数。

（3）请自定义一个计量数据的频数表生成函数和频数图绘制函数。

2.4　经理年薪。收集某沿海发达城市 66 个 2015 年年薪超过 10 万元的公司经理的收入（单位：万元）：11，19，14，22，14，28，13，81，12，43，11，16，31，16，23，42，22，26，17，22，13，27，108，16，43，82，14，11，51，76，28，66，29，14，14，65，37，16，37，35，39，27，14，17，13，38，28，40，85，32，25，26，16，120，54，40，18，27，16，14，33，29，77，50，19，34。

（1）我们能对这些薪酬的分布状况进行什么分析呢？

（2）试编写计算基本统计量的函数来分析数据的集中趋势和离散程度。

（3）试分析为何该数据的均值和中位数差别如此之大，方差、标准差在此有何作用？如何正确分析该数据的集中趋势和离散程度？

（4）绘制该数据的散点图和直方图。

（5）请用自定义函数生成频数表和频数图。

2.5　economics 数据集（来自 PyDataset 包[①]）给出了美国经济增长变化的数据。该数据是数据框格式的，共 478 行，6 个变量，变量如下。

date：日期，单位为月份。

psavert：个人存款率。

pce：个人消费支出，单位为十亿美元。

unemploy：失业人数，单位为千人。

unempmed：失业时间中位数，单位为周。

pop：人口数，单位为千人。

请用 matplotlib、pandas 两种绘图系统绘制：

（1）以 date 为横坐标，unemploy/pop 为纵坐标绘制线图。

（2）以 date 为横坐标，unempmed 为纵坐标绘制线图。

---

①
```
#!pip install PyDataset               #安装 PyDataset 包
from pydataset import data            #加载 PyDataset 包
economics = data('economics')  #调用 pyDataset 包中的数据框 economics
economics                             #显示数据
```

第 3 章　数据挖掘的统计基础

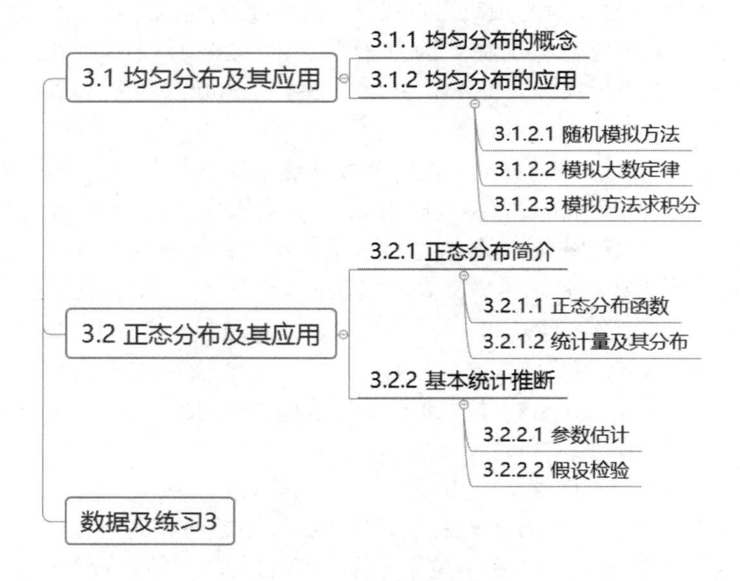

第 3 章内容的知识图谱

随机变量的概率分布对现实世界的建模和分析发挥着重要作用。有时，理论分布与收集到的某过程的历史数据十分贴近。有时，可以先对某过程的基本特性进行先验性判断，然后不需要收集数据就可以选出合适的理论分布。在这两种情况下，均可用理论分布来回答现实中所遇到的问题，也可以从分布中生成一些随机数来模拟现实的行为。

随机变量及其分布虽然不是进行数据处理的重点，但通过这些学习，我们可以进一步掌握 Python 的编程技巧，为统计分析和统计建模打下基础。

3.1　均匀分布及其应用

3.1.1　均匀分布的概念

“均匀”是指随机点落在区间(a,b)内任一点的机会是均等的，从而在相等的小区间上的概率相等，在任一区间(a,b)中，随机变量 X 的概率密度函数为一个常数。

$$y = P(X) =1/(b-a)\ (a<X<b)$$

均匀分布是随机抽样和随机模拟的基础，可用 randint()和 uniform()函数产生均匀随机整数和实数。

In	import random random.randint(10,20)　　　　#[10,20]内的随机整数
Out	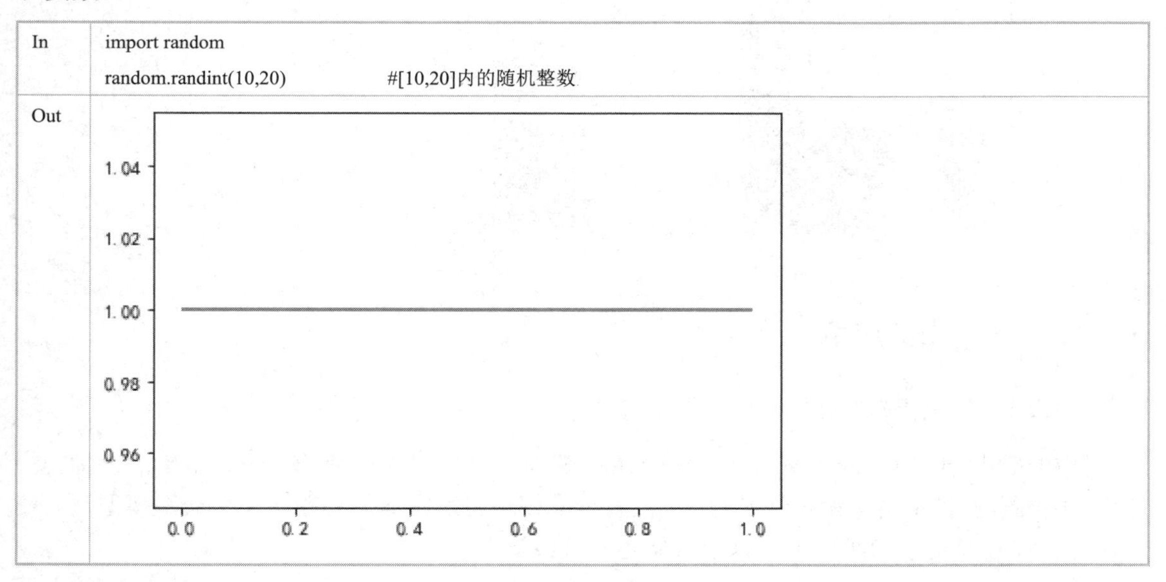

1）随机整数

In	import random random.randint(10,20)　　　　#[10,20]内的随机整数
Out	19

2）随机实数

In	random.uniform(0,1)　　　　#[0,1)内的随机实数
Out	0.5199571827163924

3）随机整数数组

In	import numpy as np np.random.randint(10,20,9)　　　#[10,20]内的 9 个随机整数数组
Out	array([19, 18, 15, 19, 18, 12, 11, 14, 14])

4）随机实数数组

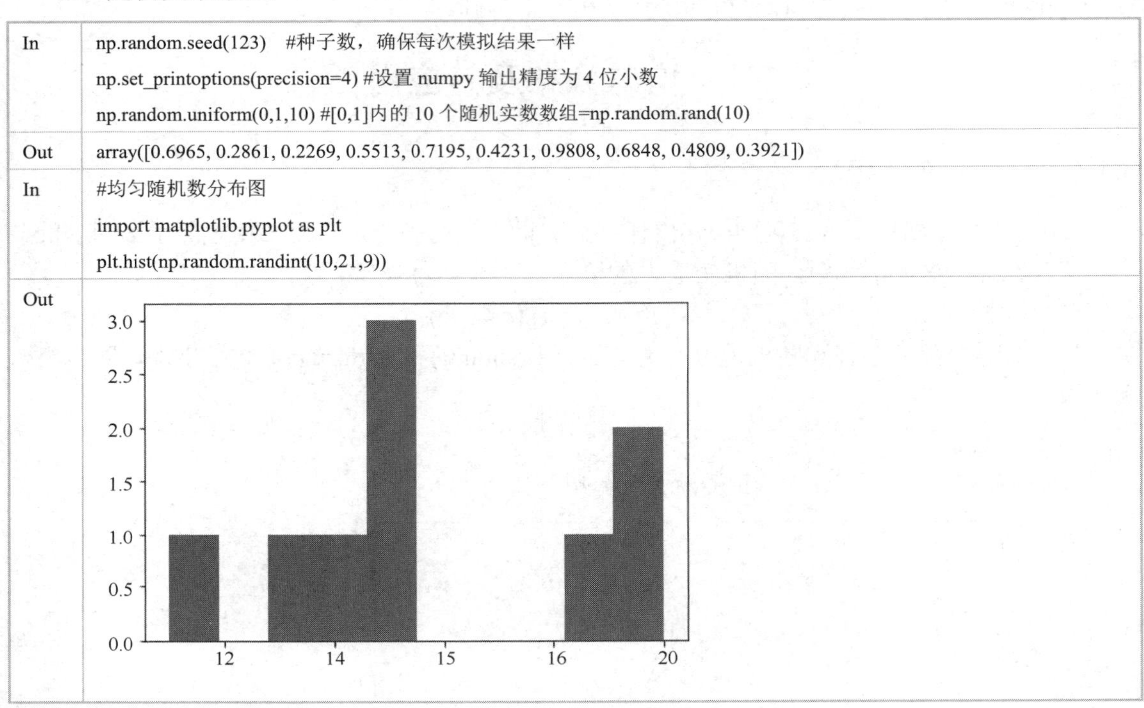

In	np.random.seed(123)　#种子数，确保每次模拟结果一样
	np.set_printoptions(precision=4) #设置 numpy 输出精度为 4 位小数
	np.random.uniform(0,1,10) #[0,1]内的 10 个随机实数数组=np.random.rand(10)

Out	array([0.6965, 0.2861, 0.2269, 0.5513, 0.7195, 0.4231, 0.9808, 0.6848, 0.4809, 0.3921])
In	#均匀随机数分布图 import matplotlib.pyplot as plt plt.hist(np.random.randint(10,21,9))
Out	

3.1.2　均匀分布的应用

3.1.2.1　随机模拟方法

随机模拟也称为蒙特卡罗（Monte Carlo）模拟，是以概率统计的理论为基础的一种模拟方法，蒙特卡罗模拟也称为统计实验法。蒙特卡罗模拟将所求解的问题与某个概率模型联系在一起，并在计算机上随机模拟，以获得问题的近似解。

蒙特卡罗模拟的最突出特点是，模型的解是试验生成的，而不是计算出来的。它的主要优点可以归纳为以下三点。

① 蒙特卡罗模拟的程序结构比较简单。蒙特卡罗模拟首先只需要对总体进行大量的重复抽样，然后求取这些模拟结果的期望值，期望值就是最终结果。蒙特卡罗模拟便于理解、使用和推广，适用范围非常广泛。

② 收敛速度与问题维数无关。蒙特卡罗模拟的收敛是概率意义下的收敛，无论问题维数多大，它的收敛速度都是一样的。所以，在低维情况下，它的速度看起来比较慢，但在高维情况下，就比其他数值计算方法的速度快得多。

③ 蒙特卡罗模拟的适用性非常强。蒙特卡罗模拟在解决问题时受问题条件的限制较小，

而且不需要太多前提假设，与模拟对象的实际情况较为接近。而其他数值计算方法受问题条件的限制比较大，适用性不强。

如果知道了某个概率分布，那么可以通过 Python 模拟生成服从该分布的随机变量。随机数的生成是在统计模拟时进行随机抽样的基础。随机数最早是手工生成的，现在由计算机生成。例如，金融计算的模拟常常涉及金融产品价格或收益率的分布，很多时候需要模拟价格或收益率的变动过程。

3.1.2.2　模拟大数定律

设随机事件 E 的样本空间中只有有限个样本点，即$\Omega=\{\omega_1,\omega_2,\cdots,\omega_n\}$，其中 n 为样本点总数，每个样本点$\omega_t(t=1, 2, \cdots, n)$的出现是等可能的，并且每次试验有且仅有一个样本点发生，则称这类现象为古典概型。若事件 A 包含 m 个样本点，则事件 A 的概率定义为

$$P(A)=\frac{m}{n}=\frac{\text{事件}A\text{包含的基本事件数}}{\text{基本事件总数}}$$

Bernoulli 大数定律：设 n_A 是 n 次独立重复试验中事件 A 发生的次数，P 是事件 A 在每次试验中发生的概率，则对于任意正数ε，有

$$\lim_{n\to\infty} P\left\{\left|\frac{n_A}{n}-p\right|<\varepsilon\right\}=1$$

Bernoulli 大数定律揭示了“频率稳定于概率”说法的实质，下面通过扔硬币的方式模拟大数定律。

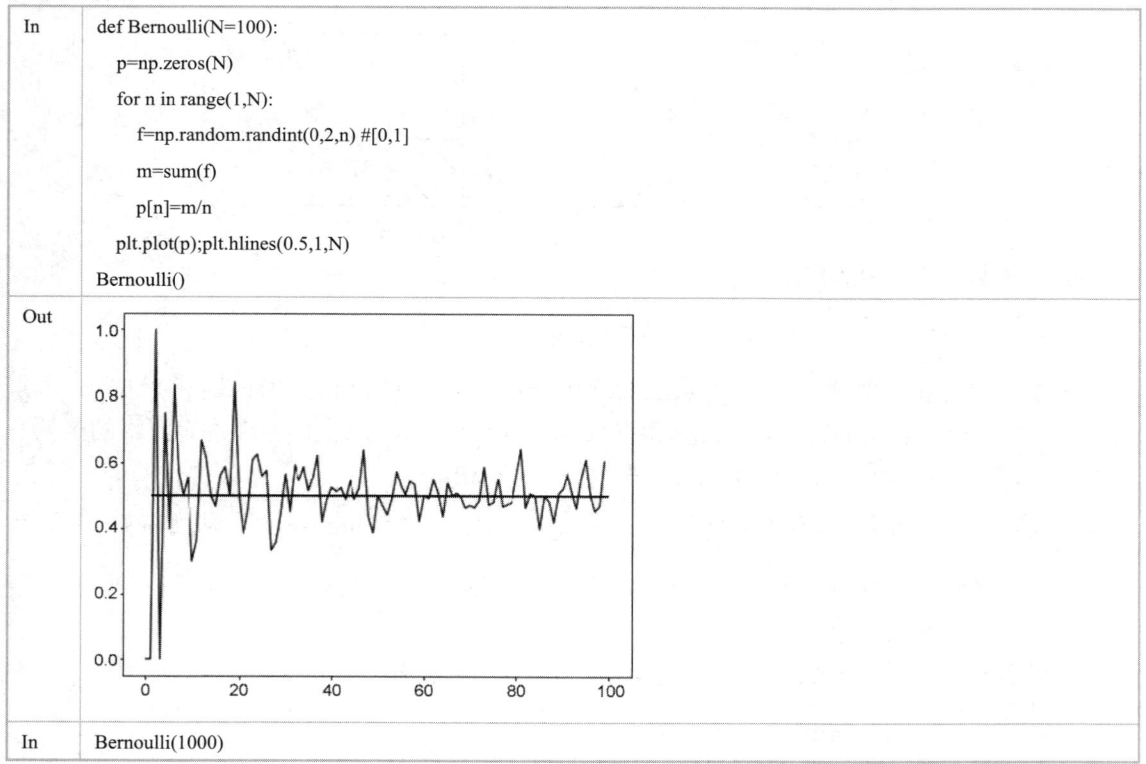

In

```
def Bernoulli(N=100):
   p=np.zeros(N)
   for n in range(1,N):
      f=np.random.randint(0,2,n) #[0,1]
      m=sum(f)
      p[n]=m/n
   plt.plot(p);plt.hlines(0.5,1,N)
Bernoulli()
```

Out

In

```
Bernoulli(1000)
```

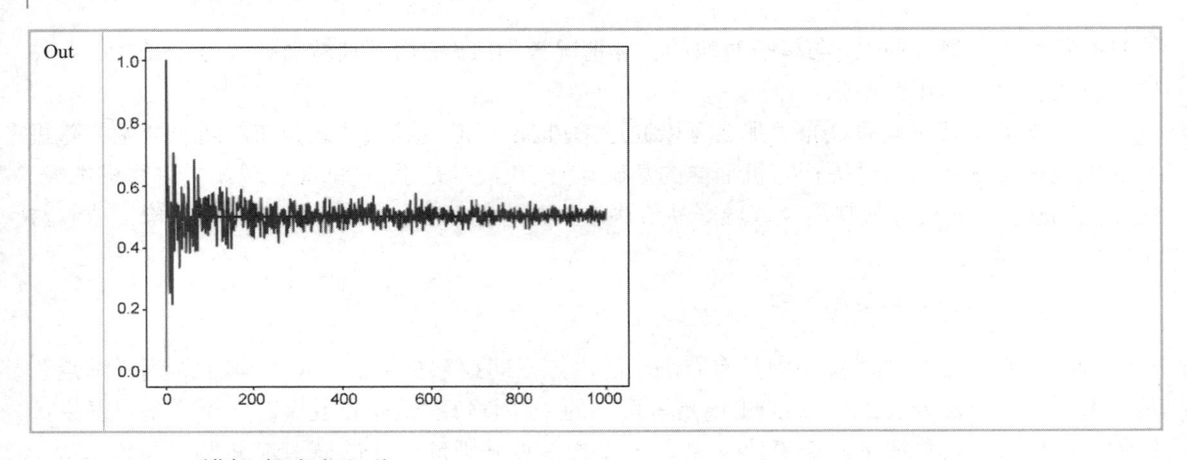

3.1.2.3 模拟方法求积分

随机数的最早应用之一是积分的计算，下面给出用模拟方法求积分的表示方法：

$$I=\int_a^b g(x)\mathrm{d}x$$

下面左图的阴影面积表示积分 I 的值。为简化问题，将函数限制在单位正方形（$0\leqslant x\leqslant 1$，$0\leqslant y\leqslant 1$）内，如下面右图所示。只要函数 $g(x)$在区间$[a,b]$内有界，就可以适当选择坐标轴的比例尺度，得到下图的形式。

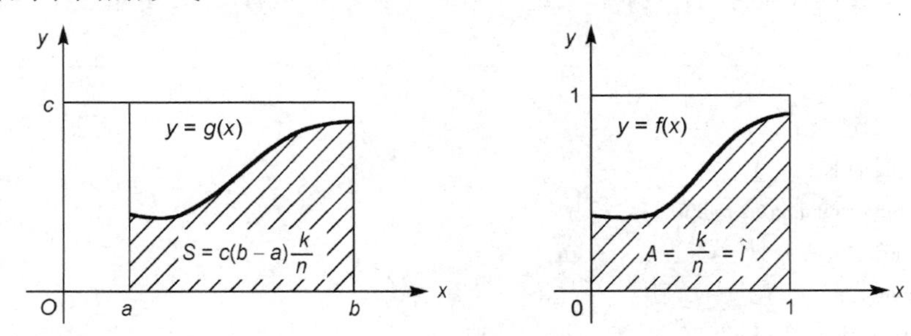

首先考虑上面右图的情况，计算积分：

$$I=\int_0^1 f(x)\mathrm{d}x$$

令 x、y 为相互独立的[0,1]区间上的均匀随机数，在单位正方形内随机投掷 n 个点$(x_i, y_i)(i=1,2,\cdots,n)$，若第 i 个随机点(x_i,y_i)落在曲线$f(x)$下的区域内（上面右图内有阴影的区域），则表明第 i 次试验成功，这相应于满足概率模型 $y_i\leqslant f(x_i)$。

设成功的总点数为 k，总的试验次数为 n，则由大数定律有 $\lim\limits_{n\to\infty}\dfrac{k}{n}=P$，从而有 $\hat{I}=\dfrac{k}{n}\approx P$。

显然，概率 P 即上面右图阴影部分的面积 A，从而，随机点落在该阴影部分的概率 P 恰是所求积分的估计值 $\hat{I}$。

如果要计算 $I=\int_a^b g(x)\mathrm{d}x$，令 $y=(x-a)/(b-a)$，那么有

$$\begin{cases}\mathrm{d}y=\mathrm{d}x/(b-a)\\ I=\int_a^b g(x)\mathrm{d}x=\int_0^1 g[a+(b-a)y](b-a)\mathrm{d}y=\int_0^1 h(y)\mathrm{d}y\end{cases}$$

式中，$h(y)=g[a+(b-a)y](b-a)$，y 是[0,1]区间上均匀分布的随机数。

例如，要计算标准正态分布曲线下的概率$\int_{-1}^{1}\frac{1}{\sqrt{2\pi}}\mathrm{e}^{-\frac{x^2}{2}}\mathrm{d}x$，由于被积函数不可积，因此要用蒙特卡罗模拟进行数值计算。

In	from math import sqrt,pi,exp
	def g(x):
	   return (1/sqrt(2*pi))*exp(-x**2/2)
	def I(n,a,b,g):
	   x=np.random.uniform(0,1,n)
	   return sum((b–a)*g(a+(b–a)*y) for y in x)/n
	I(10000,–1,1,g)

Out	0.6824336520233379

下面用 Python 的科学技术包 scipy 中的求积分函数直接求上述积分。

In	from scipy.integrate import quad quad(g,–1,1)
Out	(0.682689492137086, 7.579375928402476e-15)

3.2　正态分布及其应用

3.2.1　正态分布简介

3.2.1.1　正态分布函数

1）一般正态分布

正态分布是统计分析的最主要分布。正态分布是古典统计学的核心，它有两个参数：位置参数均值μ和尺度参数标准差σ。正态分布的图形，如倒立的钟分布对称。在现实生活中，很多变量是服从正态分布的，如人的身高、体重和智商。

① 密度函数：正态分布的概率密度函数有以下形式：

$$P(x)=\frac{1}{\sqrt{2\pi}\sigma}\mathrm{e}^{-\frac{(x-\mu)^2}{2\sigma^2}}$$

它的图形是对称的钟形曲线，常称为正态曲线。

② 分布函数：正态分布含有两个参数 μ 和 σ，记为 $x\sim N(\mu,\sigma^2)$。

③ 均值：$E(x)=\mu$。

④ 方差：$\mathrm{var}(x)=\sigma^2$。

⑤ 标准差：σ。

2）标准正态分布

可用正态化变换 $z=(x-\mu)/\sigma$ 将一般正态分布 $x\sim N(\mu,\sigma^2)$转换为标准正态分布 $z\sim N(0,1)$。

标准正态分布概率密度函数为 $P(z)=\frac{1}{\sqrt{2\pi}}\mathrm{e}^{-\frac{z^2}{2}}$。

① 标准正态分布曲线。

In	from math import sqrt,pi
	x=np.linspace(-4,4,50);
	y=1/sqrt(2*pi)*np.exp(-x**2/2);
	plt.plot(x,y);

Out	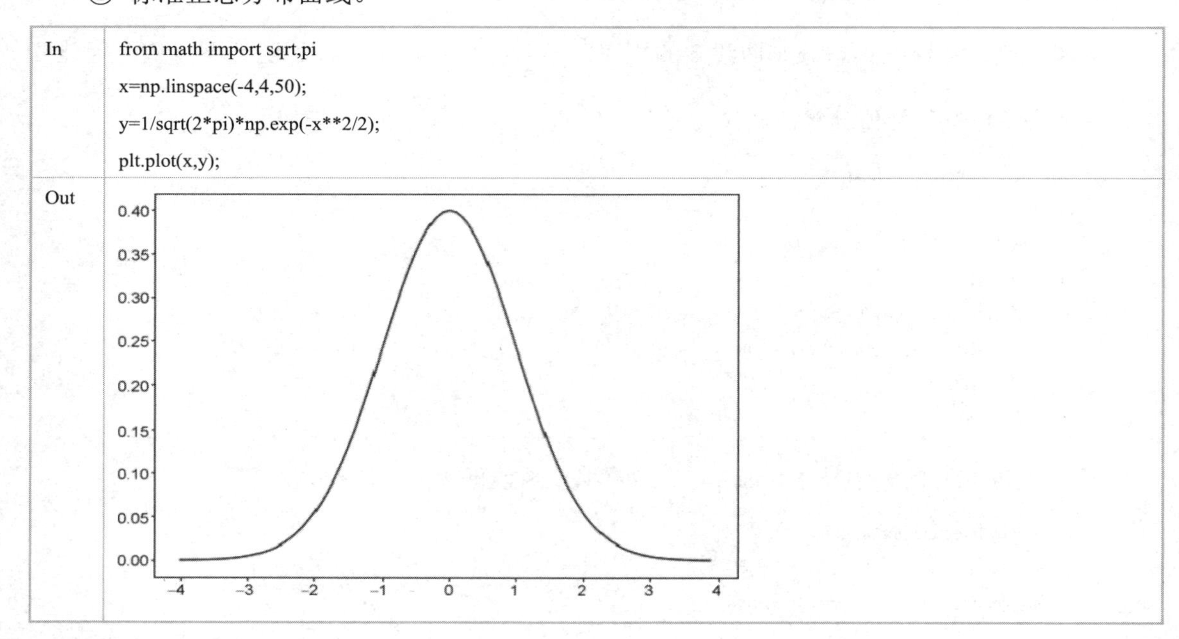

② 标准正态分布分位数。

标准正态分布的α分位数是这样一个数，它的左侧面积恰好为α，它的右侧面积恰好为$1-\alpha$，分位数z_α是满足下列等式的实数：

$$P(z \leqslant z_\alpha)=\alpha, \text{且 } z_{0.5}=0，z_\alpha=-z_{1-\alpha}$$

求标准正态分布$P(z \leqslant 2)$的累积概率。

In	import scipy.stats as st #加载统计方法包
	P=st.norm.cdf(2);P

Out	0.9772498680518208

已知标准正态分布累积概率为$P(|z| \leqslant a)=0.95$，求对应的分位数a。

In	za=st.norm.ppf(0.95);za #单侧
Out	1.6448536269514722
In	[st.norm.ppf(0.025),st.norm.ppf(0.975)] #双侧
Out	[−1.9599639845400545, 1.959963984540054]

3）正态分布随机数

正态分布随机数的生成函数是 random.normal(mean=0,sd=1,n)，其中，n 表示生成的随机数数量（或正态随机样本数），mean 表示正态分布的均值，sd 表示正态分布的标准差。

① 标准正态分布随机数。

In	np.random.normal(0,1,5) #生成 5 个标准正态分布随机数
Out	array([-1.26460061,-0.31995156,1.50601752,-0.53570903,.13590464])

随机产生 1000 个标准正态分布随机数，首先绘制其概率直方图，然后添加正态分布的密度函数线。

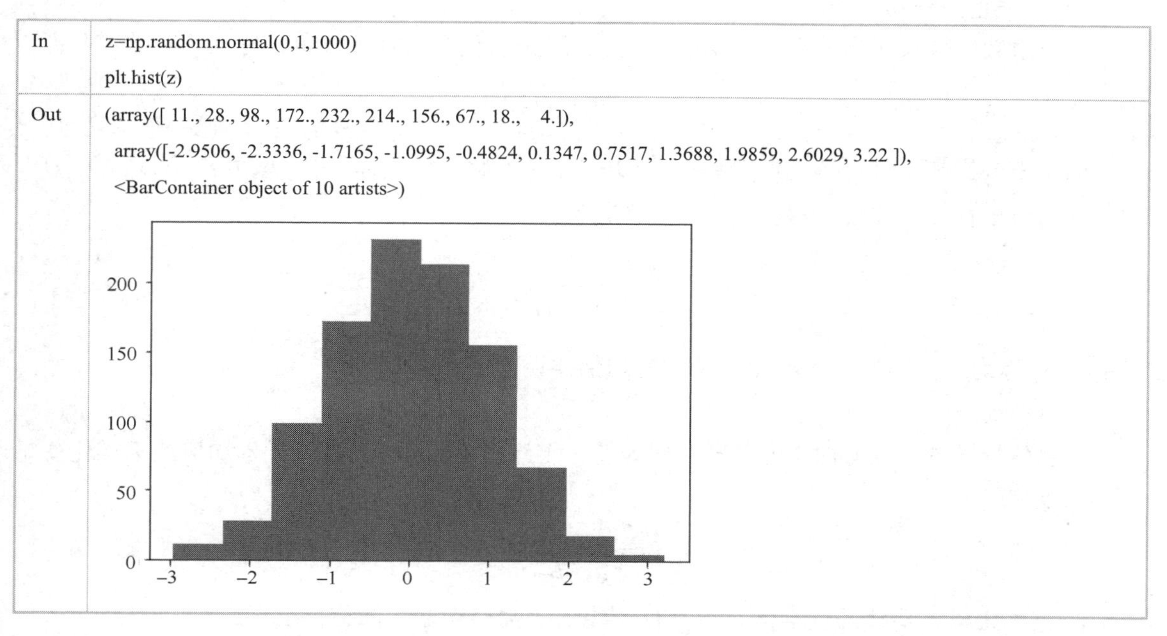

In	z=np.random.normal(0,1,1000) plt.hist(z)
Out	(array([11., 28., 98., 172., 232., 214., 156., 67., 18., 4.]), array([-2.9506, -2.3336, -1.7165, -1.0995, -0.4824, 0.1347, 0.7517, 1.3688, 1.9859, 2.6029, 3.22]), <BarContainer object of 10 artists>)

② 一般正态分布随机数。

In	np.random.normal(10,4,5)　　　　　　#产生 5 个均值为 10、标准差为 4 的一般正态分布随机数
Out	array([9.4957839,8.50000695,13.34632939,14.815103,8.7812742])

随机产生 1000 个均值为 70、标准差为 4 的一般正态分布随机数，首先绘制其概率直方图，然后添加正态分布的密度函数线。

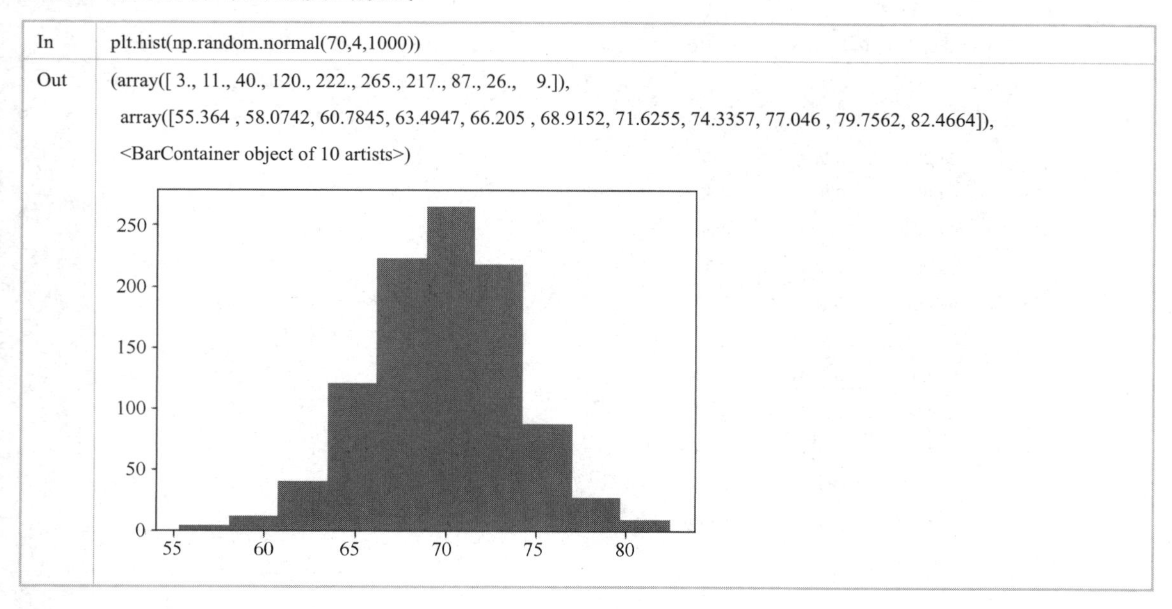

In	plt.hist(np.random.normal(70,4,1000))
Out	(array([3., 11., 40., 120., 222., 265., 217., 87., 26., 9.]), array([55.364 , 58.0742, 60.7845, 63.4947, 66.205 , 68.9152, 71.6255, 74.3357, 77.046 , 79.7562, 82.4664]), <BarContainer object of 10 artists>)

3.2.1.2 统计量及其分布

1）标准正态分布

若一组数据来自正态分布 $x \sim N(\mu,\sigma^2)$，则可用正态化变换将其转换为标准正态分布，即

$$z=\frac{x-\mu}{\sigma}\sim N(0,1)$$

根据中心极限定理可知，此时样本的均值服从正态分布，即 $\bar{x}\sim N(\mu,\sigma_{\bar{x}}^2)=N(\mu,\sigma^2/n)$，对样本均值进行标准化也可得标准正态分布，即

$$z=\frac{\bar{x}-\mu}{\sigma_{\bar{x}}}=\frac{\bar{x}-\mu}{\sigma/\sqrt{n}}\sim N(0,1)$$

式中，$\sigma_{\bar{x}}$ 称为总体均值的标准差，是均值的抽样误差。

2）t 分布

当总体标准差 σ 未知时，可用样本标准差 s 代替总体标准差，这时样本均值的标准化变量 t 服从 t 分布：

$$t=\frac{\bar{x}-\mu}{s_{\bar{x}}}=\frac{\bar{x}-\mu}{s/\sqrt{n}}\sim t(n-1)$$

式中，$s_{\bar{x}}$ 称为样本均值的标准差，也是样本均值的抽样误差，简称标准误。

可以证明，t 值服从 t 分布，当 n 趋向无穷大时，t 分布近似为标准正态分布 $N(0,1)$。

z 分布和 t 分布是进行参数估计和假设检验等统计推断的基础。

In
```
import scipy.stats as st
x=np.arange(-4,4,0.1)
z_t=pd.DataFrame({'z':st.norm.pdf(x,0,1),
        't3':st.t.pdf(x,3),        #n-1=3
        't10':st.t.pdf(x,10) },index=x) #n-1=10
print(z_t)
```

Out
```
         z       t3      t10
-4.0   0.0001  0.0092  0.0020
-3.9   0.0002  0.0100  0.0024
-3.8   0.0003  0.0109  0.0029
-3.7   0.0004  0.0119  0.0034
-3.6   0.0006  0.0130  0.0040
       ...     ...     ...
3.5    0.0009  0.0142  0.0048
3.6    0.0006  0.0130  0.0040
3.7    0.0004  0.0119  0.0034
3.8    0.0003  0.0109  0.0029
3.9    0.0002  0.0100  0.0024
[80 rows x 3 columns]
```

In
```
z_t.plot()
```

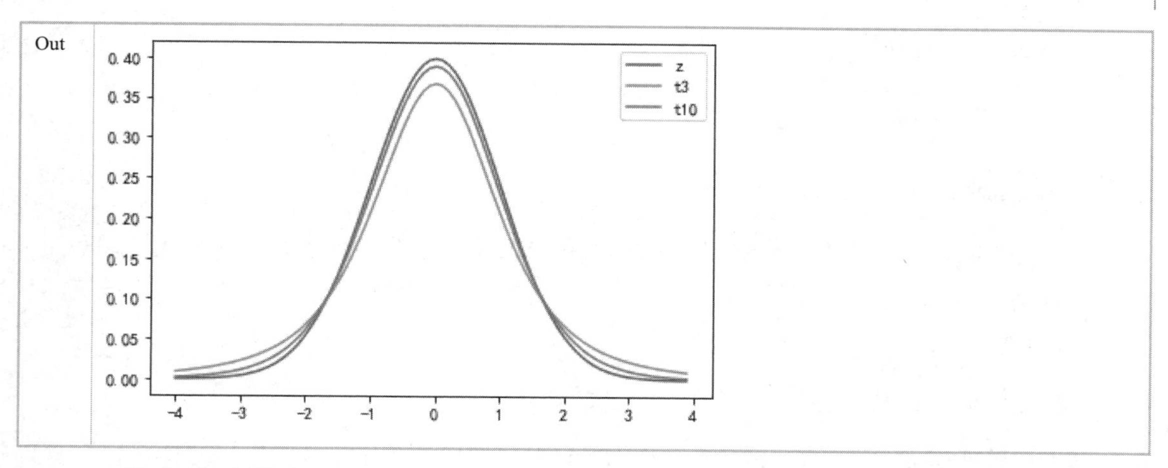

3.2.2　基本统计推断

从统计的角度来看，人们通常想为一个已知的分布估计其未知参数。例如，已知总体服从正态分布，但均值或标准差都是未知的。单从一个数据集很难知道参数的确切数值，但是数据会提示你，参数的大概数值是什么。对于均值，我们希望样本数据的均值会是估计总体均值的一个好选择；从直观上可以认为，当数据越多时，这些估计值越准确，但从量化的角度，我们又该如何去做呢？

3.2.2.1　参数估计

点估计（Point Estimation）就是用样本统计量来估计相应的总体参数。本节内容就是由样本统计量对总体参数进行估计，即

样本均值 $\bar{x}$ → 总体均值 μ；

样本标准差 s → 总体标准差 σ；

样本比例 p → 总体比例 P。

1）均值的点估计

In	X=BSdata['height'] X.mean()
Out	167.93333333333334

2）标准差的点估计

In	X.std()
Out	7.730342300984834

3）比例的点估计

In	f=BSdata['software'].value_counts(); p=f/sum(f);p
Out	Excel　　0.3667 SPSS　　0.2000 R　　0.1167

	Matlab 0.1000 Python 0.1000 No 0.0667 SAS 0.0500 Name: software, dtype: float64

假设有 150 人接受调查，其中 42 人喜欢品牌 A，那么喜欢品牌 A 的人占多大比例呢？

In	42/150
Out	0.28

3.2.2.2 假设检验

假设检验（Hypothesis Testing），又称为统计假设检验，是用来判断样本与样本、样本与总体的差异是由抽样误差引起的还是本质差别造成的统计推断方法。显著性检验是假设检验中最常用的一种方法，也是一种最基本的统计推断方法，其基本原理是先对总体的特征做出某种假设，然后通过抽样研究的统计推理，对此假设应该是被拒绝还是被接受做出推断。常用的假设检验方法有 z 检验、t 检验、F 检验和方差分析等。

1）假设检验的基本思想

假设检验的基本思想是"小概率事件"原理，其统计推断方法是带有某种概率性质的反证法。小概率思想是指小概率事件在一次试验中基本上不会发生。反证法思想是先提出检验假设，再用适当的统计方法，利用"小概率事件"原理确定假设是否成立，即为了检验一个假设 H_0 是否正确，首先假定该假设 H_0 正确，然后根据样本对假设 H_0 做出接受或拒绝的决策。如果样本观察值导致了"小概率事件"发生，那么应拒绝假设 H_0，否则应接受假设 H_0。

假设检验中的"小概率事件"，并非逻辑中的绝对矛盾，而是基于人们在实践中广泛采用的原则，即"小概率事件"在一次试验中是几乎不发生的，但概率小到什么程度才能算"小概率事件"呢？显然，"小概率事件"的概率越小，否定原假设 H_0 就越有说服力，常记这个概率为 $\alpha(0<\alpha<1)$，称为检验的显著性水平。对于不同的问题，检验的显著性水平 α 不一定相同，一般认为，事件发生的概率小于 0.1、0.05 或 0.01 等，即"小概率事件"。

2）假设检验的基本步骤

（1）提出检验假设。

提出检验假设又称无效假设，符号为 H_0；备择假设的符号为 H_1。

H_0：样本与总体或样本与样本的差异是由抽样误差引起的。

H_1：样本与总体或样本与样本存在本质差异。

（2）给定显著性水平。

预先设定的显著性水平为 0.05；当检验假设为真时，但被错误地拒绝的概率，记作 α，通常取 $\alpha=0.05$ 或 $\alpha=0.01$。

（3）选定相应统计方法。

由样本观察值按相应的公式计算出统计量的大小，如 F 值、t 值等。

（4）根据 P 值下结论。

根据统计量的大小及其分布确定检验假设成立的可能性 P 值的大小并判断结果。若 $P>\alpha$，

则结论为按 α 所取水平不显著，不拒绝 H_0，即认为差别很可能是由抽样误差造成的，在统计上不成立；若 $P \leqslant \alpha$，则结论为按所取 α 水平显著，拒绝 H_0，接受 H_1，即认为此差别不大可能仅由抽样误差所致，很可能是由实验因素不同造成的，故在统计上成立。P 值的大小一般可通过查阅相应的界值表得到。

假定 GDP 数据服从正态分布，下面比较某地区平均 GDP 与全部地区的平均 GDP 有无显著差别。

① 检验假设 H_0: $\mu = \mu_0$, H_1: $\mu \neq \mu_0$。

② 给定显著性水平 α；通常取 $\alpha = 0.05$。

③ 计算检验统计量 $t = \dfrac{\overline{x} - \mu}{s / \sqrt{n}}$；$t$ 统计量服从 t 分布，即 $t \sim t(n-1)$。

④ 计算 t 值对应的 P 值。

⑤ 若 $P \leqslant \alpha$，则拒绝 H_0，接受 H_1。

若 $P > \alpha$，则接受 H_0，拒绝 H_1。

下面用 Python 的单样本 t 检验函数进行均值的 t 检验。

In	X.describe()
Out	count　60.0000 mean　167.9333 std　7.7303 min　155.0000 25%　163.0000 50%　166.0000 75%　172.2500 max　186.0000 Name: height, dtype: float64
In	st.ttest_1samp(X, popmean = 160)
Out	Ttest_1sampResult(statistic=7.949368005605079, pvalue=6.664543388702152e-11)

检验的 $P = 6.664543388702152\text{e}{-11} < 0.05$，在显著性水平 $\alpha = 0.05$ 时拒绝 H_0，可认为这组学生的身高与全国大学生的平均身高（160cm）有显著差异。

In	st.ttest_1samp(X, popmean = 168)
Out	Ttest_1sampResult(statistic=-0.06680141181180356, pvalue=0.9469656572906313)

检验的 $P = 0.9469656572906313 > 0.05$，在显著性水平 $\alpha = 0.05$ 时不拒绝 H_0，可认为这组学生的身高与全国大学生的平均身高（168cm）没有显著差异。

数据及练习 3

3.1　从某厂生产的一批铆钉中随机抽取 10 个，测得其直径分别为 13.35，13.38，13.40，13.43，13.32，13.48，13.34，13.47，13.44，13.50（单位：毫米）。试求铆钉头部直径这一总体的均值 μ 与标准差 σ 的估计。

3.2　某送信服务公司登出广告，声称其本地信件传送时间不长于 6 小时，随机抽样其传送一件包裹到指定地址所花时间，数据为 7.2，3.5，4.3，6.2，10.1，5.4，6.8，4.5，5.1，6.6，3.8，8.2，6.5，4.9，7.3，7.8，6.1，3.9（单位：小时）。假设包裹运送时间服从正态分布，求平均传送时间及其 95%的置信区间。

3.3　一个大船队的船主想知道他下一年运营的花费，其中一个主要的花费是购买汽油。因为汽油费用很高，所以船主近期让他的船队改用丙烷。为了估计丙烷的平均消耗量，他随机抽查了 8 支船，并求出了每加仑所能行驶的里程数，结果如下：28.1，33.6，42.1，37.5，27.6，36.8，39.0，29.4（单位：千米）。假设里程数服从正态分布，求在 95%置信度下船队所有船只的平均丙烷里程数。

3.4　一家制造商生产钢棒，为了提高质量，如果某新的生产工艺生产出的钢棒的断裂强度大于现有平均断裂强度，那么公司将采用该工艺。该钢棒的平均断裂强度是 500 千克，对新工艺生产的钢棒进行抽样，12 件钢棒的断裂强度如下：502，496，510，508，506，498，512，497，515，503，510，506。假设断裂强度的分布比较近似于正态分布，将样本数据画图，所画图形能表明平均断裂强度有所提高吗？

第 2 部分
数值数据的挖掘

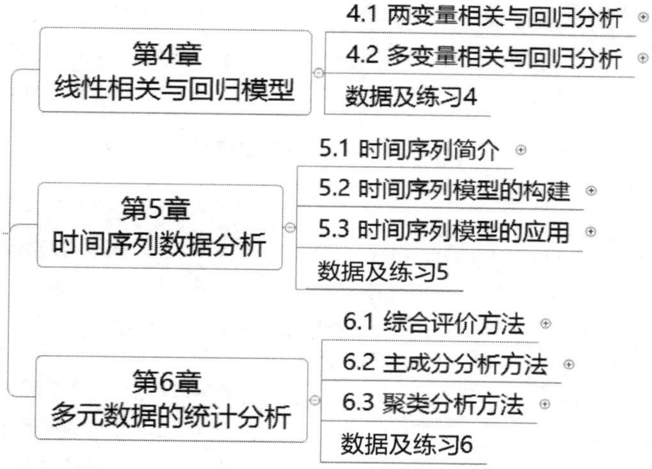

第4章 线性相关与回归模型
- 4.1 两变量相关与回归分析
- 4.2 多变量相关与回归分析
- 数据及练习4

第5章 时间序列数据分析
- 5.1 时间序列简介
- 5.2 时间序列模型的构建
- 5.3 时间序列模型的应用
- 数据及练习5

第6章 多元数据的统计分析
- 6.1 综合评价方法
- 6.2 主成分分析方法
- 6.3 聚类分析方法
- 数据及练习6

第 2 部分知识图谱

第 4 章　线性相关与回归模型

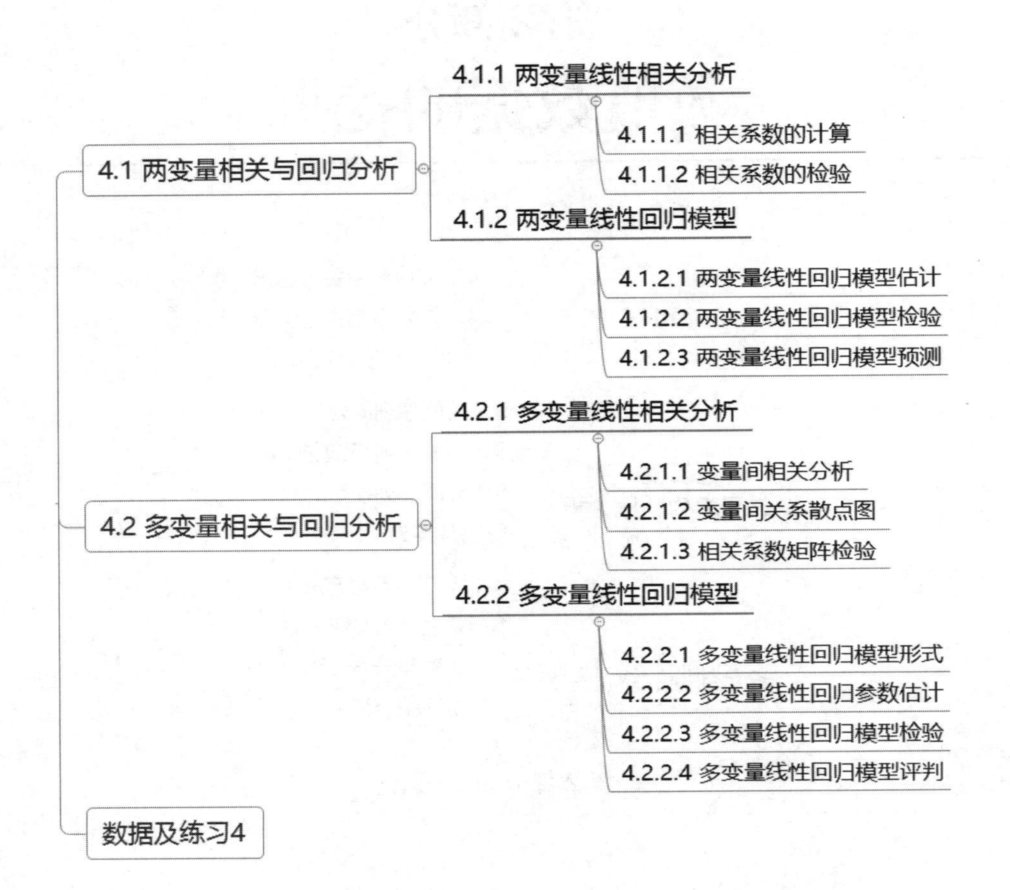

第 4 章内容的知识图谱

4.1　两变量相关与回归分析

相关分析是指通过对大量数字资料的观察，消除偶然因素的影响，探求现象之间相关关系的密切程度和表现形式。研究现象之间相关关系的理论方法称为相关分析法。

在经济管理中，各经济变量常常存在密切的关系，如经济增长与财政收入、人均收入与消费支出等。这些关系大都是非确定的关系，一个变量发生变动会影响其他变量，使其发生变化。其变化具有随机的特性，但仍遵循一定的规律。

两变量回归分析研究的是两变量之间的依存关系，将变量分为自变量和因变量，并研究确定自变量和因变量之间具体关系的方程形式。分析中所形成的自变量和因变量之间的关系式称为回归模型，其中以一条直线的方程表明两变量依存关系的模型称为一元线性回归模型（也称直线回归模型）。回归分析的主要步骤包括建立回归模型、求解回归模型中的参数、对回归模型进行检验等。

4.1.1　两变量线性相关分析

在所有相关分析中，最简单的是两变量之间的一元线性相关（也称简单线性相关），它只涉及两个变量，而且一个变量的数值发生变动，另一个变量的数值随之发生大致均等的变动。从平面图上观察，其各点的分布近似表现为一条直线，这种相关关系称为线性相关。

线性相关分析是用相关系数来表示两变量间相互的线性关系，并判断其密切程度的统计方法。总体相关系数通常用 ρ 表示，其计算公式为

$$\rho=\frac{\operatorname{Cov}(x,y)}{\sqrt{\operatorname{var}(x)\cdot\operatorname{var}(y)}}=\frac{\sigma_{xy}}{\sigma_x^2\sigma_y^2}$$

式中，σ_x^2 为变量 x 的总体方差；σ_y^2 为变量 y 的总体方差；σ_{xy} 为变量 x 与变量 y 的总体协方差。相关系数 ρ 没有单位，在–1～+1 内波动，其绝对值越接近 1，两变量间的直线相关越密切；其绝对值越接近 0，两变量间的直线相关越不密切。

4.1.1.1　相关系数的计算

在实践中，通常要计算样本的线性相关系数，计算公式为

$$r=\frac{s_{xy}}{\sqrt{s_x^2\cdot s_y^2}}=\frac{\sum(x-\overline{x})(y-\overline{y})}{\sqrt{\sum(x-\overline{x})^2\sum(y-\overline{y})}}$$

式中，s_x^2 为变量 x 的样本方差；s_y^2 为变量 y 的样本方差；s_{xy} 为变量 x 与变量 y 的样本协方差。

Person 相关系数 r 的取值范围为[–1,1]。$-1<r<0$ 表示具有负线性相关，越接近–1，负线性相关性越强；$0<r<1$ 表示具有正线性相关，越接近 1，正线性相关性越强；$r=-1$ 表示具有完全负线性相关；$r=1$ 表示具有完全正线性相关；$r=0$ 表示两变量之间不具有线性相关。相关系数是协方差的标准化形式，它消除了单位的影响。

在研究生的开课信息调查数据中，观察学生身高和体重的相关关系，下面是身高和体重的散点图。

1）散点图

In
```
x=BSdata.height;y=BSdata.weight
plt.plot(x, y,'o');    #plt.scatter(x,y);
plt.xlabel('height');plt.ylabel('weight');
```

Out

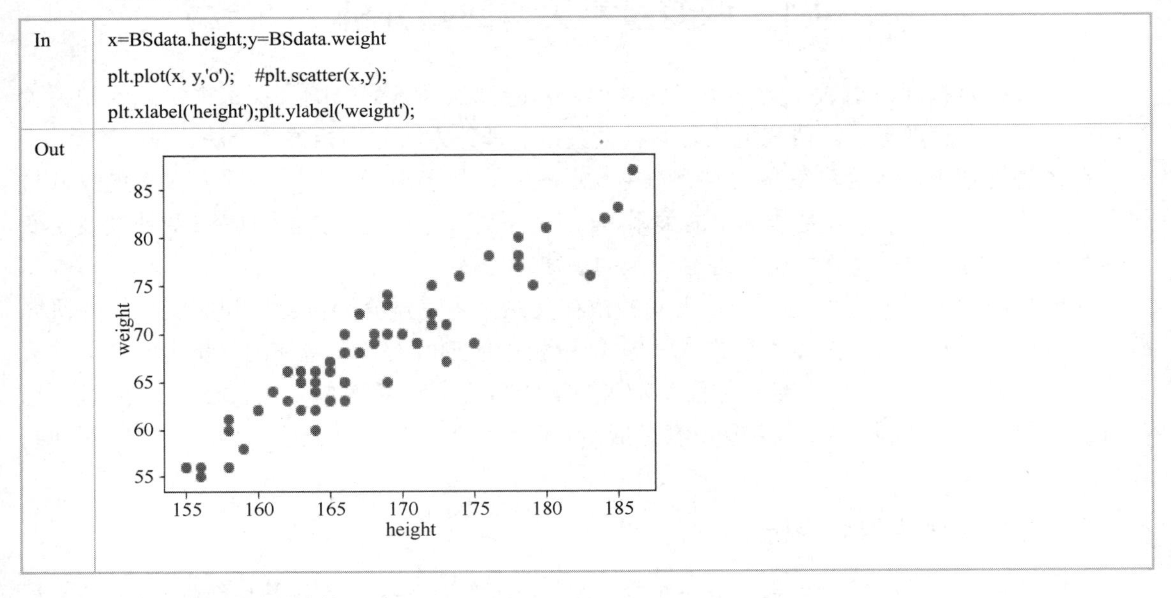

2）协方差及相关系数

Python 中自带的计算协方差及相关系数的函数是.cov()和.corr()。

In	x.cov(y)　　　　　　　#y.cov(x)
Out	53.332203389830504
In	x.corr(y)　　　　　　　#y.corr(x)
Out	0.94007775754426

这里的相关系数为正值，并且较大（>0.9），说明学生身高与体重间具有较强的线性相关。至于相关系数是否显著，尚需进行假设检验。

4.1.1.2　相关系数的检验

与其他统计量一样，样本相关系数 r 也有抽样误差。从同一总体内抽取若干大小相同的样本，各样本的相关系数总有波动。要判断不等于 0 的 r 值是来自总体相关系数 $\rho=0$ 的总体，还是来自 $\rho\neq 0$ 的总体，必须进行显著性检验。Python 的 Pearson 相关系数的检验函数为 st.pearsonr。

由于来自 $\rho=0$ 总体的所有样本相关系数呈对称分布，故 r 的显著性可用 t 检验来进行。对 r 进行 t 检验的步骤如下。

① 建立检验假设。$\mathrm{H}_0:\rho=0$；$\mathrm{H}_1:\rho\neq 0$，$\alpha=0.05$。

② 计算相关系数 r 的 t 值：

$$t_r=\frac{r-\rho}{s_r}=\frac{r}{\sqrt{(1-r^2)/(n-2)}}$$

③ 计算 P 值，给出结论。

In	import scipy.stats as st　#加载统计方法包

	st.pearsonr(x,y)　　#Pearson 相关及检验
Out	(0.9400777575442605, 8.730756012916324e-29)　　#(系数，P 值)

由于 P=8.730756012916324e−29<0.05，因此在 $\alpha = 0.05$ 显著性水平上拒绝 H_0，接受 H_1，可以认为学生身高与体重间具有显著的线性相关。

4.1.2　两变量线性回归模型

4.1.2.1　两变量线性回归模型估计

在因变量和自变量的散点图中，如果趋势大致呈直线形，即

$$y = \beta_0 + \beta_1 x + e$$

则可拟合一条直线方程，这里 e 为误差，相应的直线回归模型为

$$\hat{y} = \hat{\beta}_0 + \hat{\beta}_1 x = a + bx$$

式中，$\hat{y}$ 表示因变量 y 的估计值；x 为自变量的实际值；a，b 为待估参数，其几何意义：a 是直线方程的截距，为常数项，b 是斜率，称为回归系数。其经济意义：a 是当 x 为零时 y 的估计值，b 是当 x 每增加一个单位时 y 增加的数量。

拟合回归直线的目的是找到一条理想的直线，用直线上的点来代表所有相关点。数理统计证明，用最小二乘法拟合的直线最理想，最具有代表性。计算 a 与 b 常用普通最小二乘法（OLS）。

由身高（x）和体重（y）的散点图可见，虽然 x 与 y 之间有直线趋势存在，但并不是一一对应的，每个值 x_i 与 y_i (i=1,2,⋯,n)用回归方程估计的值 $\hat{y}_i$（也称拟合值，即直线上的点）或多或少存在一定的差距，这些差距可以用 $\hat{e} = y - \hat{y}$ 表示，称为估计误差或残差。要使回归方程比较“理想”，就应该使估计误差尽量小，也就是使估计误差平方和

$$Q = \sum_{i=1}^{n}(y_i - \hat{y}_i)^2 = \sum_{i=1}^{n}[y_i - (a + bx_i)]^2$$

达到最小。对 Q 求关于 a 和 b 的偏导数，并令其等于零，可得

$$\begin{cases} b = \dfrac{\sum_{i=1}^{n}(x_i - \bar{x})(y_i - \bar{y})}{\sum_{i=1}^{n}(x_i - \bar{x})^2} \\ a = \bar{y} - b\bar{x} \end{cases}$$

下面是 Python 的普通最小二乘法。

In	import statsmodels.api as sm　　#加载线性回归模型包 fm1=sm.OLS(y,sm.add_constant(x)).fit()　　#普通最小二乘法，加常数项 fm1.params　　#参数估计值
Out	const　-81.7249 #a height　0.8925 #b

回归直线拟合图如下。

In	yfit=fm1.fittedvalues

```
plt.plot(x, y,'.',x,yfit, 'r-');
```

Out

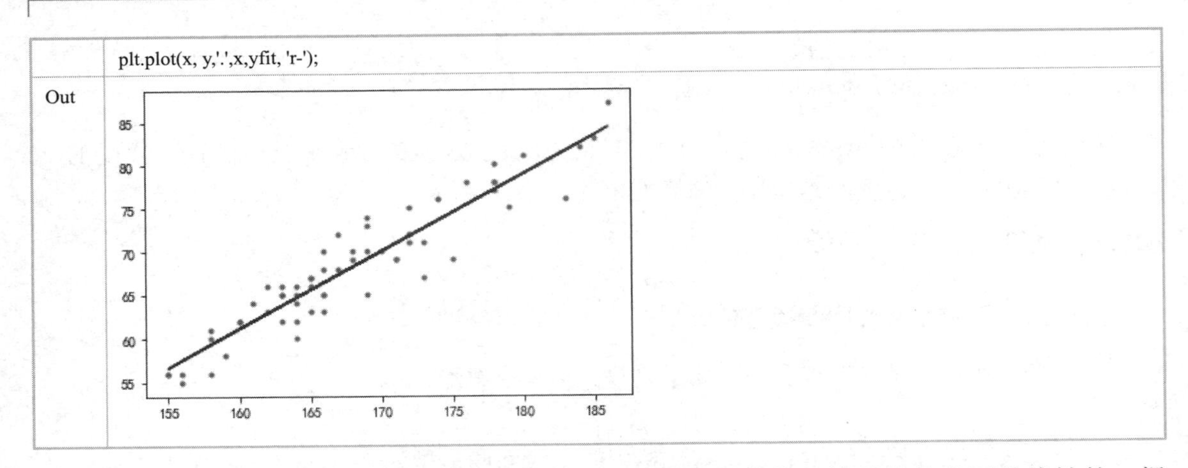

由散点图观察实测样本资料是否存在一定的协同变化趋势，这种趋势是否是线性的，根据是否有线性趋势确定应拟合直线还是曲线。由本例资料绘制的散点图可见，身高与体重之间存在明显的线性趋势，所以可考虑建立直线回归方程。

Python 作为一种面向对象语言，与其他数据分析软件相比，最大的优势就是输出结果简洁，且把大量的统计结果作为对象保存起来，以供后期使用。例如，前面的 fm1 就是一个线性回归模型的对象，其中包含进一步分析的统计量，如前面的参数估计值（params）、拟合值（fittedvalues）等。

4.1.2.2　两变量线性回归模型检验

由样本资料建立回归方程的目的是对两变量的回归关系进行统计推断，也就是对总体回归方程进行参数估计和假设检验。前面我们对回归系数进行了估计，下面对回归系数进行假设检验。

由于抽样误差的存在，样本回归系数往往不会恰好等于总体回归系数。如果总体回归系数为 0，那么模型就是一个常数，无论自变量如何变化，都不会影响因变量，回归方程就没有意义。由样本资料计算得到的样本回归系数不一定为 0，所以有必要对估计得到的样本回归系数进行检验。

1）常数项 β_0 的假设检验

原假设 $H_0:\beta_0=0$，以判断直线是否通过原点。检验统计量为

$$t_{\hat{\beta}_0}=\frac{\hat{\beta}_0-\beta_0}{s_{\hat{\beta}_0}}\sim t(n-2)$$

式中，$s_{\hat{\beta}_0}$ 为常数项的标准误。

2）回归系数 β_1 的假设检验

原假设 $H_0:\beta_1=0$，直线方程不存在。检验统计量为

$$t_{\hat{\beta}_1}=\frac{\hat{\beta}_1-\beta_1}{s_{\hat{\beta}_1}}\sim t(n-2)$$

式中，$s_{\hat{\beta}_1}$ 为样本回归系数的标准误。

下面对前面建立的回归模型进行假设检验。

In	fm1.tvalues　　　　#系数 t 的检验值
Out	const　-11.4379 height　20.9978
In	fm1.pvalues　　　　#系数 t 的检验概率
Out	const　1.6923e-16 height　8.7308e-29
In	pd.DataFrame({'b 估计值':fm1.params,'t 值':fm1.tvalues,'概率 p':fm1.pvalues})

Out

	b 估计值	t 值	概率 p
const	-81.7249	-11.4379	1.6923e-16
身高	0.8925	20.9978	8.7308e-29

由于回归系数的 P=8.7308e−29<0.05，于是在 $\alpha=0.05$ 显著性水平处拒绝原假设 H_0，接受备择假设 H_1，认为回归系数有统计学意义，变量间存在回归关系。

通常，我们更喜欢用公式的方式来建立回归模型，并用回归系数检验表来显示。

In

```
import statsmodels.formula.api as smf          #根据公式建立回归模型
fm2=smf.ols('weight~height', BSdata).fit()
fm2.summary2().tables[1]                       #回归系数检验表
```

Out

	Coef.	Std.Err.	t	P>|t|	[0.025	0.975]
Intercept	-81.7249	7.1451	-11.4379	1.6923e-16	-96.0273	-67.4225
身高	0.8925	0.0425	20.9978	8.7308e-29	0.8074	0.9775

4.1.2.3　两变量线性回归模型预测

建立模型有三个主要作用：①进行影响因素分析；②进行估计；③用来预测。前面主要探讨了线性回归模型的因素分析，下面分别用模型进行估计和预测。估计指在自变量范围内对因变量的估算，预测指在自变量范围外对因变量的推算。Python 所用的函数都是 predict()（相当于将自变量代入模型中计算），下面是身高与体重模型的估计与预测。

In

```
fm2.predict(pd.DataFrame({'height': [178,188,190]}))   #估计与预测
```

Out

0	77.1342
1	86.0588
2	87.8438

4.2　多变量相关与回归分析

4.2.1　多变量线性相关分析

有时为了书写或建模方便，需要将变量名改为英文或拼音等。例如，在 MVdata 数据框中，变量名都是中文的，建模操作有所不便，就需要重新命名变量名。

In

```
YXdata=pd.read_excel('PyDm2data.xlsx','MVdata',index_col=0);
YXdata.columns=['Y','X1','X2','X3','X4','X5','X6','X7']
YXdata.round(2)
```

Out

	Y	X1	X2	X3	X4	X5	X6	X7
地区								
北京	162.52	1069.70	55.79	196.91	3894.9	6470.51	2.63	1.55
天津	113.07	763.16	70.68	61.95	1033.9	7490.32	1.99	0.59
河北	245.16	3962.42	163.89	178.78	536.0	2288.19	1.28	0.14
山西	112.38	1738.90	70.73	104.94	147.6	1522.79	0.24	0.08
……								

4.2.1.1　变量间相关分析

从数学的角度来看，要研究变量间的关系，通常需要计算其协方差，对多个变量来说，就是计算变量间的协方差矩阵。由于协方差是有单位的，不容易比较，所以通常将其标准化为相关系数，任意两个变量间的相关系数构成的矩阵为

$$\boldsymbol{R}=\begin{bmatrix} r_{11} & r_{12} & \cdots & r_{1p} \\ r_{21} & r_{22} & \cdots & r_{2p} \\ \vdots & \vdots & & \vdots \\ r_{p1} & r_{p2} & \cdots & r_{pp} \end{bmatrix}=\begin{bmatrix} 1 & r_{12} & \cdots & r_{1p} \\ r_{21} & 1 & \cdots & r_{2p} \\ \vdots & \vdots & & \vdots \\ r_{p1} & r_{p2} & \cdots & 1 \end{bmatrix}=(r_{ij})_{p\times p}$$

式中，r_{ij} 为任意两个变量间的简单相关系数，即 Pearson 相关系数，其计算公式为

$$r_{ij}=\frac{\sum(x_i-\bar{x}_i)(x_j-\bar{x}_j)}{\sqrt{\sum(x_i-\bar{x}_i)^2\sum(x_j-\bar{x}_j)^2}}$$

多元相关分析不是真正意义上的多个变量的相关，只是两个变量相关分析的多元表示，即对多个变量计算两两之间的线性相关系数。下面是上述宏观经济数据的多元相关系数矩阵。

In

```
Yxdata[['Y','X1']].corr() #Yxdata['Y'].corr(Yxdata['X1'])
```

Out

	Y	X1
Y	1.0000	0.8155
X1	0.8155	1.0000

In

```
YXdata.corr()
```

Out

	Y	X1	X2	X3	X4	X5	X6	X7
Y	1.0000	0.8155	0.8921	0.9287	0.7721	0.8487	0.8116	0.4211
X1	0.8155	1.0000	0.8569	0.6965	0.3865	0.5107	0.4633	0.0107
X2	0.8921	0.8569	1.0000	0.7173	0.4312	0.5802	0.4929	0.0902
X3	0.9287	0.6965	0.7173	1.0000	0.8780	0.8542	0.8692	0.6141
X4	0.7721	0.3865	0.4312	0.8780	1.0000	0.9235	0.9628	0.8097
X5	0.8487	0.5107	0.5802	0.8542	0.9235	1.0000	0.9697	0.5653
X6	0.8116	0.4633	0.4929	0.8692	0.9628	0.9697	1.0000	0.6592
X7	0.4211	0.0107	0.0902	0.6141	0.8097	0.5653	0.6592	1.0000

4.2.1.2　变量间关系散点图

下面给出变量两两之间的相关系数矩阵散点图。

In

```
pd.plotting.scatter_matrix(YXdata);
```

Out

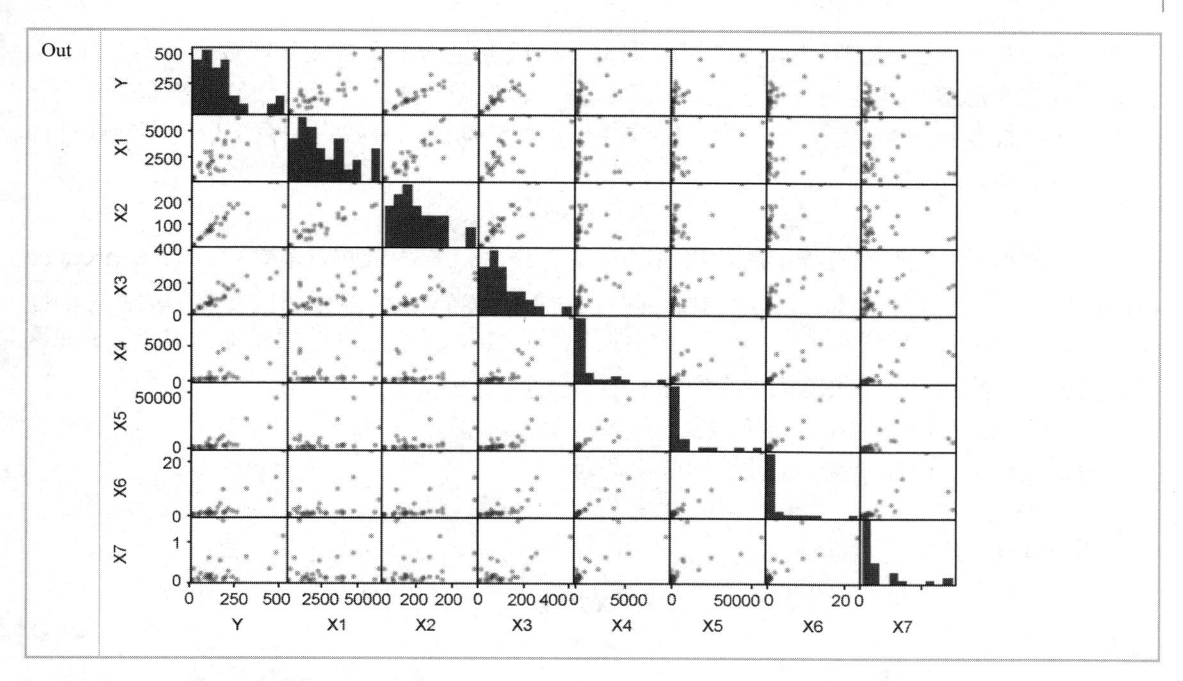

4.2.1.3　相关系数矩阵检验

从前面的相关系数矩阵计算结果可以看出，Y 与各 X 的相关系数都较高，对其所进行的假设检验等同于两两之间的相关系数检验，Python 没有直接产生多个变量两两之间相关系数检验的函数，但可分别进行，如检验 Y 和 X1 之间的线性相关性，可写为 pearsonr(Y,X1)，以此类推，但比较麻烦。可自定义一个函数一次性全部完成检验，下面调用我们自定义的检验变量两两之间相关性的矩阵相关检验函数 mcor_test()，该函数可对相关系数矩阵进行检验。

In

```
mcor_test(YXdata) #需要加载 PyDm2fun 函数包
```

Out

	Y	X1	X2	X3	X4	X5	X6	X7
Y	1.0000	0.0000	0.0000	0.0000	0.0000	0.0000	0.0000	0.0205
X1	0.8155	1.0000	0.0000	0.0000	0.0349	0.0039	0.0099	0.9554
X2	0.8921	0.8569	1.0000	0.0000	0.0173	0.0008	0.0056	0.6353
X3	0.9287	0.6965	0.7173	1.0000	0.0000	0.0000	0.0000	0.0003
X4	0.7721	0.3865	0.4312	0.8780	1.0000	0.0000	0.0000	0.0000
X5	0.8487	0.5107	0.5802	0.8542	0.9235	1.0000	0.0000	0.0011
X6	0.8116	0.4633	0.4929	0.8692	0.9628	0.9697	1.0000	0.0001
X7	0.4211	0.0107	0.0902	0.6141	0.8097	0.5653	0.6592	1.0000

下三角为相关系数，上三角为概率

4.2.2　多变量线性回归模型

4.2.2.1　多变量线性回归模型形式

在 4.1.2 节中介绍了单变量线性回归分析，它研究的是一个因变量与一个自变量间呈线性趋势的数量关系。在实际中，常会遇到研究一个因变量与多个自变量间数量关系的问题，考察国内生产总值与其他经济变量间的依存关系，这时需要建立多元线性回归模型。与一元线性回归（直线回归）类似，一个因变量与多个自变量间的这种数量关系可以用多元线性回归方程来表示：

$$y = \beta_0 + \beta_1 x_1 + \beta_2 x_2 + \cdots + \beta_p x_p + \varepsilon$$

式中，β_0 相当于直线回归方程中的常数项，β_i（i=1,2,…,p）称为偏回归系数（Partial Regression Coefficient），其意义与直线回归方程中的回归系数相似。当其他自变量对因变量的线性影响固定时，β_i 反映第 i 个自变量 x_i 对因变量 y 线性影响程度的大小。这样的回归称为因变量 y 在这组自变量 x 上的回归，习惯称为多元线性回归模型。

1）多元线性回归模型的一般形式

随机变量 y 与一般变量 x 的线性回归模型为

$$y = \beta_0 + \beta_1 x_1 + \beta_2 x_2 + \cdots + \beta_p x_p + \varepsilon$$

假设得到 n 组观测数据 $(x_{i1}, x_{i2}, \cdots, x_{ip}, y_i)(i = 1, 2, \cdots, n)$，将其写成矩阵形式：

$$\boldsymbol{Y} = \boldsymbol{X\beta} + \boldsymbol{\varepsilon}$$

式中

$$\boldsymbol{Y} = \begin{bmatrix} y_1 \\ y_2 \\ \vdots \\ y_n \end{bmatrix}, \quad \boldsymbol{X} = \begin{bmatrix} 1 & x_{11} & \cdots & x_{1p} \\ 1 & x_{21} & \cdots & x_{2p} \\ \vdots & \vdots & & \vdots \\ 1 & x_{n1} & \cdots & x_{np} \end{bmatrix}, \quad \boldsymbol{\beta} = \begin{bmatrix} \beta_0 \\ \beta_1 \\ \vdots \\ \beta_p \end{bmatrix}, \quad \boldsymbol{\varepsilon} = \begin{bmatrix} \varepsilon_1 \\ \varepsilon_2 \\ \vdots \\ \varepsilon_n \end{bmatrix}$$

通常称 $\boldsymbol{X}$ 为设计矩阵，$\boldsymbol{\beta}$ 为回归系数向量。

2）线性回归模型的基本假设

由于一元线性回归比较简单，其趋势图可用散点图直观显示，所以，我们对其性质和假定并未进行详细探讨。实际上，在建立线性回归模型前，需要对模型进行一些假设，经典线性回归模型的基本假设前提如下。

① 一般来说，解释变量是非随机变量。

② 误差等方差及不相关假设（G-M 条件）：

$$\begin{cases} E(\varepsilon_i) = 0 & (i = 1, 2, \cdots, n) \\ \mathrm{Cov}(\varepsilon_i, \varepsilon_j) = \begin{cases} \sigma^2, & i = j \\ 0, & i \neq j \end{cases} & (i, j = 1, 2, \cdots, n) \end{cases}$$

③ 误差正态分布的假设条件：

$$\varepsilon_i \overset{\text{iid}}{\sim} N(0, \sigma^2) \qquad (i = 1, 2, \cdots, n)$$

④ $n > p$，即要求样本容量个数多于解释变量的个数。

4.2.2.2 多变量线性回归参数估计

由多元线性回归模型的矩阵形式 $\boldsymbol{Y} = \boldsymbol{X\beta} + \boldsymbol{\varepsilon}$ 可知，若模型的参数 $\boldsymbol{\beta}$ 的估计量 $\hat{\boldsymbol{\beta}}$ 已获得，则 $\hat{\boldsymbol{Y}} = \boldsymbol{X}\hat{\boldsymbol{\beta}}$，于是残差 $e_i = y_i - \hat{y}_i$。根据最小二乘法原理，所选择的估计方法应使估计值 $\hat{y}_i$ 与观察值 y_i 之间的残差 e_i 在所有样本点上达到最小，即

$$Q=\sum_{i=1}^{n}(y_i-\hat{y}_i)^2=e'e=(\boldsymbol{Y}-\boldsymbol{X}\hat{\boldsymbol{\beta}})'(\boldsymbol{Y}-\boldsymbol{X}\hat{\boldsymbol{\beta}})$$

达到最小，根据微积分求极值的原理，$\boldsymbol{Q}$ 对 $\hat{\boldsymbol{\beta}}$ 求导且等于 0，可求得使 $\boldsymbol{Q}$ 达到最小的 $\hat{\boldsymbol{\beta}}$，这就是普通最小二乘法。

$$\hat{\boldsymbol{\beta}}=(\boldsymbol{X}'\boldsymbol{X})^{-1}\boldsymbol{X}'\boldsymbol{Y}$$

在下面的分析中，我们发现生产总值（Y）与从业人员（X1）之间的确存在线性回归关系，为了进一步考察它们和其他变量之间的数量关系，需要建立多元线性回归方程，步骤如下。

1）建立一个自变量的线性回归模型

In	M1=smf.ols('Y～X1',YXdata).fit(); M1.params
Out	Intercept　　14.684200 X1　　0.060334

2）建立两个自变量的线性回归模型

In	M2=smf.ols('Y～X1+X2',YXdata).fit(); M2.params
Out	Intercept　　−12.451052 X1　　0.014231 X2　　1.459890

3）建立三个自变量的线性回归模型

In	M3=smf.ols('Y～X1+X2+X3',YXdata).fit(); M3.params
Out	Intercept　　−23.923166 X1　　0.000715 X2　　0.920087 X3　　0.885195

4）建立所有自变量的线性回归模型

In	Ms=smf.ols('Y～X1+X2+X3+X4+X5+X6+X7',YXdata).fit(); Ms.params
Out	Intercept　　−7.138064 X1　　0.008497 X2　　0.998300 X3　　0.238449 X4　　0.006917 X5　　0.000906 X6　　4.046515 X7　　10.260713

4.2.2.3　多变量线性回归模型检验

由样本资料建立回归方程的目的是对变量间的回归关系进行统计推断，也就是对总体回归方程进行参数估计和假设检验。由样本计算得到的这些偏回归系数是总体偏回归系数的估计值，如果这些总体偏回归系数等于 0，那么多元线性回归方程就没有意义，所以，与直线回归一样，在建立方程后有必要对这些偏回归系数进行检验。对多元线性回归方程进行假设检验也可以用方差分析。

前面对回归模型的系数进行了估计，下面对回归系数进行假设检验。

1）回归系数的假设检验

多元线性回归方程有统计学意义，并不说明每个偏回归系数都有意义，所以有必要对每个偏回归系数进行检验。在 $\beta_j = 0$ 时，偏回归系数 $\hat{\beta}_j$ (j=1,2,⋯,p)服从正态分布，所以可用 t 统计量对偏回归系数进行检验。

检验假设 $\mathrm{H}_{0j}:\beta_j = 0$， $\mathrm{H}_{1j}:\beta_j \neq 0$ 。

当 H_{0j} 成立时， $\beta \sim N(\beta,\sigma^2(X'X)^{-1})$ ，构造的 t 统计量为

$$t_j = \frac{\hat{\beta}_j - \beta_j}{s_{\hat{\beta}_j}} \quad (j=1,2,\cdots,p)$$

式中， $s_{\hat{\beta}_j}$ 是第 j 个偏回归系数的标准误。

当原假设 $\mathrm{H}_{0j}:\beta_j = 0$ 成立时，上面的 t 统计量服从自由度为 $n-p-1$ 的 t 分布。给定显著性水平 α，查出双侧检验的临界值 $t_{1-\alpha/2}$ 。当 $|t_j| \geqslant t_{1-\alpha/2}$ 时，拒绝原假设 $\mathrm{H}_{0j}:\beta_j = 0$ ，认为 β_j 显著不为零，自变量 x_j 对因变量 y 的线性效果显著；当 $|t_j| < t_{1-\alpha/2}$ 时，接受原假设 H_{0j} ，认为 β_j 为零，自变量 x_j 对因变量 y 的线性效果不显著。

2）回归方程的假设检验

方差分析的原假设是 $\mathrm{H}_0:\beta_1 = \beta_2 = \cdots = \beta_p = 0$ ，这就意味着因变量 y 与所有的自变量 x_j 都不存在线性回归关系，多元线性回归方程没有意义。相应的备择假设 $\mathrm{H}_1:\beta_1,\beta_2,\cdots,\beta_p$ 不全为 0。

由于因变量 $y = \hat{y} + e$ ，即 y 包含拟合值和误差。因变量 y 的离均差平方和可分解成两部分，即

$$\mathrm{SS_T} = \sum_{i=1}^{n}(y_i - \overline{y})^2 = \sum_{i=1}^{n}(\hat{y}_i - \overline{y})^2 + \sum_{i=1}^{n}(y_i - \hat{y}_i)^2 = \mathrm{SS_R} + \mathrm{SS_E}$$

方差分析的目的是检验回归的变异（方差或均方）是否远大于误差的变异（方差或均方），如果误差的变异远大于回归的变异，那么意味着因变量 y 与自变量 x 不存在依存关系，回归方程没有统计意义。离均差平方和可计算回归的均方（方差）$\mathrm{MS_R}=\mathrm{SS_R}/p$ 和误差的均方（方差）$\mathrm{MS_E}=\mathrm{SS_E}/(n-p-1)$。

进而计算方差分析的 F 值：

$$F = \frac{\mathrm{MS_R}}{\mathrm{MS_E}} \sim F(p, n-p-1)$$

这里 F 服从自由度为 p 和 $n-p-1$ 的 F 分布，这样就可以用 F 统计量来检验回归方程是否有意义了。

如果有确切的回归线，那么误差项和残差就是一致的，故此时可利用残差来估计 σ。

$$S_\mathrm{e} = \sqrt{\frac{1}{n-2}\sum_{i=1}^{n}(y_i - \hat{y}_i)^2} = \sqrt{\frac{\mathrm{SS_E}}{n-2}}$$

这里 S_e 是 σ 的无偏估计，称为剩余标准差或剩余标准误（Residual Standard Error），它反

映了因变量 y 在扣除自变量 x 的线性影响后的离散程度。S_e 可以与 y 的标准差 S_y 比较，从而可看出自变量 x 对 y 的线性影响程度的大小。

一般统计软件在完成多元线性回归分析的同时都会输出方差分析与 t 检验的结果，其中 t 检验结果给出每个偏回归系数和常数项的值、标准误、t 值与相应的 P 值。

In

```
M1.summary()
```

Out

```
OLS Regression Results
==============================================================================
Dep. Variable:          Y                   R-squared:              0.665
Model:                  OLS                 Adj. R-squared:         0.653
Method:                 Least Squares       F-statistic:            55.61
Date:                   Sat, 04 Mar 2023    Prob (F-statistic):     4.02e-08
Time:                   13:02:44            Log-Likelihood:         -171.88
No. Observations:       30                  AIC:                    347.8
Df Residuals:           28                  BIC:                    350.6
Df Model:               1
Covariance Type:        nonrobust
==============================================================================
              coef       std err     t        P>|t|     [0.025      0.975]
Intercept     14.6842    25.540      0.575    0.570     -37.632     67.000
X1            0.0603     0.008       7.457    0.000     0.044       0.077
==============================================================================
Omnibus:            2.833        Durbin-Watson:          1.612
Prob(Omnibus):      0.243        Jarque-Bera (JB):       2.029
Skew:               0.637        Prob(JB):               0.363
Kurtosis:           3.031        Cond. No.               5.73e+03
==============================================================================
Notes:
[1] Standard Errors assume that the covariance matrix of the errors is correctly specified.
[2] The condition number is large, 5.73e+03. This might indicate that there are strong multicollinearity or other numerical problems.
```

由假设检验结果可见，模型的 $P = 4.02\text{e}{-08} << 0.05$，认为回归模型有意义。由 t 检验结果可见，偏回归系数的 P 值小于 0.05，可认为从业人员（X1）对生产总值有显著影响。

In

```
M2.summary()
```

Out

```
OLS Regression Results
==============================================================================
Dep. Variable:          Y                   R-squared:              0.806
Model:                  OLS                 Adj. R-squared:         0.791
Method:                 Least Squares       F-statistic:            55.97
Date:                   Sat, 04 Mar 2023    Prob (F-statistic):     2.48e-10
Time:                   13:12:42            Log-Likelihood:         -163.72
No. Observations:       30                  AIC:                    333.4
```

```
Df Residuals:          27                BIC:                 337.6
Df Model:              2
Covariance Type:       nonrobust
==================================================
               coef      std err    t        P>|t|    [0.025     0.975]
Intercept      -12.4511  20.742     -0.600   0.553    -55.010    30.108
X1             0.0142    0.012      1.169    0.253    0.011      0.039
X2             1.4599    0.330      4.419    0.000    0.782      2.138
==================================================
Omnibus:             25.116     Durbin-Watson:        1.910
Prob(Omnibus):       0.000      Jarque-Bera (JB):     43.075
Skew:                1.941      Prob(JB):             4.43e-10
Kurtosis:            7.403      Cond. No.             6.00e+3
==================================================
```

由假设检验结果可见，模型的 P=2.48e−10<0.001，认为该回归模型也有意义。由 t 检验结果可见，从业人员（X1）的偏回归系数的 P 值大于 0.05，而固定资产（X2）的 P 值小于 0.05，可认为从业人员对生产总值的影响不大，而固定资产对生产总值有较大影响。

In	M3.summary()

```
Out
OLS Regression Results
==================================================
Dep. Variable:         Y                     R-squared:            0.968
Model:                 OLS                   Adj. R-squared:       0.964
Method:                Least Squares         F-statistic:          259.2
Date:                  Sat, 04 Mar 2023      Prob (F-statistic):   1.76e-19
Time:                  13:15:43              Log-Likelihood:       -136.83
No. Observations:      30                    AIC:                  281.7
Df Residuals:          26                    BIC:                  287.3
Df Model:              3
Covariance Type:       nonrobust
==================================================
               coef      std err    t        P>|t|    [0.025     0.975]
Intercept      -23.9232  8.684      -2.755   0.011    -41.772    -6.074
X1             0.0007    0.005      0.138    0.892    -0.010     0.011
X2             0.9201    0.145      6.333    0.000    0.621      1.219
X3             0.8852    0.078      11.408   0.000    0.726      1.045
==================================================
Omnibus:             3.524      Durbin-Watson:        2.149
Prob(Omnibus):       0.172      Jarque-Bera (JB):     2.910
Skew:                -0.758     Prob(JB):             0.233
Kurtosis:            2.829      Cond. No.             6.05e+03
==================================================
```

由假设检验结果可见，模型的 P=1.76e–19<0.001，认为该回归模型也有意义。由 t 检验结果可见，从业人员（X1）的偏回归系数的 P 值大于 0.05，而固定资产（X2）和利用外资（X3）的 P 值小于 0.05，可认为固定资产和利用外资对生产总值有较大影响，而从业人员对生产总值的影响不大。

In	Ms.summary()
Out	OLS Regression Results

```
==============================================================================
Dep. Variable:           Y                  R-squared:              0.991
Model:                   OLS                Adj. R-squared:         0.988
Method:                  Least Squares      F-statistic:            329.6
Date:                    Sat, 04 Mar 2023   Prob (F-statistic):     9.08e-21
Time:                    13:35:23           Log-Likelihood:         -118.36
No. Observations:        30                 AIC:                    252.7
Df Residuals:            22                 BIC:                    263.9
Df Model:                7
Covariance Type:         nonrobust
==============================================================================
             coef       std err    t        P>|t|    [0.025     0.975]
Intercept    -7.1381    7.243      -0.985   0.335    -22.159    7.883
X1           0.0085     0.004      2.277    0.033    0.001      0.016
X2           0.9983     0.107      9.354    0.000    0.777      1.220
X3           0.2384     0.127      1.879    0.074    -0.025     0.502
X4           0.0069     0.012      0.566    0.577    -0.018     0.032
X5           0.0009     0.001      0.748    0.462    -0.002     0.003
X6           4.0465     3.436      1.178    0.251    -3.079     11.172
X7           10.2607    23.487     0.437    0.666    -38.449    58.970
==============================================================================
Omnibus:             1.261      Durbin-Watson:          2.370
Prob(Omnibus):       0.532      Jarque-Bera (JB):       0.425
Skew:                -0.231     Prob(JB):               0.809
Kurtosis:            3.355      Cond. No.               1.34e+05
==============================================================================
```

由假设检验结果可见，模型的 P=9.08e–21<0.001，认为该回归模型也有意义。由 t 检验结果可见，从业人员（X1）和固定资产（X2）的偏回归系数的 P 值小于 0.05，其他变量的 P 值大于 0.05，可认为从业人员和固定资产对生产总值的影响较大，其他变量影响较小。

从前面的分析也可以看到，模型的建立是一个复杂的过程，需要研究者不断探索，以获得较为有用的模型。

4.2.2.4　多变量线性回归模型评判

在建立回归模型时，要求误差服从独立同分布的正态分布，即

$$\varepsilon_i \overset{\text{iid}}{\sim} N(0,\sigma^2) \quad (i=1,2,\cdots,n)$$

1）误差的相关性验证

对于多元线性回归模型，如果随机误差项的各期值之间存在相关关系，即

$$\text{Cov}(u_t,u_s)=E(u_t u_s)\neq 0 \quad (t\neq s;\ \ t,s=1,2,\cdots,k)$$

则称随机误差项之间存在自相关性（Autocorrelation）。

对其验证的最直观方法就是看残差图，如下所示。

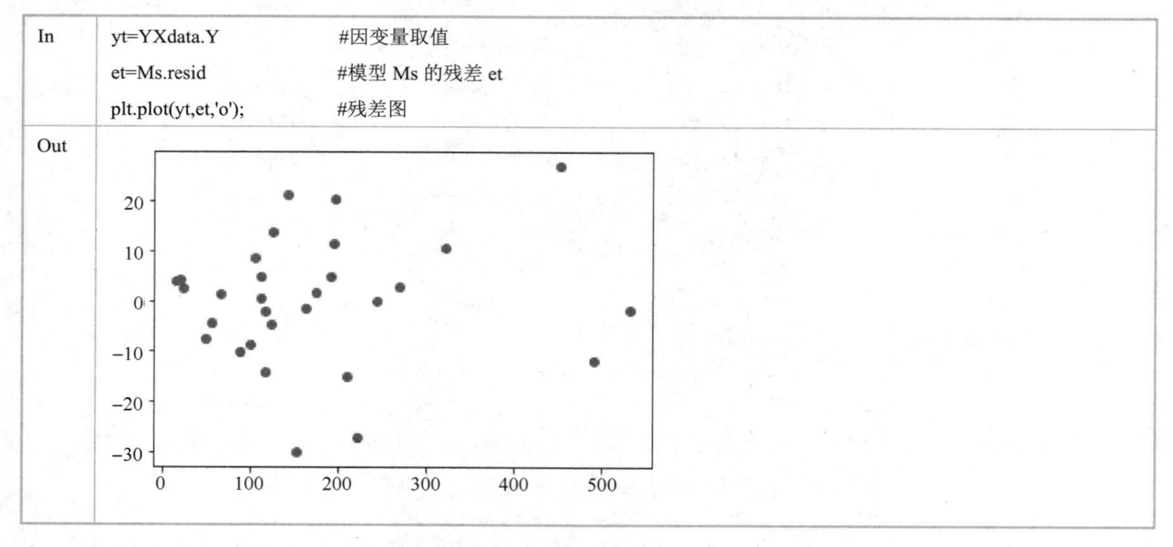

从残差图可以看出，该模型的误差有可能不存在自相关性。

2）误差自相关性检验

若设误差的自相关系数为 ρ，则其样本估计公式为

$$\hat{\rho}=\frac{\sum_{t=2}^{n}(e_t-\overline{e}_t)(e_{t-1}-\overline{e}_{t-1})}{\sqrt{\sum_{t=1}^{n}(e_t-\overline{e}_t)^2\sum_{t=2}^{n}(e_{t-1}-\overline{e}_{t-1})^2}}=\frac{\sum_{t=2}^{n}e_t e_{t-1}}{\sqrt{\sum_{t=1}^{n}e_t^2\sum_{t=2}^{n}e_{t-1}^2}}$$

式中，e_t 表示残差序列；e_{t-1} 表示残差的滞后一阶序列。

In	ro=et.corr(et.shift(1));ro #et.shift(1) =e_{t-1}
Out	−0.18553688673392382

残差相关系数很小，说明误差的自相关性不大。

检验模型残差是否存在一阶自相关最常用的方法是 Durbin-Watson 检验，Durbin 和 Watson 于 1951 年提出了一种检测序列自相关的方法，简称 D-W 检验。

Durbin 和 Watson 针对原假设 H_0: $\rho=0$，即不存在一阶自相关，构造如下统计量：

$$\text{DW}=\frac{\sum_{t=2}^{n}(e_t-e_{t-1})^2}{\sum_{t=1}^{n}e_t^2}$$

该统计量的分布与出现在给定样本中的 X 值有复杂的关系，因此其精确的分布很难得到，但是，Durbin 和 Watson 成功导出了临界值的下限 d_L 和上限 d_U，且这些上、下限只与样本的容量 n 和解释变量的个数 k 有关，而与解释变量 X 的取值无关，下图是 DW 相关性临界值的示意图。

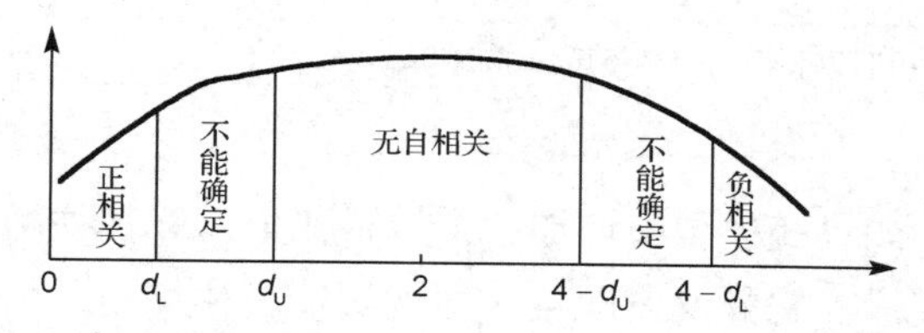

显然，$DW \approx 2(1-\hat{\rho})$，由此也可得到 $\hat{\rho} \approx 1 - DW/2$。

如果存在完全一阶正相关，即 $\rho=1$，则 DW≈ 0。

如果存在完全一阶负相关，即 $\rho=-1$，则 DW≈ 4。

如果存在完全不相关，即 $\rho=0$，则 DW≈2。

对被估计模型的残差进行 D-W 检验，结果如下。

In	Ms.summary2().tables[2][3][0]　　#DW 值 DW=2*(1-ro);DW
Out	'2.370'

DW 接近 2，说明模型 Ms 的残差不存在一阶自相关。

也可以用以下函数直接计算 DW 值：

In	sm.stats.durbin_watson(Ms.resid)
Out	2.370140063615431

3）误差的正态性检验

Jarque-Bera 检验：检验序列是否服从正态分布的一种正态性检验方法。当序列服从正态分布时，统计量

$$JB = n\left(\frac{\text{Skew}^2}{6} + \frac{\text{Kurt}^2}{24}\right)$$

渐进服从 χ^2 分布。式中，n 为样本规模；Skew、Kurt 分别为随机变量的偏度和峰度。结果如下。

In	Ms.summary2().tables[2][3][1]　　#JB 值
Out	'0.425'
In	Ms.summary2().tables[2][3][2]　　#JB 概率
Out	'0.809'

从图中可知，该模型的残差基本服从正态分布（P=0.809>0.05）。

4）模型的决定系数

在实际分析中，一个变量的变化往往受多种变量的综合影响，这就需要采用决定系数来判断模型的好坏程度。

决定系数实际就是回归离差平方和与总离差平方和的比值，反映了回归贡献的百分比，

所以常把 R^2 称为模型的决定系数。

$$R^2=\frac{SS_R}{SS_T}$$

R^2 在模型评价、变量选择、衡量曲线回归方程拟合的好坏程度时常用。

In	R2=Ms.summary2().tables[0][1][6];R2 #模型的决定系数 R2
Out	'0.991'

在应用过程中发现，如果在模型中增加一个解释变量，R^2 往往增大。这就给人一种错觉：要使模型拟合得好，只需增加解释变量即可。而现实情况往往是，由增加解释变量引起的 R^2 的增大与拟合的好坏程度无关，R^2 需要调整。于是就有了调整的可决定系数 adjR^2（adjusted coefficient of determination）。在样本容量一定的情况下，增加解释变量必定使得自由度减少，所以调整的思路为将残差平方和与总离差平方和分别除以各自的自由度，以剔除解释变量个数对模型的影响：

$$\text{adj}R^2=1-\frac{SS_R/(n-p-1)}{SS_T/(n-1)}$$

In	Ms.summary2().tables[0][3][0] #adjR2
Out	'0.988'

5）多元复相关系数

复相关系数用来判断一个因变量和多个自变量之间线性拟合的程度。

设因变量为 y，自变量为 $x_1,x_2,\cdots,x_p$，对 y 与 $x_1,x_2,\cdots,x_p$ 的多元相关就是对 y 与其拟合值 $\hat{y}$ 的相关，记 $R=r_{y\cdot x_1x_2\cdots x_p}$ 为 y 与 $x_1,x_2,\cdots,x_p$ 的复相关系数，计算公式为

$$R=r_{y\cdot x_1x_2\cdots x_p}=r_{y\cdot\hat{y}}=\frac{\text{Cov}(y,\hat{y})}{\hat{\sigma}_y\hat{\sigma}_{\hat{y}}}=\frac{\sigma_{\hat{y}}}{\hat{\sigma}_y}=\sqrt{\frac{\sum_{i=1}^{n}(\hat{y}_i-\overline{y})^2}{\sum_{i=1}^{n}(y_i-\overline{y})^2}}=\sqrt{\frac{SS_R}{SS_T}}$$

复相关系数反映了一个变量与另一组变量关系密切的程度。复相关系数的假设检验等价于多元线性回归的方差分析结果，所以不必再进行假设检验。

In	from math import sqrt R=sqrt(float(R2));R
Out	0.9954898291795853

模型总结：线性回归模型的结果表明，国内生产总值与其他经济指标之间存在显著的相关关系，其中，可决定系数为 0.991，F 统计量和 Omnibus 统计量的 P 值都接近于 0，表明模型拟合效果较好。D-W 检验的值为 2.371，表明残差数据不存在序列相关性。Jarque-Bera 检验的 P 值接近于 0，表明误差数据服从正态分布。有时为了方便，也可用表格的形式对回归模型进行比较。

In

```
from statsmodels.iolib.summary2 import summary_col
summary_col([M1,M2,M3,Ms])  #模型结果比较
```

Out

	Y I	Y II	Y III	Y IIII
Intercept	14.6842	-12.4511	-23.9232	-7.1381
	(25.5399)	(20.7420)	(8.6835)	(7.2431)
R-squared	0.6651	0.8057	0.9676	0.9906
R-squared Adj.	0.6531	0.7913	0.9639	0.9876
X1	0.0603	0.0142	0.0007	0.0085
	(0.0081)	(0.0122)	(0.0052)	(0.0037)
X2		1.4599	0.9201	0.9983
		(0.3304)	(0.1453)	(0.1067)
X3			0.8852	0.2384
			(0.0776)	(0.1269)
X4				0.0069
				(0.0122)
X5				0.0009
				(0.0012)
X6				4.0465
				(3.4358)
X7				10.2607
				(23.4872)

Standard errors in parentheses.

数据及练习 4

4.1 由专业知识可知，合金的强度 y（107Pa）与合金中碳的含量 x（%）有关。为了生产出强度满足顾客需要的合金，在冶炼时应该如何控制碳的含量？如果在冶炼过程中通过化验得知了碳的含量，能否预测这炉合金的强度？

x：0.10, 0.11, 0.12, 0.13, 0.14, 0.15, 0.16, 0.17, 0.18, 0.20, 0.21, 0.23

y：42, 43.5, 45, 45.5, 45, 47.5, 49, 53, 50, 55, 55, 60

（1）绘制 x 与 y 的散点图，并以此判断 x 与 y 之间是否大致呈线性关系。

（2）计算 x 与 y 的相关系数并进行假设检验。

（3）做 y 对 x 的最小二乘回归，并给出常用统计量。

（4）预测当 x=0.22 时，y 等于多少？预测当 x=0.25 时，y 等于多少？

4.2 某家房地产公司的总裁想了解为什么公司中的某些分公司比其他分公司表现出色，他认为决定总年销售额（以百万元计）的关键因素是广告预算（以千元计）和销售代理的数目。为了分析这种情况，他抽取了 8 个分公司作为样本，搜集了如下表所示的数据。

（1）建立回归模型并解释各系数。

（2）用 5%的显著性水平，试确定每一解释变量与依赖变量间是否呈线性关系。

（3）计算相关系数和复相关系数。

分公司	广告预算/千元	代理数	年销售额/百万元
1	249	15	32
2	183	14	18
3	310	21	49
4	246	18	52
5	288	13	36
6	248	21	43
7	256	20	24
8	241	19	41

4.3　cars 数据集（来自 PyDataset 包[①]）给出了 1920 年记录的汽车行驶速度（speed）和刹车距离（dist）的数据。

（1）绘制 speed 与 dist 的散点图，并以此判断 speed 与 dist 之间是否大致呈线性关系。

（2）计算 speed 与 dist 的相关系数并进行假设检验。

（3）建立 speed 对 dist 的普通最小二乘法回归模型，并给出常用统计量。

（4）预测当 speed=30 时，dist 等于多少。

4.4　经济数据。收集 2000－2011 年共 12 年财政收入相关数据，分别是财政收入（*y*，百亿元）、国民生产总值（x1，百亿元）、税收（x2，百亿元）、进出口贸易总额（x3，百亿元）、经济活动人口（x4，百万人）。

年份	y	x1	x2	x3	x4
2000	29.37	185.98	28.22	55.60	653.23
2001	31.49	216.63	29.90	72.26	660.91
2002	34.83	266.52	32.97	91.20	667.82
2003	43.49	345.61	42.55	112.71	674.68
2004	52.18	466.70	51.27	203.82	681.35
2005	62.42	574.95	60.38	235.00	688.55
2006	74.08	668.51	69.10	241.34	697.65
2007	86.51	731.43	82.34	269.67	708.00
2008	98.76	769.67	92.63	268.58	720.87
2009	114.44	805.79	106.83	298.96	727.91
2010	133.95	882.28	125.82	392.74	739.92
2011	163.86	943.46	153.01	421.93	744.32

（1）试将这组数据输入电子表格。

---

① 数据调用方式，下同

```
from pydataset import data      #加载 PyDataset 包
cars = data('cars')             #调用 PyDataset 包中的数据框 cars
```

（2）分别用 Python 的 read_csv()和 read_excel()函数读取。

（3）试用 Python 函数获取 2006—2011 年的数据，以及 2006—2011 年的国民生产总值和经济活动人口数据。

（4）进行多元相关分析。

（5）进行多元线性回归分析。

第 5 章　时间序列数据分析

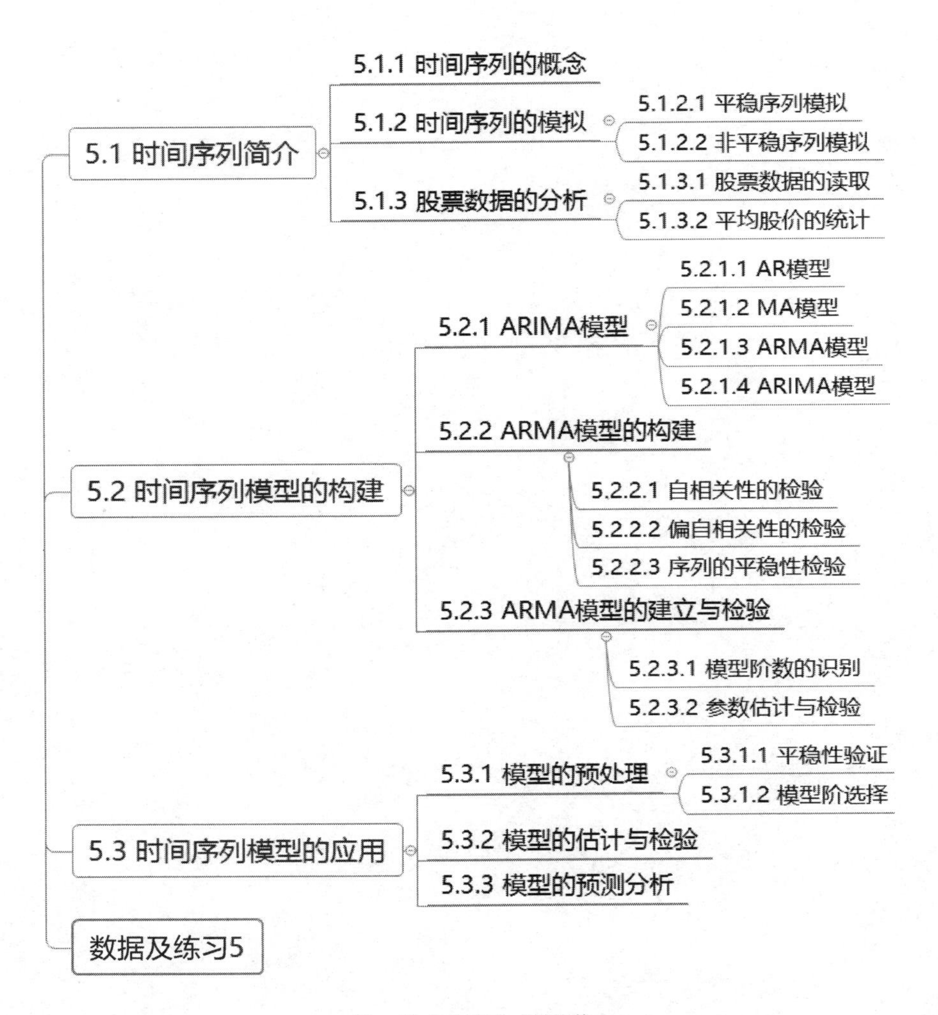

第 5 章内容的知识图谱

5.1　时间序列简介

5.1.1　时间序列的概念

1）定义

时间序列指将同一统计指标的数值按其发生时间的先后顺序排列而成的数列。时间序列分析的主要目的是根据已有的历史数据对未来进行预测。

2）要素

时间序列由两个基本要素组成：一个是资料所属的时间；另一个是时间上的统计指标数值。

3）作用

① 时间序列可以描述社会经济现象在不同时间的发展状态和过程。

② 时间序列可以研究社会经济现象的发展趋势和速度，以及掌握发展变化的规律。

③ 借助时间序列可以进行分析和预测。

4）分析

时间序列分析是根据系统观测得到的时间序列数据，通过曲线拟合和参数估计（如非线性最小二乘法）来建立数学模型的理论和方法。时间序列分析常用在国民经济宏观控制、区域综合发展规划、企业经营管理、市场潜量预测、气象预报、水文预报、地震前兆预报、农作物病虫灾害预报、环境污染控制、生态平衡、天文学和海洋学等方面。

5.1.2　时间序列的模拟

5.1.2.1　平稳序列模拟

设 $R \sim N(\mu,\sigma^2)$，令 $\mu=0, \sigma=1$，以下代码将产生 1000 个平稳随机过程序列。

1）随机游走数列

In

```
n=1000
rd=np.random.randn(n)
plt.plot(rd);          #横坐标为样本序号，纵坐标为随机数
```

Out

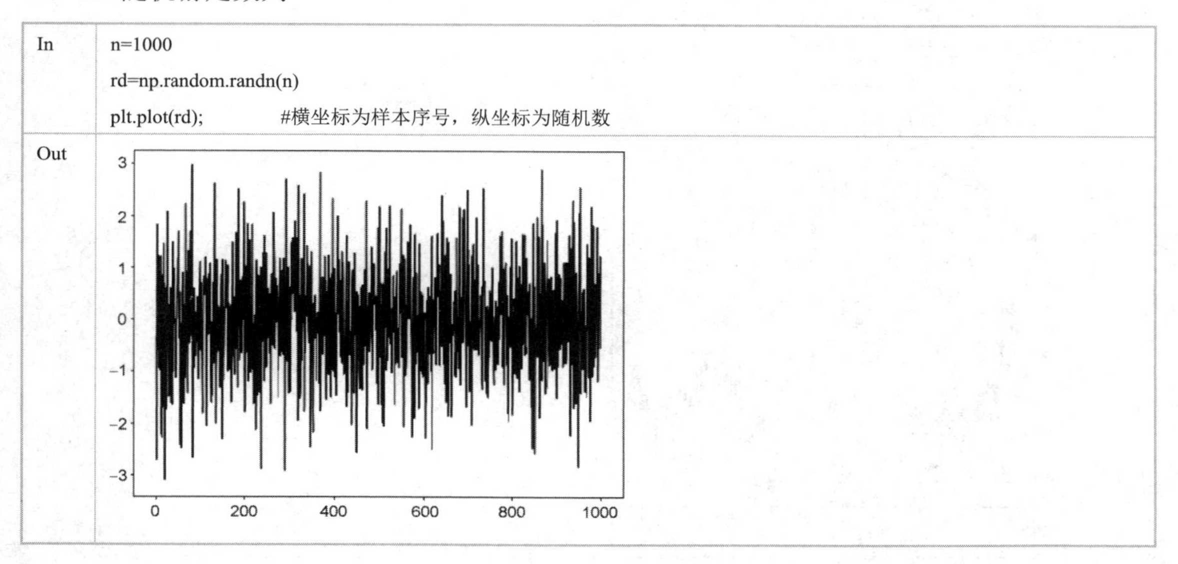

2）平稳时间序列

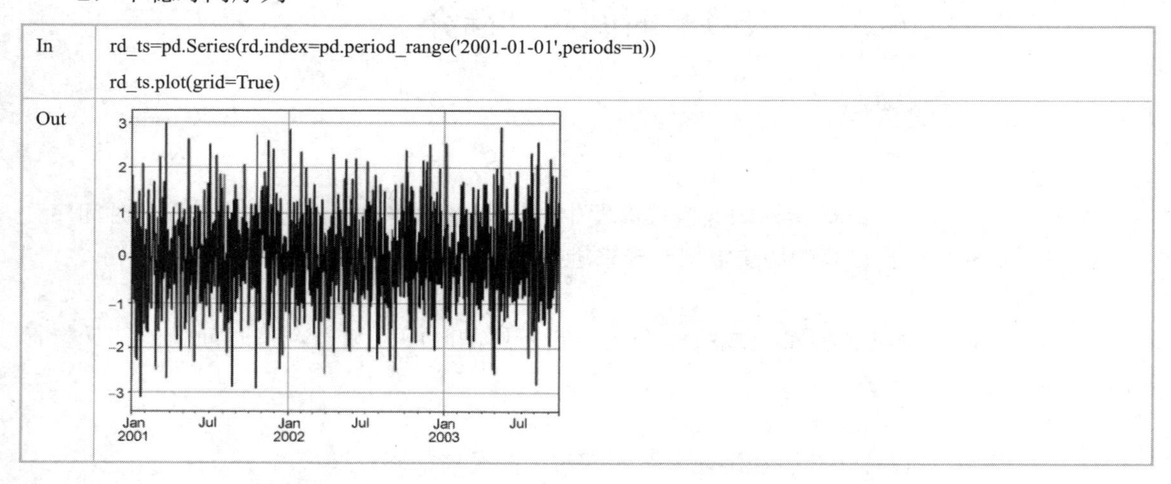

5.1.2.2 非平稳序列模拟

设 $R \sim N(\mu,\sigma^2)$，令 $\mu=0$, $\sigma=1$，而一个累积正态分布随机变量就是一个非平稳的时间序列，以下代码将产生 1000 个非平稳随机过程序列。

1）布朗运动序列

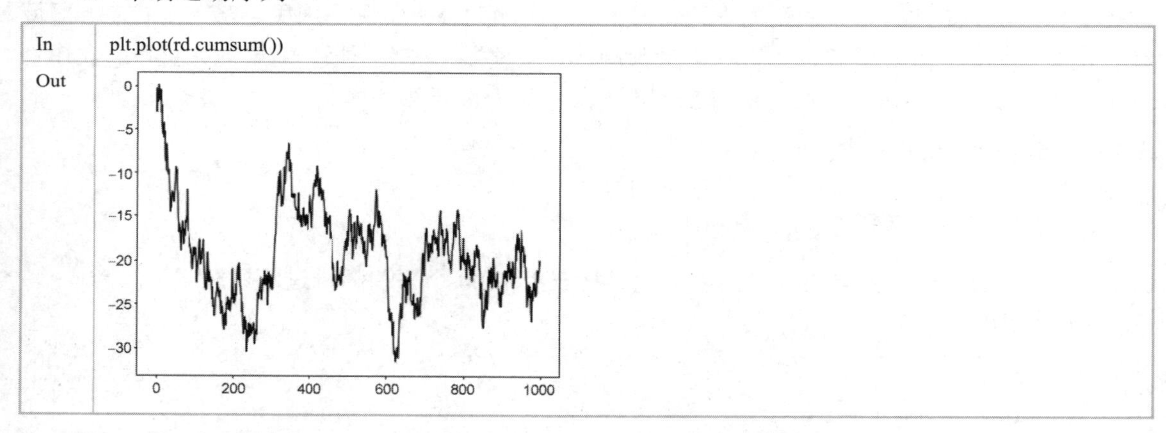

2）非平稳时间序列

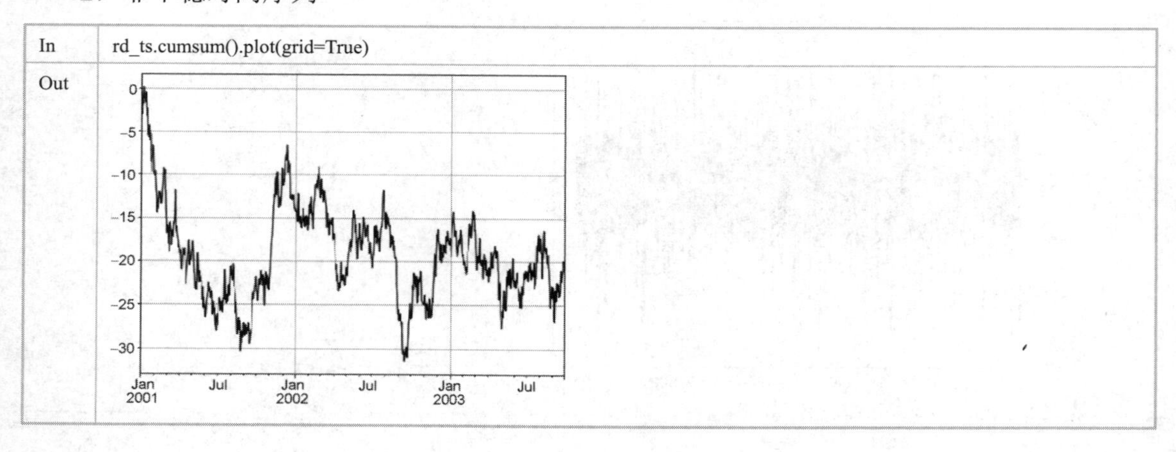

5.1.3　股票数据的分析

5.1.3.1　股票数据的读取

在例 2.3 中，收集了 2015 年 6 月 3 日至 2018 年 5 月 31 日沪深 300 指数的收盘价（Close）数据，共 732 个，并被存放在 PyDm2data.xlsx 文档的股票数据 TSdata 表中。

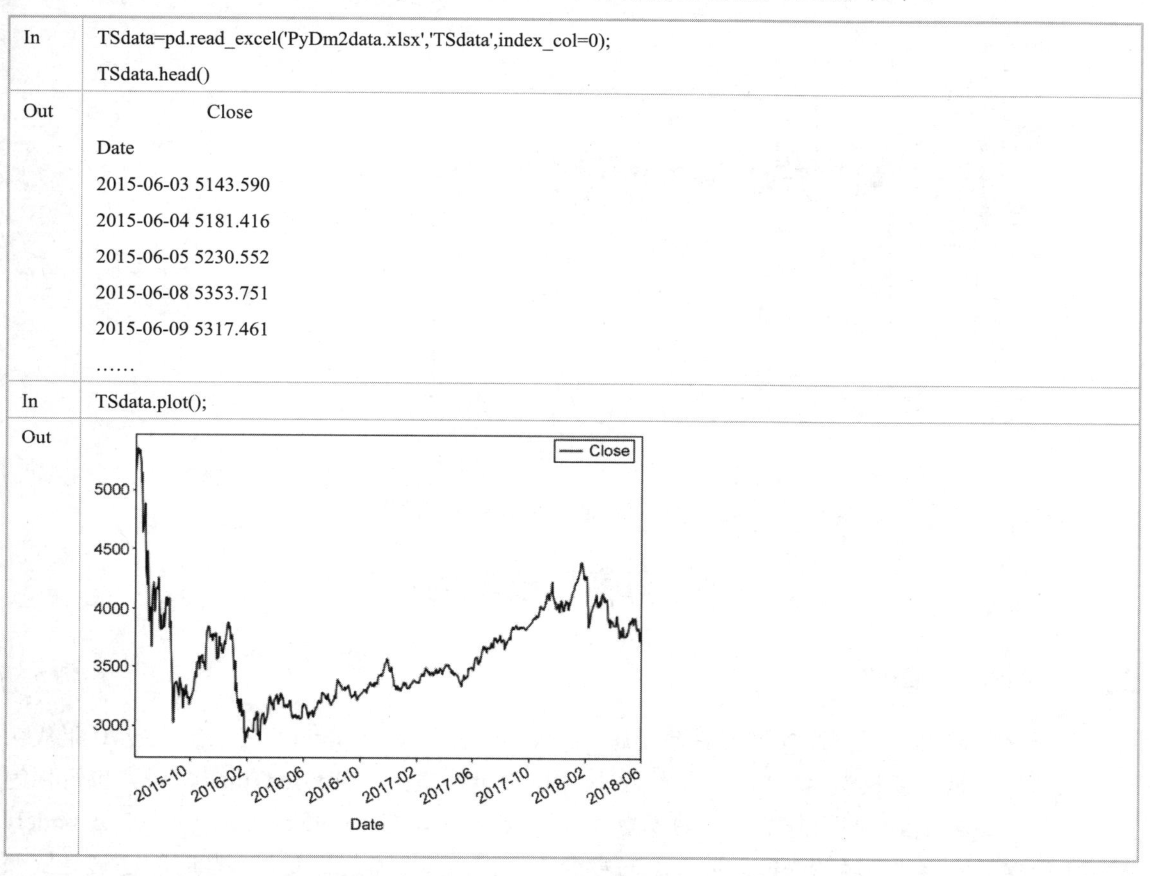

In
```
TSdata=pd.read_excel('PyDm2data.xlsx','TSdata',index_col=0);
TSdata.head()
```

Out
```
                Close
Date
2015-06-03 5143.590
2015-06-04 5181.416
2015-06-05 5230.552
2015-06-08 5353.751
2015-06-09 5317.461
……
```

In
```
TSdata.plot();
```

Out

显然，股票收盘价指数数据是典型的时间序列数据。

5.1.3.2　平均股价的统计

按年、月计算平均股价，计算方法及其 Python 实现如下。

In
```
def Return(Yt):   #计算收益率
  Rt=Yt/Yt.shift(1)-1 #Yt.diff()/Yt.shift(1)
  return(Rt)

Rt=Return(TSdata); Rt[:5]
```

Out
```
                Close
Date
2015-06-03   NaN
```

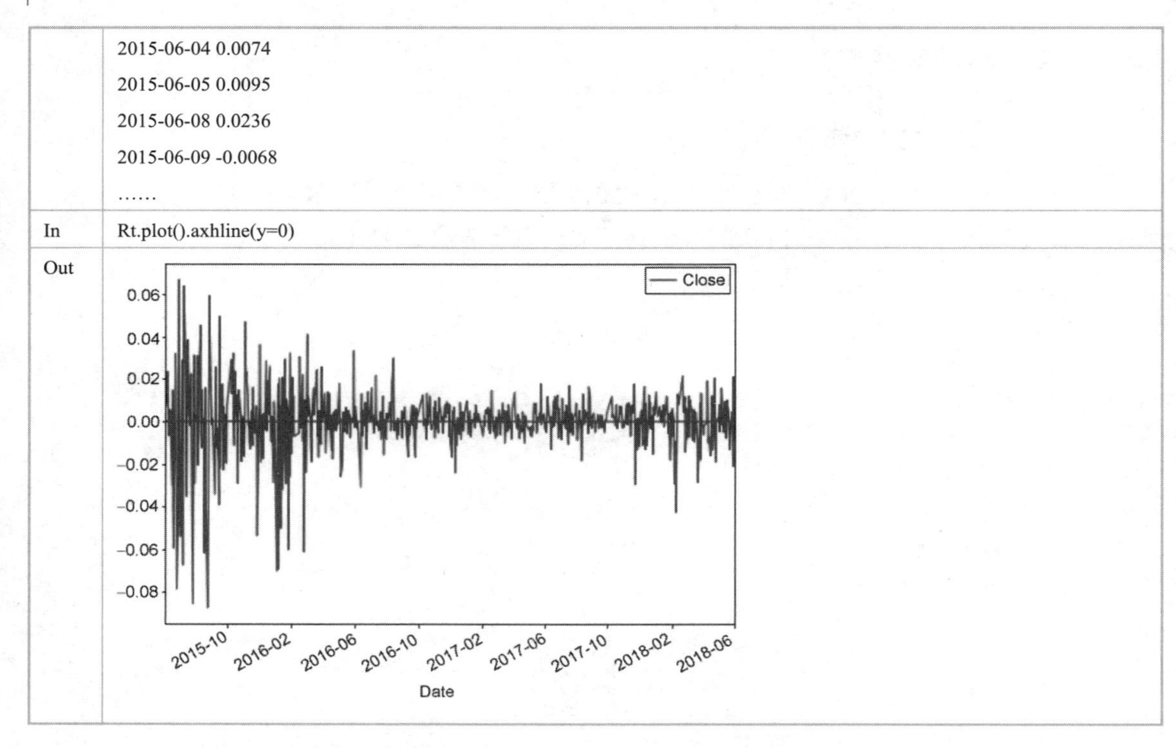

	2015-06-04 0.0074 2015-06-05 0.0095 2015-06-08 0.0236 2015-06-09 -0.0068 ……
In	Rt.plot().axhline(y=0)
Out	

可以看到，股票收益率是围绕 0 上下波动的时间序列数据。

5.2　时间序列模型的构建

5.2.1　ARIMA 模型

最著名的时间序列预测模型当属博克思（Box）和詹金斯（Jenkins）于 20 世纪 70 年代初提出的时间序列预测模型 ARIMA，又称为博克思-詹金斯模型（Box-Jenkins 模型），也可称为 B-J 方法，全称为自回归积分移动平均模型（AutoRegressive Integrated Moving Average model，ARIMA）。它是一种精度较高的时间序列短期分析方法，其基本思想是，某些时间序列是依赖于时间 t 的一组随机变量，构成该时间序列的单个序列值虽然具有不确定性，但整个序列的变化却有一定的规律性，可以用相应的数学模型近似描述，通过对该数学模型的分析研究，能够从本质上认识时间序列的结构与特征，并得到最有效的预测结果。ARIMA 模型被广泛运用在经济学、管理学、信息学及自然现象的预测上。

5.2.1.1　AR 模型

自回归模型（Auto Regressive model，AR 模型），是统计学中一种处理时间序列数据的方法，用同一变数（如 y_t 的前面各期，即 y_1～y_{t-1}）来预测本期（y_t）的表现，并假设它们为线性关系。因为这是从回归分析中的线性回归发展而来的，只是不用自变量预测 y_t，而是用 y_t 预测 y_{t+k}（自己），所以称为自回归。那么序列元素 y_t 与其过去的依赖性就很重要，存在这种依赖性的简单例子是自回归过程。1 阶自回归模型为

$$y_t = \phi_1 y_{t-1} + u_t$$

式中，u_t 为白噪声。

自回归模型描述$\{y_t\}$在某一时刻 t 和前 p 时刻序列值之间的线性关系，表示为

$$y_t = \phi_1 y_{t-1} + \phi_2 y_{t-2} + \cdots + \phi_p y_{t-p} + u_t$$

式中，随机序列$\{u_t\}$是白噪声，即 $u_t \sim N(0, \sigma^2)$且$\{u_t\}$与序列$\{y_t\}(k < t)$不相关，该模型为 p 阶自回归模型，记为 AR(p)。实参数 $\phi_1, \phi_2, \cdots, \phi_p$ 称为自回归系数，是模型的待估参数。

模拟 AR(1)模型：$y_t = 0.8y_{t-1} + u_t$，$u_t \sim N(0,1)$。

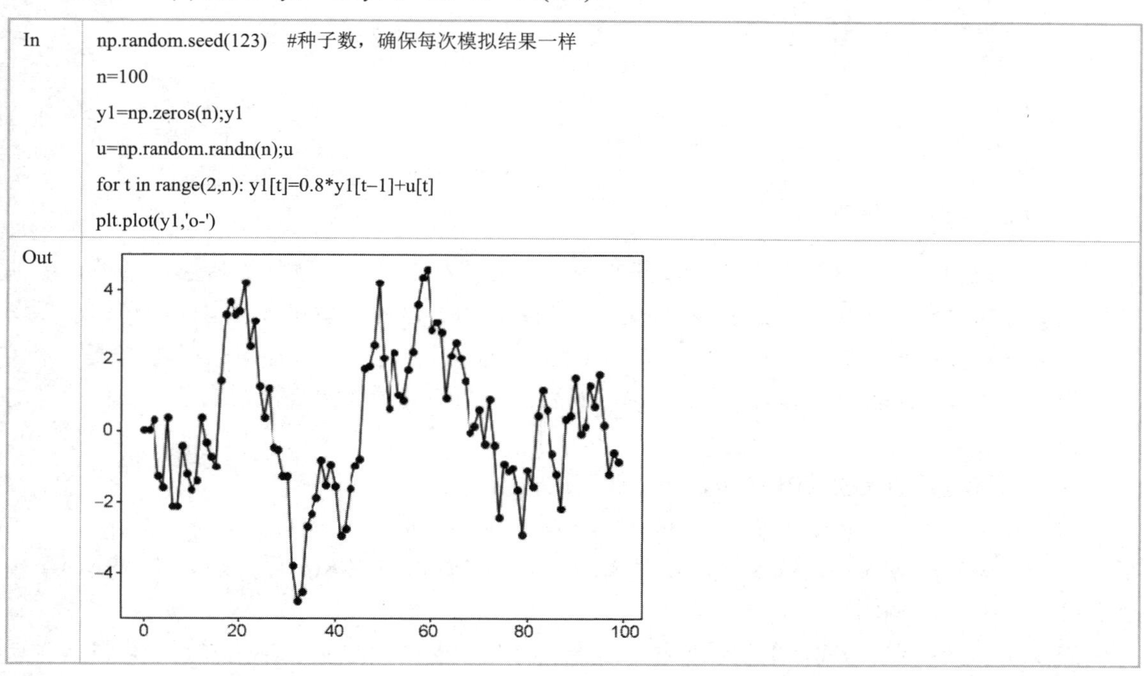

In
```
np.random.seed(123)  #种子数，确保每次模拟结果一样
n=100
y1=np.zeros(n);y1
u=np.random.randn(n);u
for t in range(2,n): y1[t]=0.8*y1[t-1]+u[t]
plt.plot(y1,'o-')
```

Out

5.2.1.2　MA 模型

移动平均模型将序列$\{y_t\}$表示为白噪声的线性加权。

1 阶移动平均模型表示为

$$y_t = u_t + \theta_1 u_{t-1}$$

q 阶移动平均模型表示为

$$y_t = u_t + \theta_1 u_{t-1} + \theta_2 u_{t-2} + \cdots + \theta_q u_{t-q}$$

记为 MA(q)。实参数 θ_1，θ_2，…，θ_q 为移动平均系数，是模型的待估参数。

模拟 MA(1)模型：$y_t = u_t + 0.6u_{t-1}$，$u_t \sim N(0,1)$。

In
```
np.random.seed(123)
y2=np.zeros(n);y2
u=np.random.randn(n);u
for t in range(2,n): y2[t]=u[t]+0.6*u[t-1]
plt.plot(y2,'o-')
```

Out

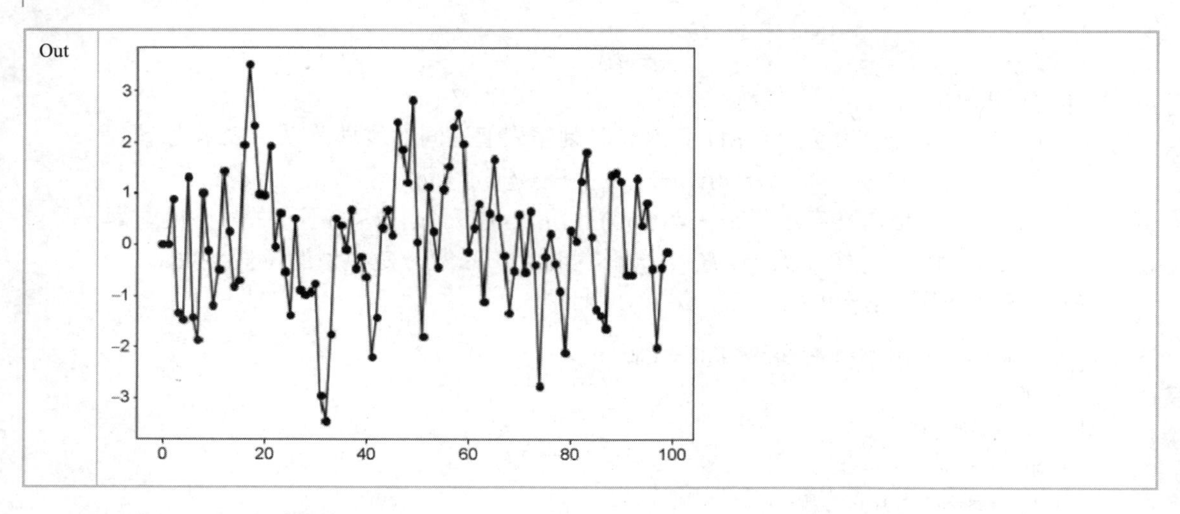

5.2.1.3 ARMA 模型

如果平稳随机过程既具有自回归过程的特性，又具有移动平均过程的特性，则不宜单独使用 AR(p)或 MA(q)模型，而需要两种模型混合使用。由于这种模型包含了自回归和移动平均两种成分，所以它的阶是二维的，由 p 和 q 两个数构成，其中 p 代表自回归成分的阶数，q 代表移动平均成分的阶数，记作 ARMA(p,q)，称为自回归移动平均混合模型或自回归移动平均模型。

自回归移动平均模型 ARMA(p,q)的一般表达式为

$$y_t = \phi_1 y_{t-1} + \phi_2 y_{t-2} + \cdots + \phi_p y_{t-p} + u_t + \theta_1 u_{t-1} + \theta_2 u_{t-2} + \cdots + \theta_q u_{t-q}$$

显然，ARMA(0,q)=MA(q)，ARMA(p,0)= AR(p)，因此，MA(q)和 AR(p)可分别看作 ARMA(p,q)当 p=0 和 q=0 时的特例。

当 p=1，q=0 时为最简单的自回归模型，称为 AR(1)模型，即 $y_t = \phi_1 y_{t-1} + u_t$。其中 u_t 为误差项[这里通常假定为白噪声，即标准正态分布 $N(0,\sigma^2)$]，ϕ_1 为偏自相关系数。

当 p=0，q=1 时为最简单的移动自回归模型，称为 MA(1)模型，即 $y_t = u_t + \theta_1 u_{t-1}$。

当 p=1，q=1 时为最简单的自回归移动平均模型，称为 ARMA(1,1)模型，即 $y_t = \phi_1 y_{t-1} + u_t + \theta_1 u_{t-1}$。

ARMA(p,q)模型的优点是能以较少的参数描写单用 AR(p)或 MA(q)模型不能简洁地描写时间序列数据的生成过程。在实际应用中，用 ARMA(p,q)拟合实际数据时所需阶数较低，p 和 q 的数值很少超过 2，因此，ARMA 模型在预测中具有很大的实用价值。

模拟 ARMA(1,1)模型：$y_t = 0.8y_{t-1} + u_t + 0.6u_{t-1}$。

In

```
np.random.seed(123)
y3=np.zeros(n);y3
u=np.random.randn(n);u
for t in range(2,n): y3[t]=0.8*y3[t-1]+u[t]+0.6*u[t-1]
plt.plot(y3,'o-')
```

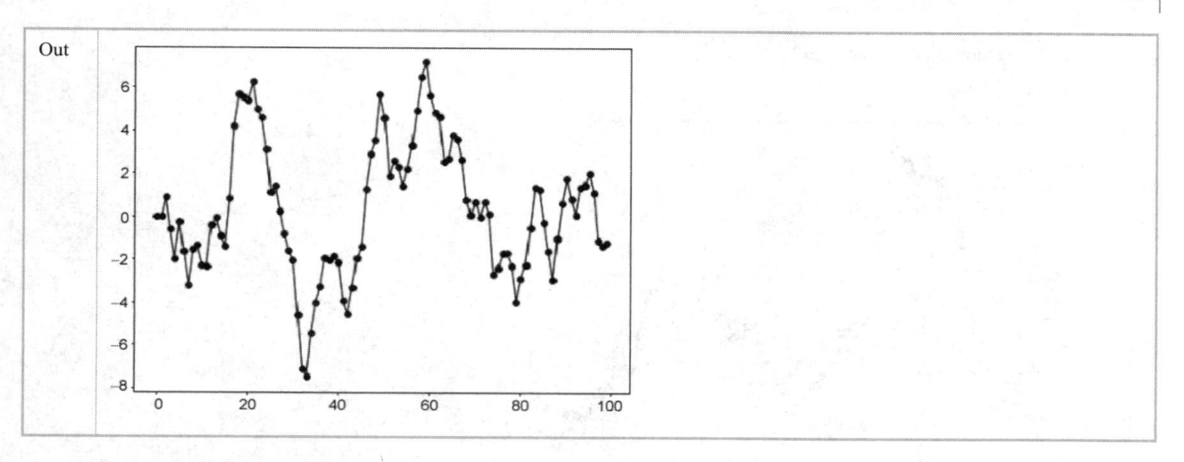

5.2.1.4　ARIMA 模型

ARIMA(p,d,q)也称为差分自回归移动平均模型。AR 为自回归，p 为自回归项数，MA 为移动平均，q 为移动平均项数，d 为时间序列转化为平稳时间序列时所做的差分次数。ARIMA 模型是指将非平稳时间序列转化为平稳时间序列，然后将因变量仅对它的滞后值及随机误差项的现在值和滞后值进行回归所建立的模型。ARIMA 模型根据原序列是否平稳和回归中所含部分的不同，包括移动平均过程（MA）、自回归过程（AR）、自回归移动平均过程（ARMA），以及差分自回归移动平均过程（ARIMA）。

ARIMA 模型的基本思想是，将预测对象随时间推移而形成的数据序列视为一个随机序列，用一定的数学模型来近似描述该序列。ARIMA 模型一旦被识别，就可以从时间序列的过去值及现在值来预测未来值。在某种程度上，现代统计方法、计量经济模型已经能够帮助企业对未来进行预测了。

1 阶差分自回归移动平均模型：

$$\Delta y_t = \phi_1\Delta y_{t-1} + \phi_2\Delta y_{t-2} + \cdots + \phi_p\Delta y_{t-p} + u_t + \theta_1 u_{t-1} + \theta_2 u_{t-2} + \cdots + \theta_q u_{t-q}$$

d 阶差分自回归移动平均模型：

$$\Delta^d y_t = \phi_1\Delta^d y_{t-1} + \phi_2\Delta^d y_{t-2} + \cdots + \phi_p\Delta^d y_{t-p} + u_t + \theta_1 u_{t-1} + \theta_2 u_{t-2} + \cdots + \theta_q u_{t-q}$$

d 阶差分自回归移动平均模型记为 ARIMA(p,d,q)。$\phi_1,\phi_2,\cdots,\phi_d$ 为自回归系数，$\theta_1,\theta_2,\cdots,\theta_q$ 为移动平均系数，都是模型的待估参数。

显然，ARIMA(0,0,q)=MA(q)，ARMA(p,0,0)= AR(p)，ARMA(p,0,q)= ARMA(p,q)。

从前面的分析可知，实际中 ARIMA(p,d,q)相当于 d 阶差分的 ARIMA(p,q)，所以，通常对差分数据建立 ARMA 模型即可获得 ARIMA 模型。d 阶差分定义为

$$\Delta^d Y_t = Y_t - \Delta Y_{t-d}$$

式中，$\Delta^d Y_t$ 度量了 Y_t 与其滞后 Y_{t-d} 之间的差值。

Python 语言中定义了一个差分函数 diff()，该函数的使用方法是 diff(x,d=1)，其中 d 表示差分阶数（默认为 1 阶），即 diff(x)表示 x 的 1 阶差分。

$$\Delta Y_t = Y_t - Y_{t-1}$$

In
```
np.random.seed(12)
n=100
```

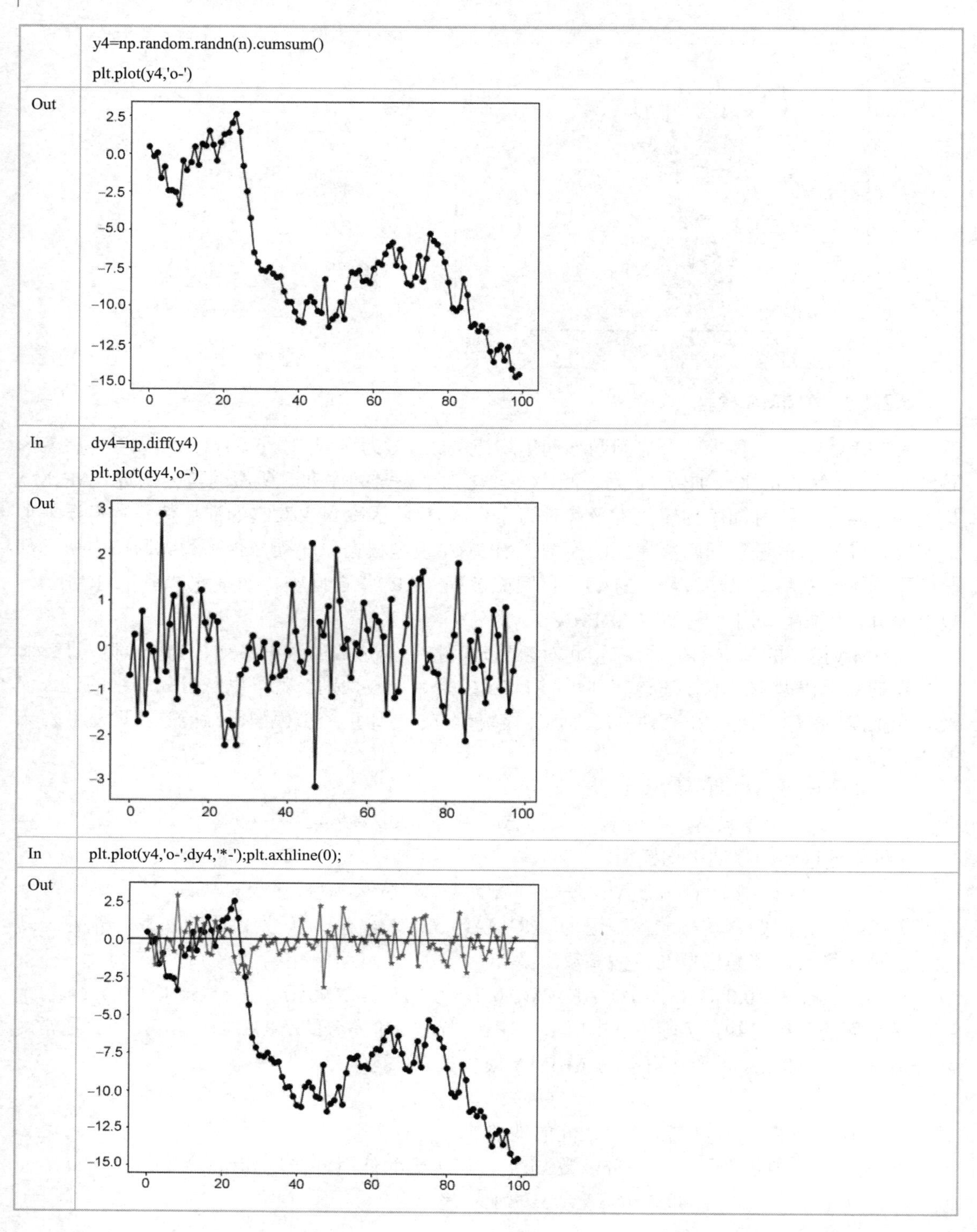

对 Y_t 取 1 阶差分 $\Delta Y_t = Y_t - Y_{t-1} = u_t$，$\Delta Y_t$ 为白噪声，由于白噪声是一个平稳序列，因此序列$\{\Delta Y_t\}$是平稳的。

5.2.2　ARMA 模型的构建

5.2.2.1　自相关性的检验

1）自相关系数计算

通常用自相关函数（autocorrelation function，acf）来计算序列 y_t 中任意两个元素之间的自相关程度。对随机过程$\{y_t\}$，样本 y_t 与 y_{t+k} 之间的自相关函数如下：

$$\hat{\rho}_k = \frac{\sum_{i=1}^{n-k}(y_t - \overline{y})(y_{t+k} - \overline{y})}{\sum_{i=1}^{n}(y_t - \overline{y})^2}$$

In	from statsmodels.graphics.tsaplots import acf,plot_acf np.round(acf(y2),3)
Out	array([1., 0.447, 0.086, 0.142, 0.013, 0.028, 0.049, 0.001, -0.023, 0.018, 0.05, 0.001, 0.005, -0.077, -0.329, -0.341, -0.248, -0.154, 0.033, -0.086, -0.156])

2）自相关系数图示

随机时间序列模型着重研究的是相关关系，因此自相关函数在时间序列模型中占有重要地位。需要注意的是，在实际识别时，样本自相关函数 $\hat{\rho}_k$ 只是总体自相关函数 ρ_k 的估计，由于样本具有随机性，故当 $k>q$ 时，$\hat{\rho}_k$ 不会全为 0，而是在 0 的上下波动。不过可以证明，当 $k>q$ 时，$\hat{\rho}_k$ 服从渐近正态分布，即 $\hat{\rho}_k \sim N(0,1/n)$，$n$ 为样本容量。

因此，如果计算的 $\hat{\rho}_k$ 满足 $|\hat{\rho}_k|<1.96/\sqrt{n}$，那么有 95%的把握判断原时间序列不存在自相关性。

In　plot_acf(y2);　#MA(1)模型的自相关系数

Out

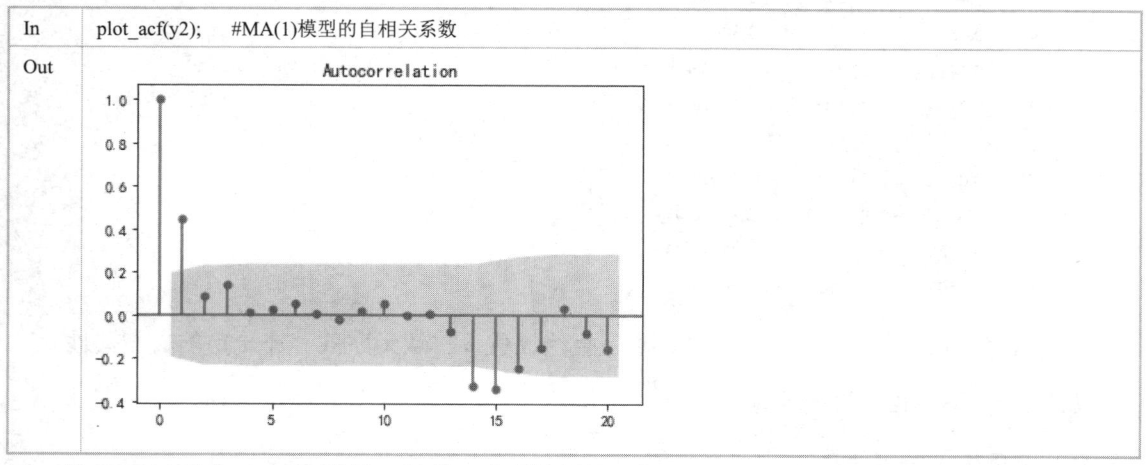

这里可以看出 MA 模型是 1 阶的，与模拟的一致。

3）自相关系数检验

① Box-Pierce 检验。

博克斯（Box）和皮尔斯（Pierce）提出的 Q 统计量可以检验时间序列的相关性。Q 统计量定义为

$$Q = n\sum_{k=1}^{m}\hat{\rho}_k^2$$

式中，n 为样本容量，m 为滞后长度。在大样本的情况下，它近似服从自由度为 m 的 χ^2 分布。若计算出的 Q 值大于在选定显著性水平下从 χ^2 分布表中查出的临界 Q 值，则拒绝所有真实的（r_k 都为 0）虚拟假设，这时序列不存在自相关性；否则，序列存在自相关性。

② Ljung-Box 检验。

1978 年，Ljung 和 Box 将博克斯和皮尔斯的 Q 统计量变形为 LB 统计量（Ljung-Box Statistic），其定义为

$$\text{LB} = n(n+2)\sum_{k=1}^{m}\left(\frac{\hat{\rho}_k^2}{n-k}\right) \sim \chi^2(m)$$

LB 统计量的检验过程与 Q 统计量的检验过程一样，但 LB 统计量比 Q 统计量有更好的小样本性质（在统计意义上更有效），所以 LB 统计量常用来检验小样本序列的相关性。如果其自相关系数都不显著，那么说明其序列不相关。

In
```
def ac_QP(Yt):
    import statsmodels.api as sm
    r,q,p = sm.tsa.acf(Yt, qstat=True)
    rqp=np.c_[r[1:], q, p]
    rqp=pd.DataFrame(rqp, columns=["AC", "Q", "Prob(>Q)"]);
    return(rqp)
```

In
```
ac_QP(y2)[:10]
```

Out
```
     AC       Q        Prob(>Q)
0    0.4469   20.5762  5.7304e-06
1    0.0865   21.3546  2.3062e-05
2    0.1424   23.4861  3.1977e-05
3    0.0130   23.5039  1.0041e-04
..   ...      ...      ...
6    0.0012   23.8511  1.2101e-03
7    -0.0229  23.9092  2.3735e-03
8    0.0180   23.9456  4.3881e-03
9    0.0503   24.2328  7.0059e-03
```

由于 Q 统计量的 P 值都小于 0.05，于是拒绝原假设，认为序列存在一定的自相关性。

5.2.2.2 偏自相关性的检验

1）偏自相关系数计算

自相关函数 acf_k 给出了 y_t 与 y_{t-k} 的总体相关性，但总体相关性可能掩盖了变量间不同的隐含关系。

与之相反，y_t 与 y_{t-k} 间的偏自相关函数（partial autocorrelation，pacf）是消除了中间变量 y_{t-1}，y_{t-2}，…，$y_{t-(k+1)}$ 带来的间接相关后的直接相关性，它是在已知序列值 y_{t-1}，y_{t-2}，…，$y_{t-(k+1)}$ 的条件下，y_t 与 y_{t-k} 间关系的度量，即 $\text{pacf}_k=\text{cor}(y_t, y_{t-k})$，指在排除了 k 个中间变量 y_{t-1}, y_{t-2}，…，

$y_{t-(k+1)}$的影响后，y_t和y_{t-k}的自相关系数。由于 acf 和 pacf 分别为 ϕ 和 θ 的函数，可据其初步判定时间序列所适合的阶数。

In	from statsmodels.graphics.tsaplots import pacf,plot_pacf np.round(pacf(y1),3)
Out	array([1., 0.836, 0.025, 0.028, -0.183, 0.094, -0.097, -0.015, -0.109, 0.012, -0.094, -0.156, -0.152,　-0.19 , -0.333, 0.056, 0.115, 0.072, 0.158, -0.397, 0.04])

2）偏自相关系数图示

要判断在 0.05 显著性水平下 pacf_k 是否为 0，只要考察其估计值是否落在区间$[-1.96/\sqrt{n},\ 1.96/\sqrt{n}]$即可。如果估计值落在此区间内，则 pacf_k 不显著，即确认 $\text{pacf}_k=0$；如果估计值落在此区间外，则 pacf_k 显著，即确认 $\text{pacf}_k\neq0$。

In	plot_pacf(y1);　#AR(1)模型的偏自相关系数
Out	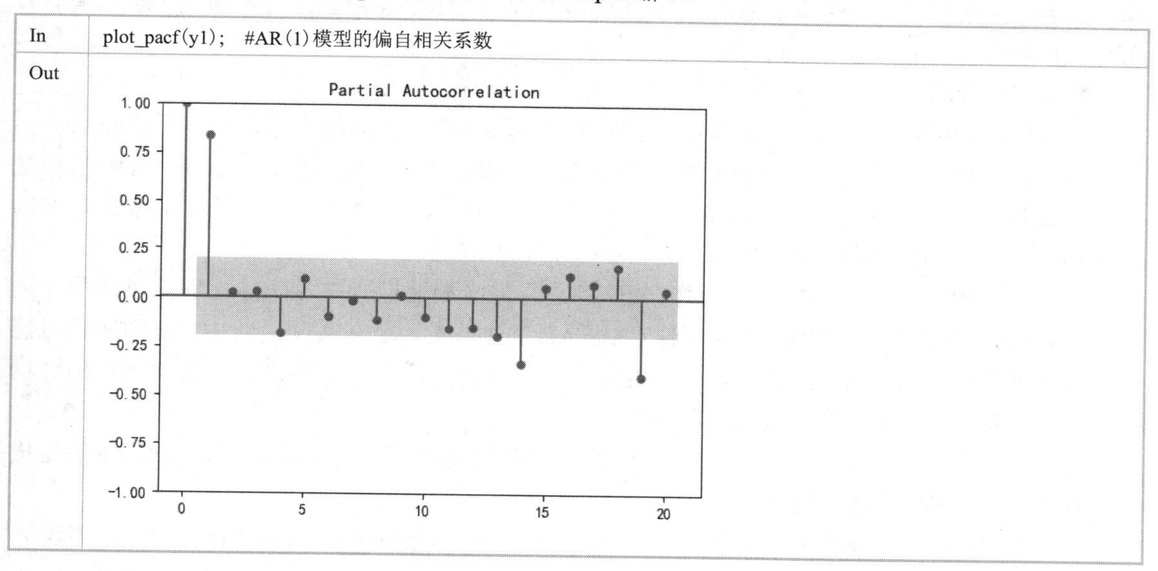

这里可以看出 AR 模型是 1 阶的，与模拟的一致。

5.2.2.3　序列的平稳性检验

在实际中遇到的时间序列数据很可能是非平稳序列，而平稳性在计量经济建模中又具有重要地位，因此有必要对观测值的时间序列数据进行平稳性检验。

对时间序列的平稳性除了通过散点图直观判断，运用统计量进行统计检验则是更为准确与重要的。单位根检验是平稳性检验中普遍应用的一种统计检验方法。单位根检验是建立 ARMA 模型、ARIMA 模型变量间的协整分析和因果关系检验等的基础。

1）单位根检验（DF）

随机游走序列 $Y_t = Y_{t-1} + u_t$ 是非平稳的，其中 u_t 是白噪声。而该序列可看成 1 阶自回归 AR(1)过程 $Y_t=\rho Y_{t-1}+u_t$ 中参数 $\rho=1$ 时的特例。也就是说，对式

$$Y_t=\rho Y_{t-1}+u_t$$

进行回归分析，如果确实发现 $\rho=1$，那么随机变量 Y_t 有一个单位根。可变成差分形式：

$$\Delta Y_t=(1-\rho)Y_{t-1}+u_t=\delta Y_{t-1}+u_t$$

检验是否存在单位根 $\rho=1$，也可通过判断是否有 $\delta=0$ 来实现。

一般地，检验一个时间序列 Y_t 的平稳性，可通过检验带有截距项的 1 阶自回归模型

$$Y_t=\alpha+\rho Y_{t-1}+u_t$$

中的参数 ρ 是否小于 1 来实现，或者检验其等价变形式

$$\Delta X_t=\alpha+\delta X_{t-1}+u_t$$

中的参数 δ 是否小于 0。

可以证明，当参数 $\rho>1$ 或 $\rho=1$ 时，时间序列是非平稳的，即 $\delta>0$ 或 $\delta=0$。因此，检验如下。

原假设 H_0：$\delta=0$；备择假设 H_1：$\delta<0$。

上述检验可通过普通最小二乘法下的 t 检验完成。

然而，在原假设（序列非平稳）下，即使在大样本下，t 统计量也是有偏误的（向下偏倚），通常 t 检验无法使用。

2）扩展单位根检验（ADF）

DF 检验存在的问题是，在检验所设定的模型时，当随机扰动项不存在自相关性时，大多数经济数据序列是不能满足此项假设的，当随机扰动项存在自相关性时，直接使用 DF 检验法会出现偏差，为了保证单位根检验的有效性，人们对 DF 检验进行扩展，从而形成了扩展的 DF 检验（Augmented Dickey-Fuller test），简称为 ADF 检验。

在上述使用 $\Delta Y_t=\alpha+\delta Y_{t-1}+u_t$ 对时间序列进行的平稳性检验中，实际上假定了时间序列是由具有白噪声随机误差项的 1 阶自回归过程 AR(1)生成的，但在实际检验中，时间序列可能由更高阶的自回归过程生成，或者随机误差项并非白噪声，这样用普通最小二乘法进行估计均会表现出随机误差项自相关，导致 DF 检验无效。

另外，如果时间序列包含明显的随时间变化的某种趋势（如上升或下降），则也容易造成上述检验中的自相关随机误差项问题。

为了保证 DF 检验中随机误差项的白噪声特性，Dicky 和 Fuller 对 DF 检验进行了扩充，形成了 ADF 检验。

ADF 检验的基本模型为

$$\text{模型 1：}\ Y_t=\gamma Y_{t-1}+\varepsilon_t$$

$$\text{模型 2：}\ Y_t=\alpha+\gamma Y_{t-1}+\varepsilon_t$$

$$\text{模型 3：}\ Y_t=\alpha+\beta t+\gamma Y_{t-1}+\varepsilon_t$$

式中，ε_t 为随机扰动项。

模型 3 中的 t 是时间变量，代表了时间序列随时间变化的某种趋势（如果有的话）。检验的假设都是针对 H_1: $\gamma<0$，检验 H_0: $\gamma=0$，即存在一个单位根。模型 1 与另两个模型的差别在于，是否包含常数项和趋势项。实际检验时从模型 3 开始，然后模型 2、模型 1。何时检验拒绝原假设，即原序列不存在单位根，为平稳序列，则何时检验停止；否则，继续检验，直到检验完模型 1 为止。

一个简单的检验过程：首先同时估计出上述三个模型的适当形式，然后通过 ADF 临界值表检验原假设 H_0：$\gamma=0$。

① 只要其中有一个模型的检验结果拒绝了原假设，就可以认为时间序列是平稳的。

② 当三个模型的检验结果都不能拒绝原假设时，认为时间序列是非平稳的。

模型适当的形式是指，在每个模型中选取适当的滞后差分项，以使模型的残差项是一个白噪声（主要保证不存在自相关）。

可以验证，y_1、y_2、y_3 都是平稳时间序列，下面使用 ADF 方法验证 y_4 和 dy_4 的平稳性。

In

```
from statsmodels.tsa.stattools import adfuller
def ADF(ts):                    #平稳性检验
  dftest = adfuller(ts)
  dfoutput = pd.Series(dftest[0:4], index=['Test Statistic','p-value',
              '#Lags Used','Number of Observations Used'])
  for key,value in dftest[4].items():
    dfoutput['Critical Value (%s)'%key] = value
  return round(dfoutput, 4)

ADF(y4)
```

Out

```
Test Statistic                  -1.0933
p-value                          0.7177
#Lags Used                       0.0000
Number of Observations Used     99.0000
Critical Value (1%)             -3.4982
Critical Value (5%)             -2.8912
Critical Value (10%)            -2.5826
```

In

```
ADF(dy4)
```

Out

```
Test Statistic                 -10.4611
p-value                          0.0000
#Lags Used                       0.0000
Number of Observations Used     98.0000
Critical Value (1%)             -3.4989
Critical Value (5%)             -2.8915
Critical Value (10%)            -2.5828
```

从检验结果可以看到，序列 y_4 是非平稳序列，而差分序列 dy_4 是平稳序列，符合模拟的设定。

对于平稳时间序列模型，可按前面的方法建立相应的 ARMA 模型进行分析。

5.2.3　ARMA 模型的建立与检验

运用 ARMA 模型的前提条件：作为分析对象的时间序列是一组零均值的平稳随机序列。平稳随机序列的统计特性不随时间的推移而变化，直观地说，平稳随机序列的线图无明显的上升或下降趋势。下面对前面模拟的 ARMA(1,1)模型

$$y_t = 0.8y_{t-1} + u_t + 0.6u_{t-1}$$

进行建模。

5.2.3.1 模型阶数的识别

ARMA(p,q)模型应用的最大难点是阶数 p、q 的识别，一般根据时间序列的样本自相关函数（acf）、偏自相关函数（pacf）的特点来选择模型的类型。

1）相关图识别

如果序列$\{y_t\}$的自相关函数和偏自相关函数皆无截断点，即它们均是拖尾的，那么可判定该序列为 ARMA 序列，如表 5-1 所示。

表 5-1 ARMA(p,q)模型的 acf 和 pacf 理论模式

模　型	acf	pacf
AR(p)	衰减趋于 0 或振荡	p 阶截尾
MA(q)	q 阶截尾	衰减趋于 0 或振荡
ARMA(p,q)	q 阶后衰减趋于 0 或振荡	p 阶后衰减趋于 0 或振荡

具体见后面的自相关图和偏自相关图。

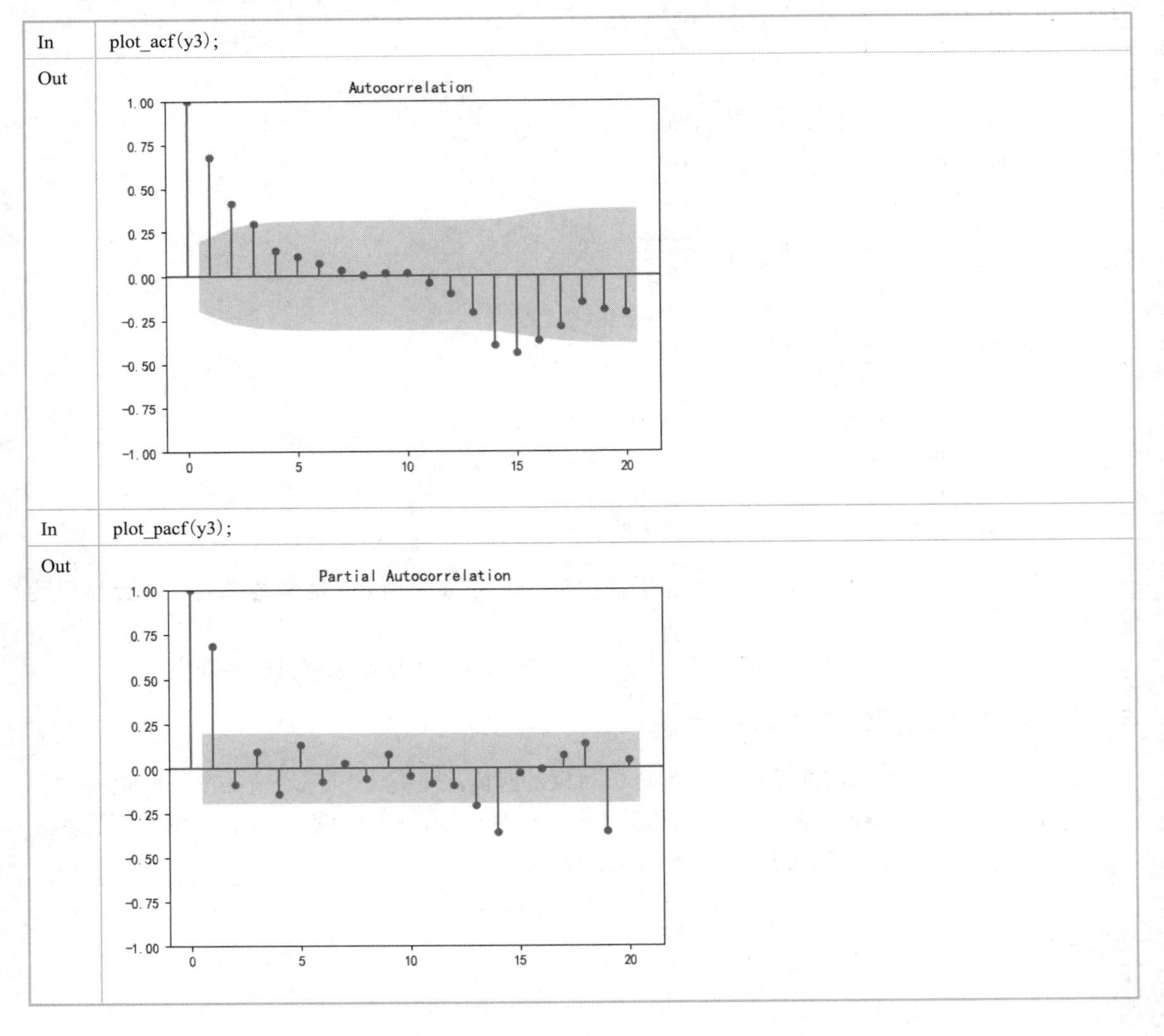

用 acf 和 pacf 图示法确定 p 和 q 有时是不可靠的，因为很难同时满足要求。例如，我们从上面的自相关图和偏自相关图很难确定 ARMA 模型的阶数。

下面用信息量准则来确定 p 和 q 的阶数。

2）信息量识别

自相关函数和偏自相关函数只能初步断定序列$\{y_t\}$是否为 ARMA 模型（因为自相关函数和偏自相关函数都是拖尾的），但不能确定其阶数，这时需要采用一定的定阶准则，目前选择模型常用如下准则：

赤池信息量（akaike information criterion）：$\text{AIC} = -2\ln(L) + 2k$

贝叶斯信息量（bayesian information criterion）：$\text{BIC} = -2\ln(L) + \ln(n)\times k$

汉南-奎因信息量（quinn criterion）：$\text{HQIC} = -2\ln(L) + \ln(\ln(n))\times k$

这里 L 为模型的剩余残差平方和，n 为样本量，k 为与 p 和 q 相关的常数，对于由低阶到高阶不同的 p、q 取值，分别建立模型并进行参数估计，比较各模型的 AIC 值，使其达到最小的 p_0、q_0，这时(p_0,q_0)为最佳模型阶数，构造这些统计量所遵循的统计思想是一致的，就是在考虑拟合残差的同时，依自变量个数施加“惩罚”。要注意的是，这些准则不能说明某个模型的精确度，也就是说，对于三个模型 A、B、C，我们能够判断出 C 模型是最好的，但并不能保证 C 模型能够很好地刻画数据，因为有可能三个模型都是糟糕的。

ARMA 模型的阶数确定是一种困难的事，目前还没有最好的方法，statsmodels.tsa.stattools 包中的 arma_order_select_ic()函数提供了一种自动给出 ARMA(p,q)的 p、q 值的算法。

下面分别对模拟的模型数据 y_1、y_2、y_3 确定其阶数。

In
```
import statsmodels.tsa.stattools as ts
ts.arma_order_select_ic(y1,max_ar=3,max_ma=3,ic=['aic','bic','hqic'])
```

Out
```
{'aic':  0         1         2         3
 0  426.0238  356.8598  345.0373  324.2615
 1  313.0596  315.0040  316.9536  315.6728
 2  315.0074  315.3100  316.3193  316.6230
 3  316.9137  315.9222  317.2552  318.5261,
 'bic':  0         1         2         3
 0  431.2342  364.6753  355.4580  337.2874
 1  320.8752  325.4247  329.9795  331.3038
 2  325.4281  328.3359  331.9504  334.8591
 3  329.9395  331.5533  335.4914  339.3675,
 'hqic': 0        1         2         3
 0  428.1325  360.0229  349.2547  329.5333
 1  316.2227  319.2215  322.2254  321.9989
 2  319.2249  320.5818  322.6455  324.0035
 3  322.1855  322.2484  324.6358  326.9610,
 'aic_min_order': (1, 0),
 'bic_min_order': (1, 0),
 'hqic_min_order': (1, 0)}
```

In	ts.arma_order_select_ic(y2,max_ar=3,max_ma=3,ic=['aic','bic','hqic'])
Out	{'aic': 0 1 2 3 0 342.4850 312.3307 313.2707 312.9863 1 322.4208 312.8735 314.5230 314.8567 2 322.4436 313.9353 315.1762 316.1938 3 320.0879 314.5264 316.3850 318.1736, 'bic': 0 1 2 3 0 347.6954 320.1462 323.6914 326.0122 1 330.2363 323.2941 327.5488 330.4878 2 332.8643 326.9612 330.8072 334.4300 3 333.1137 330.1574 334.6212 339.0150, 'hqic': 0 1 2 3 0 344.5938 315.4938 317.4881 318.2581 1 325.5839 317.0909 319.7948 321.1829 2 326.6610 319.2071 321.5023 323.5743 3 325.3597 320.8526 323.7656 326.6085, 'aic_min_order': (0, 1), 'bic_min_order': (0, 1), 'hqic_min_order': (0, 1)}
In	ts.arma_order_select_ic(y3,max_ar=3,max_ma=3,ic=['aic', 'bic','hqic'])
Out	{'aic': 0 1 2 3 0 372.8687 321.9213 320.5879 313.1552 1 313.8978 314.8443 315.1162 314.4327 2 315.1977 312.9853 314.6610 316.1815 3 316.3022 314.5437 317.4031 318.0288, 'bic': 0 1 2 3 0 378.0790 329.7368 331.0086 326.1811 1 321.7133 325.2650 328.1420 330.0637 2 325.6183 326.0112 330.2921 334.4177 3 329.3280 330.1747 335.6392 338.8701, 'hqic': 0 1 2 3 0 374.9774 325.0844 324.8053 318.4270 1 317.0609 319.0618 320.3880 320.7588 2 319.4151 318.2571 320.9872 323.5620 3 321.5739 320.8699 324.7836 326.4636, 'aic_min_order': (2, 1), 'bic_min_order': (1, 0), 'hqic_min_order': (1, 0)}

根据 BIC 信息量准则，y_1 序列的阶数为(1,0)，即 AR(1)模型；y_2 序列的阶数为(0,1)，即 MR(1)模型；y_3 序列的阶数为(1,1)，即 ARMA(1,1)模型。但自动给出的模型参数 p=2，q=1，不完全符合我们模拟的模型。

5.2.3.2　参数估计与检验

ARMA 模型的参数估计方法较多，都可以按照线性回归模型思路去做，本书不进一步展开，计算过程颇为复杂，在实际工作中，一般使用通用软件进行估计。

1）估计模型 AR(1)：$y_t = 0.8y_{t-1} + u_t$

In

```
from statsmodels.tsa.arima.model import ARIMA
y1_arma=ARIMA(y1,order=(1,0,0)).fit()
print(y1_arma.summary())
```

Out

```
-
                    SARIMAX Results
==============================================================================
Dep. Variable:                    y   No. Observations:                  100
Model:               ARIMA(1, 0, 0)   Log Likelihood                -153.530
Date:              Wed, 19 Apr 2023   AIC                            313.060
Time:                      10:59:32   BIC                            320.875
Sample:                           0   HQIC                           316.223
                              - 100
Covariance Type:                opg
==============================================================================
                 coef    std err          z      P>|z|      [0.025      0.975]
------------------------------------------------------------------------------
const          0.1233      0.628      0.196      0.844      -1.107       1.354
ar.L1          0.8220      0.057     14.458      0.000       0.711       0.933
sigma2         1.2479      0.210      5.944      0.000       0.836       1.659
===================================================================================
Ljung-Box (L1) (Q):                   0.01   Jarque-Bera (JB):                 1.43
Prob(Q):                              0.91   Prob(JB):                         0.49
Heteroskedasticity (H):               0.74   Skew:                             0.04
Prob(H) (two-sided):                  0.40   Kurtosis:                         2.42
===================================================================================
Warnings:
[1] Covariance matrix calculated using the outer product of gradients (complex-step).
```

估计的结果和模拟模型 AR(1)：$y_t = 0.8y_{t-1} + u_t$ 基本吻合，常数项不显著。

2）估计模型 MA(1)：$y_t = u_t + 0.6u_{t-1}$

In

```
ARIMA(y2,order=(0,0,1)).fit().summary()
```

Out

```
SARIMAX Results
==============================================================================
Dep. Variable:                    y   No. Observations:                  100
Model:               ARIMA(0, 0, 1)   Log Likelihood                -153.165
Date:              Thu, 20 Apr 2023   AIC                            312.331
```

```
Time:                     17:25:06   BIC                          320.146
Sample:                          0   HQIC                         315.494
- 100
Covariance Type:               opg
==============================================================================
                 coef    std err          z      P>|z|      [0.025      0.975]
------------------------------------------------------------------------------
const          0.0521      0.190      0.274      0.784      -0.321       0.425
ma.L1          0.7051      0.073      9.621      0.000       0.561       0.849
sigma2         1.2443      0.209      5.953      0.000       0.835       1.654
==============================================================================
Ljung-Box (L1) (Q):              0.61   Jarque-Bera (JB):              1.36
Prob(Q):                         0.43   Prob(JB):                      0.51
Heteroskedasticity (H):          0.76   Skew:                         -0.00
Prob(H) (two-sided):             0.44   Kurtosis:                      2.43
==============================================================================

Warnings:
[1] Covariance matrix calculated using the outer product of gradients (complex-step).
```

估计的结果和模拟模型 MA(1)：$y_t = u_t + 0.6u_{t-1}$ 基本吻合，常数项不显著。

3）估计模型 ARMR(1,1)：$y_t = 0.8y_{t-1} + u_t + 0.6u_{t-1}$

In
```
ARIMA(y3,order=(1,0,1)).fit().summary()
```

Out
```
                               SARIMAX Results
==============================================================================
Dep. Variable:                      y   No. Observations:                  100
Model:                 ARIMA(1, 1, 0)   Log Likelihood                -160.824
Date:                Thu, 20 Apr 2023   AIC                            325.648
Time:                        16:51:06   BIC                            330.838
Sample:                             0   HQIC                           327.748
                                - 100
Covariance Type:                  opg
==============================================================================
                 coef    std err          z      P>|z|      [0.025      0.975]
------------------------------------------------------------------------------
ar.L1         -0.0897      0.107     -0.842      0.400      -0.299       0.119
sigma2         1.5083      0.258      5.836      0.000       1.002       2.015
==============================================================================
Ljung-Box (L1) (Q):              0.05   Jarque-Bera (JB):              1.83
Prob(Q):                         0.82   Prob(JB):                      0.40
Heteroskedasticity (H):          0.92   Skew:                          0.13
Prob(H) (two-sided):             0.82   Kurtosis:                      2.39
==============================================================================
```

```
Warnings:
[1] Covariance matrix calculated using the outer product of gradients (complex-step).
```

估计的结果和模拟模型 ARMR(1,1)：$y_t = 0.8y_{t-1} + u_t + 0.6u_{t-1}$ 不太吻合。

In
```
plt.plot(y3,'o-',ARIMA(y3,order=(1,0,1)).fit().fittedvalues);
```

Out

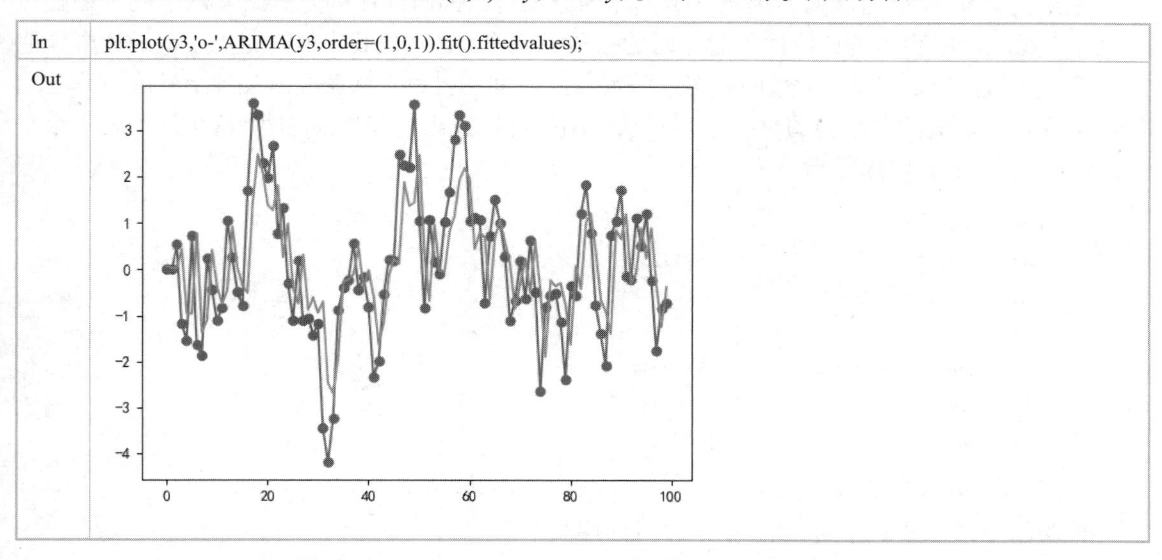

ARMA 模型的参数检验和模型检验类似于回归模型的参数检验和模型检验，原理和公式相对较复杂，在此予以省略，感兴趣者可参考相关文献。

5.3　时间序列模型的应用

下面针对沪深 300 指数收盘价建立 ARIMA 模型，取 2015 年 4 月至 2018 年 4 月的数据作为训练样本，2018 年 5 月的数据作为预测对照样本。

In
```
Ct=TSdata['2015-04':'2018-04'].Close;
Ct.plot()
```

Out

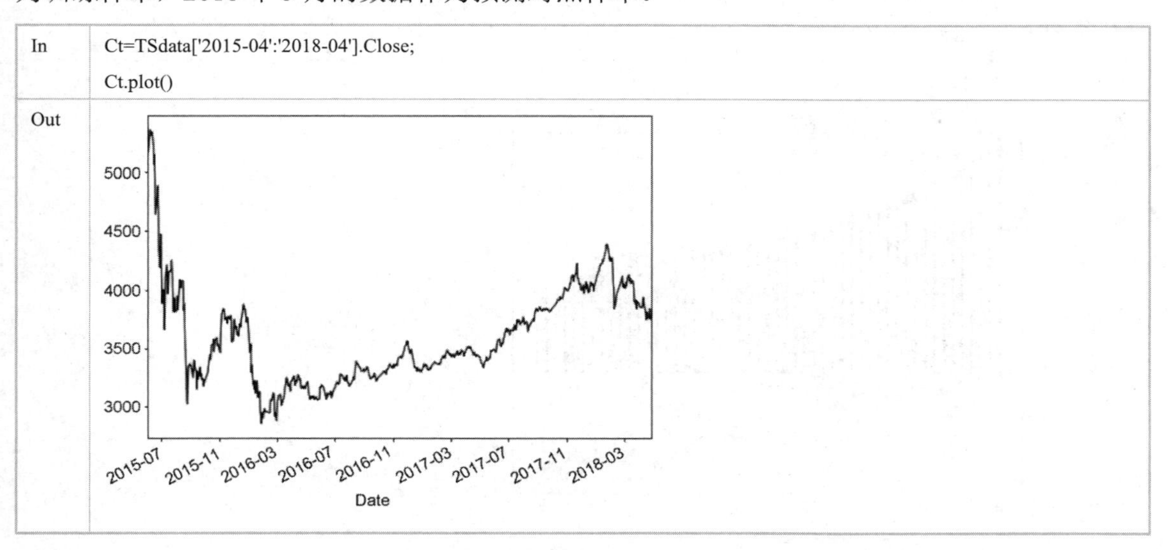

5.3.1　模型的预处理

5.3.1.1　平稳性验证

运用博克斯-詹金斯法的前提条件是，作为分析对象的时间序列是一组零均值的平稳随机序列。平稳随机序列的统计特性不随时间的推移而变化。直观地说，平稳随机序列的线图无明显上升或下降趋势。但是，大量的社会经济现象随时间的推移，总表现出某种上升或下降的趋势，构成非零均值的非平稳的时间序列。从上图中可以看出，2016 年的收盘价基本是一个平稳序列，下面进行 ADF 检验。

In	ADF(Ct)	
Out	Test Statistic	–3.7320
	p-value	0.0037
	#Lags Used	14.0000
	Number of Observations Used	694.0000
	Critical Value (1%)	–3.4398
	Critical Value (5%)	–2.8657
	Critical Value (10%)	–2.5690

检验结果证明了 Ct 序列是一个平稳时间序列。

5.3.1.2　模型阶选择

首先，绘制相应的时间序列图，判断时间序列有无上升或下降趋势、异常点、缺失点和结构变化。如果存在趋势，则需要进行差分，异常点则需要修正或去除等。然后，绘制样本自相关函数图和偏自相关函数图，并与理论 ARMA 模型的自相关函数图和偏自相关函数图进行比较，选择可能合适的模型。模型选择的准则可以采用 AIC 或 BIC 等准则。

博克斯-詹金斯法是以时间序列的自相关分析为基础的，以便识别时间序列的模式，实现建模的任务。

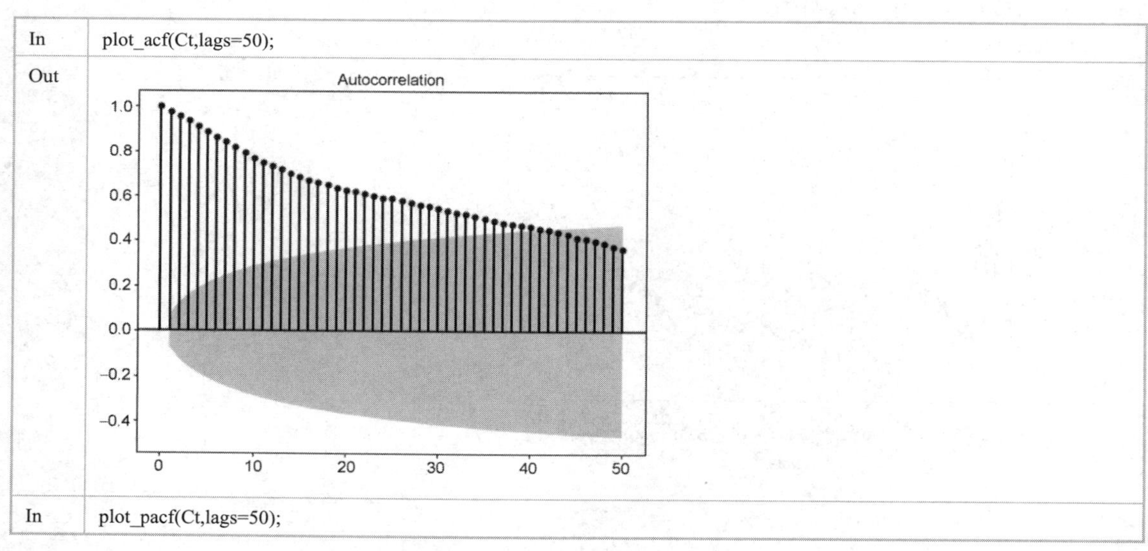

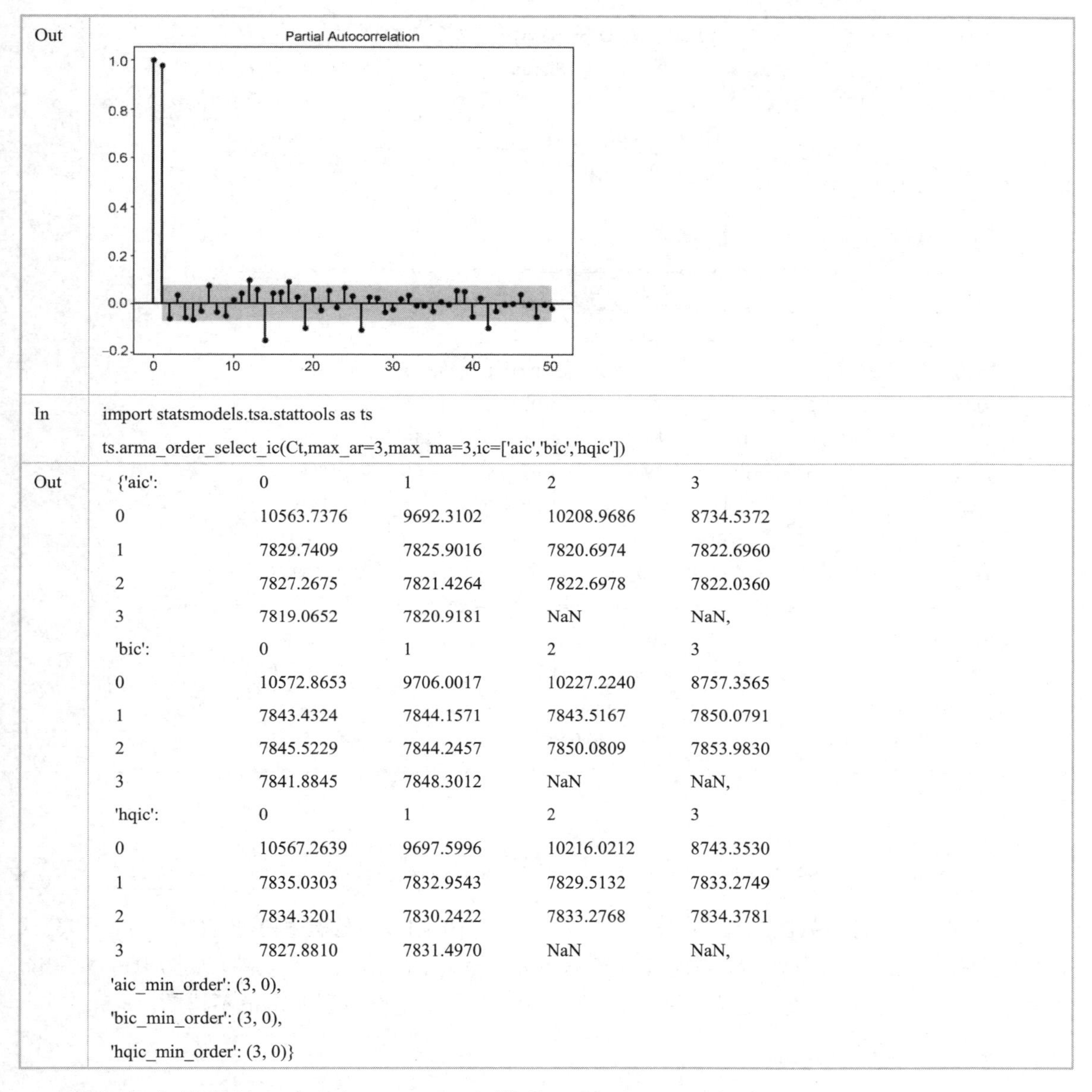

In

```
import statsmodels.tsa.stattools as ts
ts.arma_order_select_ic(Ct,max_ar=3,max_ma=3,ic=['aic','bic','hqic'])
```

Out

```
{'aic':     0            1            2            3
 0          10563.7376   9692.3102    10208.9686   8734.5372
 1          7829.7409    7825.9016    7820.6974    7822.6960
 2          7827.2675    7821.4264    7822.6978    7822.0360
 3          7819.0652    7820.9181    NaN          NaN,
 'bic':     0            1            2            3
 0          10572.8653   9706.0017    10227.2240   8757.3565
 1          7843.4324    7844.1571    7843.5167    7850.0791
 2          7845.5229    7844.2457    7850.0809    7853.9830
 3          7841.8845    7848.3012    NaN          NaN,
 'hqic':    0            1            2            3
 0          10567.2639   9697.5996    10216.0212   8743.3530
 1          7835.0303    7832.9543    7829.5132    7833.2749
 2          7834.3201    7830.2422    7833.2768    7834.3781
 3          7827.8810    7831.4970    NaN          NaN,
 'aic_min_order': (3, 0),
 'bic_min_order': (3, 0),
 'hqic_min_order': (3, 0)}
```

根据信息量准则，可选取 ARMA(3,0)模型。

5.3.2　模型的估计与检验

ARMA 模型的参数估计方法较多，但都可以按照线性回归模型思路去做，本书不进一步展开。而 ARMA(p,q)的参数估计需要用非线性估计法，计算过程颇为复杂，在实际工作中一般使用通用软件进行估计。

In

```
from statsmodels.tsa.arima.model import ARIMA
Ct_ARMA=ARIMA(Ct,order=(3,0,2)).fit()
print(Ct_ARMA.summary())
```

Out

```
SARIMAX Results
==============================================================================
```

```
Dep. Variable:                    Close   No. Observations:                  709
Model:                   ARIMA(3, 0, 2)   Log Likelihood               -3878.470
Date:                  Thu, 20 Apr 2023   AIC                           7770.940
Time:                          17:29:49   BIC                           7802.887
Sample:                               0   HQIC                          7783.282
- 709
Covariance Type:                    opg
==============================================================================
                 coef    std err          z      P>|z|      [0.025      0.975]
------------------------------------------------------------------------------
const       3596.0956    449.715      7.996      0.000    2714.670    4477.521
ar.L1          1.0282      0.008    127.423      0.000       1.012       1.044
ar.L2         -1.0051      0.010    -99.500      0.000      -1.025      -0.985
ar.L3          0.9685      0.008    119.671      0.000       0.953       0.984
ma.L1          0.0274      0.012      2.352      0.019       0.005       0.050
ma.L2          0.9163      0.019     49.346      0.000       0.880       0.953
sigma2      3067.6379     74.874     40.971      0.000    2920.887    3214.389
===================================================================================
Ljung-Box (L1) (Q):                   0.39   Jarque-Bera (JB):              1621.88
Prob(Q):                              0.53   Prob(JB):                         0.00
Heteroskedasticity (H):               0.16   Skew:                            -1.19
Prob(H) (two-sided):                  0.00   Kurtosis:                        10.02
===================================================================================

Warnings:
[1] Covariance matrix calculated using the outer product of gradients (complex-step).
```

ARMA 模型的参数检验和模型检验类似于回归模型的参数检验和模型检验，原理和公式相对较复杂，在此予以省略，感兴趣者可参考相关文献。下面是拟合效果图，从图中可以看出，不考虑其他因素影响，我们建立的单纯的沪深 300 指数收盘价模型还是很不错的。

In
```
plt.plot(Ct,'o-',Ct_ARMA.fittedvalues);
```

Out

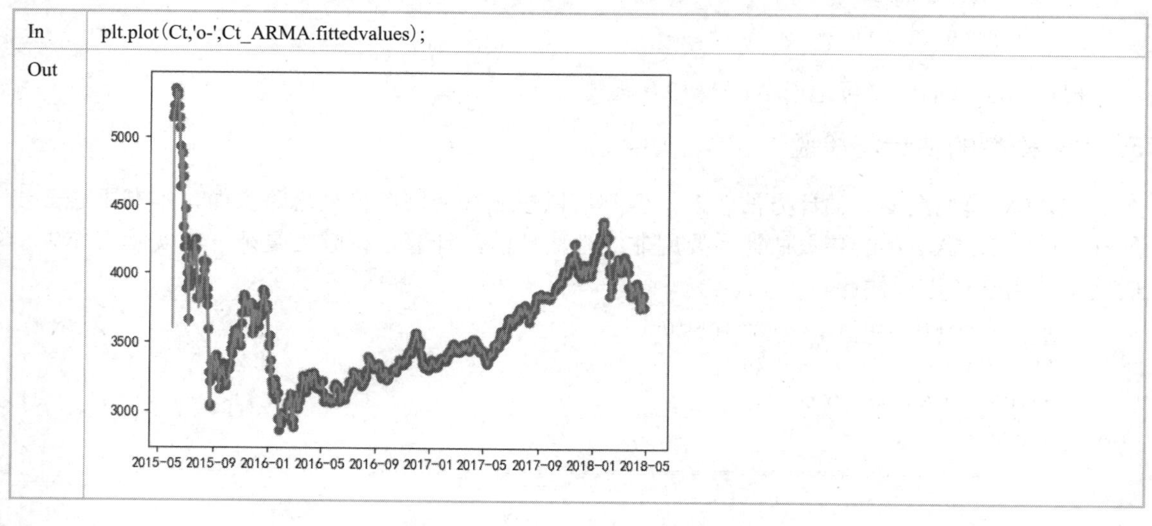

5.3.3　模型的预测分析

建立模型的一大用途就是用其进行预测。若实际的数据生成过程是已知的，并且$\{y_t\}$和$\{u_t\}$的现在和过去各期的数值也已知，则可以以现在为原点，根据已掌握的信息，使用条件期望的方法对序列$\{y_t\}$未来各期数值进行预测。与回归分析模型一样，在 Python 中进行模型预测的函数为 forecast()，但这里是没有自变量的，是向前预测期数。

In
```
Ct_05=pd.DataFrame({'实际值':TSdata['2018-05'].Close});  #2018-05 收盘价数据
Ct_05['预测值']=Ct_ARMA.forecast(22).tolist()            #模型预测数据
Ct_05['绝对误差']=Ct_05['实际值']-Ct_05['预测值'];
Ct_05['相对误差(%)']=Ct_05['绝对误差']/Ct_05['实际值']*100;
Ct_05
```

Out

	实际值	预测值	绝对误差	相对误差(%)
Date				
2018-05-02	3763.65	3759.1541	4.4959	0.1195
2018-05-03	3793	3773.435	19.565	0.5158
2018-05-04	3774.6	3770.2648	4.3352	0.1149
2018-05-07	3834.19	3754.8535	79.3365	2.0692
...	...	...	...	...
2018-05-28	3816.5	3758.821	57.679	1.5113
2018-05-29	3833.26	3759.3574	73.9026	1.9279
2018-05-30	3804.01	3746.864	57.146	1.5023
2018-05-31	3723.37	3744.6197	-21.2497	-0.5707

可以看出，模型的预测效果还是不错的。

数据及练习 5

5.1　AirPassengers 数据集（来自 PyDataset 包）包含了 1949—1960 年月度国际航班乘客总人数的数据。该数据是时间序列格式，单位为千人。

（1）请画出该数据的线图。

（2）试分别构建 AR、MR、ARMA 和 ARIMA 模型。

5.2　Lake Huron 数据集（来自 PyDataset 包）包含了 1875—1972 年休伦湖水位的年度测量值（以英尺为单位）数据。

（1）请画出该数据的线图。

（2）试分别构建 AR、MR、ARMA 和 ARIMA 模型。

5.3　JohnsonJohnson 数据集（来自 PyDataset 包）包含了强生公司 1960—1980 年的季度收入。该数据是时间序列格式。

（1）请画出该数据的线图。

（2）试分别构建 AR、MR、ARMA 和 ARIMA 模型。

5.4　对全国居民消费价格指数进行分析。请读者从 Tushare 网站选取 2000 年 1 月至 2018 年 12 月的全国居民消费价格指数（月度数据，上年同月=100）作为样本数据，用 Python 语言命令进行数据分析，并建立相应的预测模型。

5.5　股票收益率的研究。请读者从 Tushare 网站选取 2015 年 1 月 1 日至 2018 年 12 月 31 日的沪深 300 指数作为样本数据，对我国证券市场沪深 300 指数收益率的变动进行分析，并用 Python 语言命令建立相应的模型，从中选取一个合适的模型。

第 6 章　多元数据的统计分析

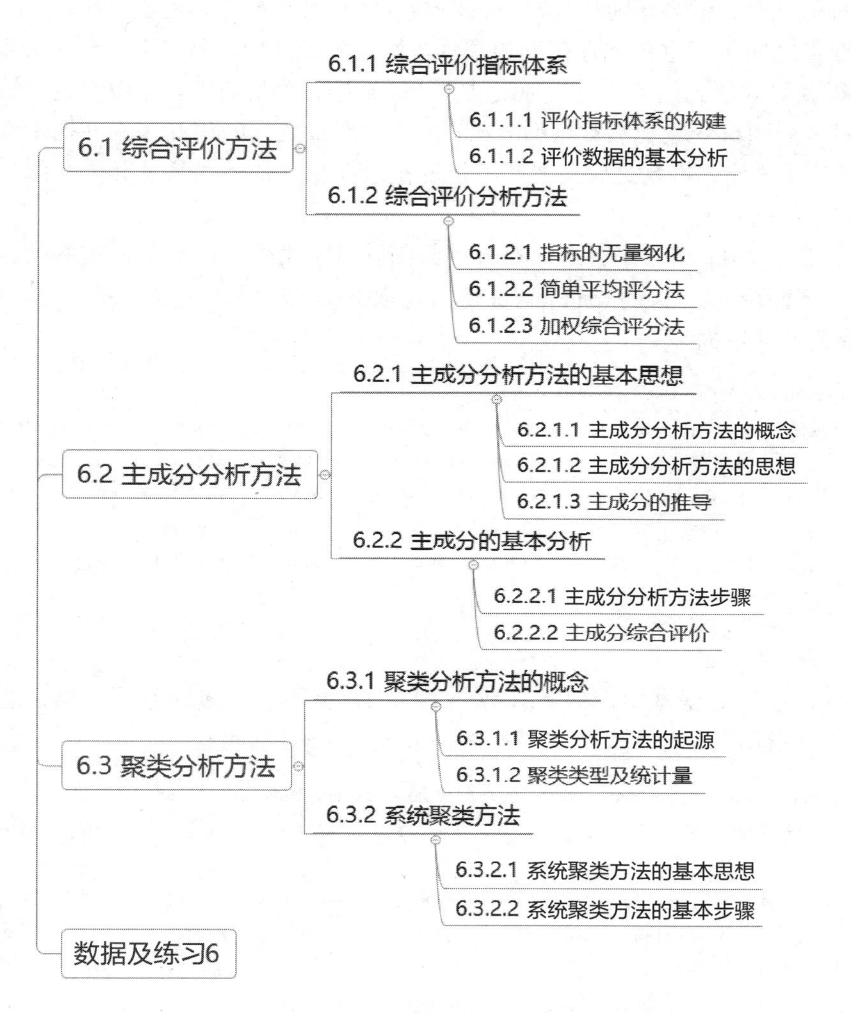

第 6 章内容的知识图谱

只考虑一个变量（定性或定量）或一个因素（定性变量）对一个观测指标（定量变量）影响大小的问题，称为基本统计分析（如第 2、3 章所述）；考虑一个因素或多个因素对两个或两个以上观测指标（定量变量）的影响大小，或者多个观测指标（定量变量）间的相互关系问题，称为多元统计分析（也称多变量统计分析）。在现实生活中，受多个指标（随机变量）共同作用和影响的现象大量存在。有两种方法可同时对多个随机变量的观测数据进行有效的分析和研究。一种做法是，把多个随机变量分开分析，每次处理一个，逐次分析研究。不过，当变量较多时，变量之间不可避免地存在着相关性，如果分开处理，那么不仅会丢失很多信息，往往也不容易得到好的研究结论。另一种做法是，同时进行分析研究，即用多元统计分析方法来解决，通过对多个随机变量观测数据的分析，来研究变量之间的相互关系并揭示变量的内在规律。所以说，多元统计分析就是研究多个随机变量之间相互依赖关系及其内在统计规律的一门学科。

例 2.2 给出了 2011 年我国各地区对外贸易国际竞争力数据，显然，这些数据构成了一个多元数据集。下面用 pandas 的 read_excel 函数读取 Excel 数据。

1）读取无标签数据

```
In   pd.read_excel('PyDm2data.xlsx','MVdata')
Out     地区  生产总值  从业人员   固定资产  利用外资  进出口额  新品出口  市场占有  对外依存
     0  北京  162.519  1069.700  55.789   196.906  3894.9  6470.514  2.635  1.548
     1  天津  113.073  763.160   70.677   61.947   1033.9  7490.317  1.986  0.591
     2  河北  245.158  3962.420  163.893  178.782  536.0   2288.188  1.276  0.141
     3  山西  112.376  1738.900  70.731   104.945  147.6   1522.788  0.242  0.085
     ……
```

2）读取有标签数据

如上所示，在该数据框中，地区只是一个标识，并不参与多元数据分析，这类数据通常需要构建一个分析用的数据框，在参数中增加 index_col=0 即可。

```
In   MVdata=pd.read_excel('PyDm2data.xlsx','MVdata',index_col=0);round(MVdata,3);MVdata
Out       生产总值  从业人员   固定资产  利用外资  进出口额  新品出口  市场占有  对外依存
     地区
     北京  162.519  1069.700  55.789   196.906  3894.9  6470.514  2.635  1.548
     天津  113.073  763.160   70.677   61.947   1033.9  7490.317  1.986  0.591
     河北  245.158  3962.420  163.893  178.782  536.0   2288.188  1.276  0.141
     山西  112.376  1738.900  70.731   104.945  147.6   1522.788  0.242  0.085
     ……
```

6.1 综合评价方法

6.1.1 综合评价指标体系

6.1.1.1 评价指标体系的构建

在现实生活中，对一些事物的分析和评价常常涉及多个因素或多个指标，评价是在多个因素相互作用下的一种综合判断。例如，要判断哪个企业的绩效好，就得从若干企业的财务管理、销售管理、生产管理、人力资源管理、研究与开发能力等方面进行综合比较；要了解全国各地区的知识产权发展情况，就得从全国各地区的专利发展情况、商标发展情况、版权发展情况，以及其他方面发展情况等方面进行综合比较；等等。因此，可以这样说，几乎所有的综合性活动都可以进行综合评价，而且不能只考虑被评价对象的某个方面，而必须全面地从整体的角度对被评价对象进行评价。

多指标综合评价方法具有以下特点：包含若干指标，并分别说明被评价对象的不同方面；评价方法最终要对被评价对象进行一个整体性的评判，用一个总指标来说明被评价对象的一般水平。

在多指标综合评价中，评价指标体系的构建是最重要的问题，是综合评价能准确反映全面情况的前提。如果评价指标选择不当，那么再好的综合评价方法也会出现差错，甚至完全失败。构建综合评价指标体系应遵循以下几项原则。

① 系统全面性原则。例如，在经济社会发展水平的评价中，综合评价指标体系必须能够较全面地反映经济社会发展的综合水平，指标体系应包括经济水平、科技进步、社会发展和生态环境等方面的内容。除了设置上述指标，还应考虑设置与之关系密切的经济结构、人口素质、居民物质生活水平和自然资源等指标。

② 稳定可比性原则。综合评价指标体系中选用的指标既要有稳定的数据来源，又要适应我国实际状况，指标的统计口径（包括指标的时间长度、计量单位、内容含义）必须一致可比，才能保证评估结果的真实、客观和合理。

③ 简明科学性原则。在系统全面性的基础上，尽量选择具有代表性的综合指标，要避免选择含义相近的指标。指标体系中指标的多少必须适宜，指标体系的设置应具有一定的科学性，既简明又科学。

④ 灵活可操作性原则。综合评价指标体系在实际应用中应具有一定的灵活性，以便全国各地区不同发展水平、不同层次评价对象的操作使用。各个指标的数据来源渠道要畅通，具有较强的操作性。

例如，我国各地区对外贸易国际竞争力情况的指标体系如表 6-1 所示，数据参见例 2.2，其中变异系数法求权重参见 6.1.2.3 节。

表 6-1　我国各地区对外贸易国际竞争力情况的指标体系

	指　标	权重（等权）	权重（变异系数法）
我国各地区对外贸易国际竞争力情况的指标体系	生产总值	1/8	0.078960
	从业人员	1/8	0.070345
	固定资产	1/8	0.067101
	利用外资	1/8	0.079711
	进出口额	1/8	0.177985
	新品出口	1/8	0.205693
	市场占有	1/8	0.191693
	对外依存	1/8	0.128513

6.1.1.2 评价数据的基本分析

续例 2.2，我国各地区对外贸易国际竞争力的单变量分析。

下面对我国各地区对外贸易国际竞争力数据进行单变量统计分析，首先对各地区国内生产总值进行排名，由于这时是单指标，故可直接对其数据进行排序。

In
```
GDP=pd.DataFrame(MVdata['生产总值']);GDP
GDP['排序']=(–GDP).rank(); GDP        #GDP['排序']=GDP.rank(ascending=False)
```

Out

	生产总值	排序
地区		
北京	162.5193	13.0
天津	113.0728	20.0
河北	245.1576	6.0
山西	112.3755	21.0
……		
甘肃	50.2037	27.0
青海	16.7044	30.0
宁夏	21.0221	29.0
新疆	66.1005	25.0

这里参数 ascending=False 表示从大到小排序（编秩），也可以用“–”来表示。

Python 可直接对数据框中各变量依次排序，下面对每个变量进行综合排名。

In
```
(-MVdata).rank()    #MVdata.rank(ascending=False)
```

Out

	生产总值	从业人员	固定资产	利用外资	进出口额	新品出口	市场占有	对外依存
地区								
北京	13.0	25.0	23.0	5.0	4.0	8.0	7.0	1.0
天津	20.0	27.0	21.0	22.0	8.0	7.0	9.0	6.0
河北	6.0	8.0	6.0	7.0	10.0	12.0	11.0	16.0
山西	21.0	19.0	20.0	13.0	23.0	16.0	23.0	23.0
……								
甘肃	27.0	21.0	27.0	26.0	27.0	25.0	28.0	21.0
青海	30.0	30.0	30.0	30.0	30.0	30.0	30.0	30.0
宁夏	29.0	29.0	29.0	29.0	29.0	27.0	29.0	26.0
新疆	25.0	26.0	25.0	25.0	19.0	29.0	18.0	11.0

该方法不适于对多变量数据进行综合排序，因为数据之间单位和量纲有可能不同，无法直接相加，所以也就无法进行综合评价。

6.1.2 综合评价分析方法

6.1.2.1 指标的无量纲化

虽然 MVdata 的所有变量都是计量数据，但显然这些变量的单位和量纲还是不同的，通常需要将它们进行无量纲化转换。观测指标的无量纲化指通过某种变换方式消除各个观测指标的计量单位，使其统一、可比的变换过程。常用的无量纲化处理方法主要有以下几种。

1）标准化变换方法

$$z_{ij}=\frac{x_{ij}-\bar{x}_j}{s_j}\quad (i=1,2,\cdots,n;\ j=1,2,\cdots,p)$$

式中，x_{ij} 是观测值，$\bar{x}_j$ 是均值，s_j 是标准差。经过标准化变换后的指标 z_{ij}，其全部（n 个）个体的均值为 0，方差为 1。由于标准差的计量单位与观测值变量本身的计量单位相同，所以变换后的指标不再具有计量单位。

2）规范化变换方法

$$z_{ij}=\frac{x_{ij}-x_{j\min}}{x_{j\max}-x_{j\min}}\quad (i=1,2,\cdots,n;\ j=1,2,\cdots,p)$$

式中，x_{ij} 是观测值，$x_{j\min}$ 是第 j 个指标的最小观测值，$x_{j\max}$ 是第 j 个指标的最大观测值。经过规范化变换，消除了观测值的计量单位，变换后的指标 z_{ij} 值的范围为 0～1。

在实际变换中，人们习惯于按百分制对所评价总体中的各个观察单位进行变换，常将上述变换公式乘以 100。此外，有时为使综合评价指标不出现 0 和负值，常在变换公式后加一个常数项，其改进的无量纲方法如下：

$$z_{ij}=\frac{x_{ij}-x_{j\min}}{x_{j\max}-x_{j\min}}\cdot b+a\quad (i=1,2,\cdots,n;\ j=1,2,\cdots,p)$$

通过这种变换，可使数据限定在[a,b]变化，使得数值可比，常取 a=40，b=60。

续例 2.2，我国各地区对外贸易国际竞争力数据的无量纲化。

① 标准化变换。

下面应用 Python 强大的 apply 函数对每列数据进行标准化变换。

In
```
def bz(x): return (x-x.mean())/x.std()
BZ=MVdata.apply(bz,0);BZ
```

Out

	生产总值	从业人员	固定资产	利用外资	进出口额	新品出口	市场占有	对外依存
地区								
北京	−0.085	−0.884	−0.705	0.931	1.300	−0.020	−0.036	3.031
天津	−0.463	−1.057	−0.477	−0.608	−0.087	0.057	−0.162	0.653
河北	0.547	0.751	0.953	0.724	−0.329	−0.336	−0.299	−0.464
山西	−0.468	−0.506	−0.476	−0.117	−0.517	−0.394	−0.499	−0.604
内蒙古	−0.229	−0.783	0.029	−0.693	−0.531	−0.483	−0.506	−0.682
辽宁	0.372	−0.152	1.158	0.457	−0.123	−0.196	−0.105	−0.122
……								

② 规范化变量，计算各个指标的单向评价分数，取 $a=0$，$b=1$。

规范化变量的好处是，它不仅在纵向上消除了不同指标的不同数量级的影响，在横向上还能使得各地区的得分范围为 0～1，易于比较，计算结果如下。

In
```
def gf(x): return (x-x.min())/(x.max()-x.min())
GF=MVdata.apply(gf,0);GF
```

Out		生产总值	从业人员	固定资产	利用外资	进出口额	新品出口	市场占有	对外依存
	地区								
	北京	0.283	0.123	0.164	0.466	0.426	0.114	0.110	1.000
	天津	0.187	0.074	0.222	0.129	0.112	0.132	0.083	0.367
	河北	0.443	0.591	0.591	0.421	0.058	0.040	0.053	0.070
	山西	0.186	0.231	0.223	0.236	0.015	0.027	0.009	0.033
	内蒙古	0.246	0.152	0.353	0.110	0.012	0.006	0.008	0.012
	辽宁	0.399	0.333	0.644	0.362	0.104	0.073	0.095	0.161
	……								

把数据无量纲化之后，在纵向上数据对比清晰，便于理解分析。

评价指标的合成方法指无量纲化变换后的各个指标按照某种方法进行合成，得出一个可用于评价比较的综合指标。综合评价方法较多，如综合评分法、综合指数法、秩和比法、层次分析法等具有代表性的评价方法，这里只介绍一些常用的简单方法。

6.1.2.2 简单平均评分法

简单平均评分法的计算方法是首先把各指标的得分直接相加，得到一个总分，然后除以指标个数，最后根据这个平均得分的高低来判定评价对象的优劣。这种方法的好处是，对各指标赋予同样的权重来同等看待，省去了确定指标权重的复杂步骤，是最简单的综合评价法。

$$S_i=\sum_{j=1}^{m}w_j z_{ij}=\sum_{j=1}^{m}\frac{1}{m}z_{ij}=\frac{1}{m}\sum_{j=1}^{m}z_{ij}$$

式中，S_i 是评价总体中第 i 个观察单位的综合评价值，m 是指标个数。

1）标准化法

In

```
#建立得分与排名数据框
SR=pd.DataFrame();SR
SR['BZscore']=BZ.mean(axis=1);
SR['BZrank']=SR.BZscore.rank(ascending=False); SR
```

Out		BZscore	BZrank
	地区		
	北京	0.441438	6.0
	天津	−0.268043	15.0
	河北	0.193261	8.0
	山西	−0.447742	21.0
	内蒙古	−0.484715	23.0
	辽宁	0.160941	9.0
	......		

2）规范化法

In

```
SR['GFscore']=GF.mean(1);
SR['GFrank']=SR.GFscore.rank(ascending=False); SR
```

Out		BZscore	BZrank	GFscore	GFrank
	地区				

北京	0.441438	6.0	0.335638	6.0
天津	−0.268043	15.0	0.163141	15.0
河北	0.193261	8.0	0.283302	8.0
山西	−0.447742	21.0	0.119917	22.0
内蒙古	−0.484715	23.0	0.112328	23.0
辽宁	0.160941	9.0	0.271239	10.0
……				

位列前五位的地区分别为广东、江苏、浙江、山东和上海，其中广东分值最高。位列后三位的地区分别为海南、宁夏和青海，详见后面的表 6-2。

6.1.2.3　加权综合评分法

简单平均评分法将不同评价指标的重要性同等看待，但现实中综合评价指标体系各指标的重要性是不同的，故应赋予不同分量的权重，才能准确地反映综合指标的合成值。

采用综合评分法进行计算时，对不同指标给出合适的权重是一个关键的问题，选择不同的权重，很可能会出现不同的评价结果。前面是按照平均法计算的综合得分，从排名中可以清楚地看出每个地区经过平均评分法计算后的排名，选用其他方法可能会得到不同的综合得分和排名。

1）评价指标的权重

评价指标的权重指在评价指标体系中每个指标的重要程度占该指标群的比重。在多指标综合评价中，各指标在指标群中的重要性不同，因此，不能等量齐观，必须客观地确定各指标的权重。权重值的确定准确与否直接影响综合评价的结果，因而，科学地确定指标权重在多指标综合评价中具有举足轻重的作用。目前，国内外关于多指标综合评价的方法有很多，根据权重确定方法的不同，这些方法可以大致分为主观赋权法和客观赋权法两类。德尔菲法是一种主观赋权法；层次分析法是一种半主观、半客观的赋权法；变异系数法和熵值法是两种客观赋权法，给出的指标权重值比德尔菲法和层次分析法有较高的可信度，但对数据要求较高，如正态数据等；主成分分析方法和因子分析方法也是一种客观赋权法，但通常会损失一些信息。

① 德尔菲（Delphi）法确定权重。

20 世纪 40 年代，美国兰德公司以德尔菲集会形式向一组专家征询意见，将专家们对过去历史资料的解释和对未来的分析判断汇总整理，经过多次反馈，尽可能取得统一意见。因此，德尔菲法也称为专家调查法。

在综合评价指标的权重确定中，为了提高权重的准确性，往往需要聘请评价对象所属领域内专家对各个评价指标的重要程度进行评定，并给出权重。一般程序是，首先由各个专家单独对各个评价指标的重要程度进行评定，然后由综合评价人员对各个专家的评定结果进行综合，计算出平均数，最后反馈给各位专家，如此反复进行几次，使各位专家的意见趋于一致，就可以确定出各评价指标的权重。

德尔菲法需要多个专家打分，实际操作比较困难，成本也较高。

② 层次分析法确定权重。

层次分析法计算过程的核心问题是权重的构造。自 1982 年层次分析法引入我国以来，人们不仅将之应用于各种决策分析，也用于综合评价权重的构造。其思路如下：首先建立评价对象的综合评价指标体系，通过指标之间的两两比较确定各自的相对重要程度，然后通过特征值法、最小二乘法等的客观运算来确定各评价指标权重，其中特征值法是层次分析法中提出最早、使用最广泛的权重构造方法，具体方法参考《多元统计分析及 R 语言建模》（第五版）。

层次分析法在指标较少时基本适用，但当指标较多时，要给出一个合理的判断矩阵不太容易，所以很难得出一个合理的权重。

③ 变异系数法确定权重。

变异系数又称标准差率，是衡量资料中各观测值变异程度的一种统计量。当进行两个或多个资料变异程度的比较时，如果度量单位与平均数相同，那么可以直接利用标准差来比较；如果单位或均值不同，那么比较其变异程度就不能采用标准差，而要采用标准差与均值的比值（相对值）来比较。

变异系数法确定权重，直接利用各项指标所包含的信息，通过计算得到指标的权重，是一种客观赋权的方法。此方法的基本做法是，在评价指标体系中，指标取值差异越大的指标，也就是越难以实现的指标，这样的指标更能反映被评价单位的差距。例如，在评价各个国家的经济发展状况时，选择人均国民生产总值（人均 GDP）作为评价的标准指标之一，是因为人均 GDP 不仅能反映各个国家的经济发展水平，还能反映一个国家的现代化程度。

标准差 s 与均值 $\bar{x}$ 的比值称为变异系数，记为 CV。变异系数可以消除单位或平均数不同对两个或多个资料变异程度比较结果的影响，显然这个方法只对计量数据有效，对计数数据通常用层次分析法确定权重。

$$\mathrm{CV}=\frac{s}{\bar{x}}$$

In	CV=MVdata.std()/MVdata.mean();CV #变异系数
Out	生产总值 0.753930 从业人员 0.671672 固定资产 0.640697 利用外资 0.761106 进出口额 1.699455 新品出口 1.964018 市场占有 1.830338 对外依存 1.227084
In	W=CV/sum(CV);W #权重
Out	生产总值 0.078960 从业人员 0.070345 固定资产 0.067101 利用外资 0.079711 进出口额 0.177985 新品出口 0.205693 市场占有 0.191693 对外依存 0.128513

④ 主成分分析方法确定权重，具体见 6.2 节。

2）加权评分法

用各指标的得分乘以权重求得各指标对各方案的加权得分，每个方案各指标加权得分之和除以权重所得到的商就是总的加权评分，得分最高的方案就是最佳方案。加权评分法的计算公式为

$$S_i = \sum_{j=1}^{m} w_j z_{ij}$$

式中，z_{ij} 是无量纲化数据，w_j 是第 j 个指标的权重，S_i 是评价总体中第 i 个观察单位的综合评价值，m 是指标个数。

下面按变异系数法确定的权重来计算标准化加权得分。

In
```
SR['CVscore']=np.dot(BZ,W)
SR['CVrank']=SR.CVscore.rank(ascending=False); SR
```

Out
```
        BZscore    BZrank  GFscore   GFrank  CVscore    CVrank
地区
北京     0.441438   6.0    0.335638  6.0     0.567790   6.0
天津     -0.268043  15.0   0.163141  15.0    -0.142378  12.0
河北     0.193261   8.0    0.283302  8.0     -0.027057  10.0
山西     -0.447742  21.0   0.119917  22.0    -0.460289  21.0
内蒙古   -0.484715  23.0   0.112328  23.0    -0.504886  23.0
辽宁     0.160941   9.0    0.271239  10.0    0.034652   8.0
......
```

从简单平均评分法和加权综合评分法的结果可以看出，两种计算结果还是有一些差别的，因为简单平均评分法用的是等权，而加权综合评分法给出了不同指标的权重，但总的趋势应该差不多。表 6-2 所示为三种无量纲化综合评价方法结果比较。

表 6-2　三种无量纲化综合评价方法结果比较

地区	标准化得分	标准化排名	规范化得分	规范化排名	变异系数得分	变异系数排名
北京	0.441438	6.0	0.335638	6.0	0.567790	6.0
天津	−0.268043	15.0	0.163141	15.0	−0.142378	12.0
河北	0.193261	8.0	0.283302	8.0	−0.027057	10.0
山西	−0.447742	21.0	0.119917	22.0	−0.460289	21.0
内蒙古	−0.484715	23.0	0.112328	23.0	−0.504886	23.0
辽宁	0.160941	9.0	0.271239	10.0	0.034652	8.0
吉林	−0.528942	24.0	0.100920	24.0	−0.508882	24.0
黑龙江	−0.391729	18.0	0.135642	18.0	−0.401298	18.0
上海	0.639790	5.0	0.379174	5.0	0.891055	5.0
江苏	1.970365	2.0	0.707645	2.0	2.052247	2.0
浙江	1.015813	4.0	0.473956	4.0	1.083671	3.0
安徽	−0.109904	13.0	0.211449	13.0	−0.235364	14.0
福建	0.070623	11.0	0.248853	11.0	0.121499	7.0

续表

地区	标准化得分	标准化排名	规范化得分	规范化排名	变异系数得分	变异系数排名
江西	−0.342605	16.0	0.149691	16.0	−0.368720	16.0
山东	1.253726	3.0	0.547733	3.0	0.965704	4.0
河南	0.312073	7.0	0.320781	7.0	0.006350	9.0
湖北	−0.078386	12.0	0.217328	12.0	−0.219535	13.0
湖南	−0.109916	14.0	0.210795	14.0	−0.260236	15.0
广东	2.832263	1.0	0.905282	1.0	3.175428	1.0
广西	−0.377179	17.0	0.142459	17.0	−0.415602	19.0
海南	−0.789672	28.0	0.035354	28.0	−0.647725	28.0
重庆	−0.432676	20.0	0.124261	20.0	−0.394303	17.0
四川	0.141403	10.0	0.273013	9.0	−0.071767	11.0
贵州	−0.673789	26.0	0.066073	26.0	−0.621116	27.0
云南	−0.459243	22.0	0.121581	21.0	−0.475362	22.0
陕西	−0.397687	19.0	0.134286	19.0	−0.444968	20.0
甘肃	−0.682677	27.0	0.063158	27.0	−0.616788	26.0
青海	−0.925999	30.0	0.000000	30.0	−0.777910	30.0
宁夏	−0.896824	29.0	0.007374	29.0	−0.752243	29.0
新疆	−0.633970	25.0	0.073875	25.0	−0.551969	25.0

6.2　主成分分析方法

6.2.1　主成分分析方法的基本思想

6.2.1.1　主成分分析方法的概念

在实际问题中，经常需要研究多元问题，然而在多数情况下，不同变量之间有一定相关性，这必然增加分析问题的复杂性。主成分分析方法就是通过降维技术把多个指标简化为少数几个综合性指标。例如，在经济管理中用主成分分析方法将一些复杂的数据综合成几个商业指数形式，如物价指数、生活费用指数、商业活动指数等。又例如，对全国 30 个省、市、自治区的贸易竞争力进行综合评价，这时显然需要选取很多指标。如何将这些具有错综复杂关系的指标合成几个较少的成分，既有利于对问题进行分析和解释，又便于抓住主要矛盾进行科学的评价，这就要用到主成分分析方法。

主成分分析方法是通过降维技术把多个变量压缩为几个少数主成分的方法，这些主成分保留原始变量的绝大部分信息，它们通常表示为原始变量的线性组合。通过主成分分析，可以从事物之间错综复杂的关系中找出一些主要成分，从而有效利用大量统计数据进行定量分析，揭示变量之间的内在关系，得到对事物特征及其发展规律的一些深层次的启发，把研究工作引向深入。

6.2.1.2　主成分分析方法的思想

主成分分析方法的思想是设法将众多具有一定相关性的指标，重新组合成一组新的相互无关的综合性指标来代替原来的指标。数学上的处理方法就是将原来的 p 个指标进行线性组合，将组合的结果作为新的指标。第一个线性组合，即第一个综合性指标，记为 y_1。为了使该线性组合具有唯一性，要求在所有线性组合中 y_1 的方差最大，即 $\mathrm{var}(y_1)$最大，它所包含的信息最多。如果第一个主成分 y_1 不足以代表原来 p 个指标的所有信息，再考虑选取第二个主成分 y_2，并要求 y_1 已有的信息不出现在 y_2 中，即 $\mathrm{Cov}(y_1,y_2)=0$。

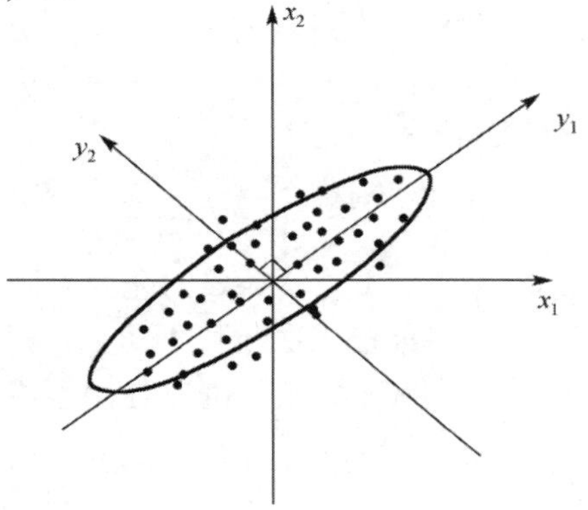

右图中变量和成分间的关系：x_1 和 x_2 是沿一定轨迹的分布数据，单独选择 x_1 或 x_2 都会丧失较多的原始信息。作正交（垂直）旋转，得到新的坐标轴 y_1 和 y_2。旋转后数据主要沿 y_1 方向散布，在 y_2 方向的离散程度很低，另外，y_1 和 y_2 是互相垂直的，表明它们互不相关，即使只是单独提取变量 y_1 而放弃变量 y_2，丧失的信息也是微小的。通常把 y_1 称为第 1 主成分，把 y_2 称为第 2 主成分。主成分分析的关键是寻找一组相互正交的向量，原变量乘以该组正交的向量后能得到新变量组。

主成分分析的成分 y_i 和原变量 x_i 之间的关系如下(假定原先有 p 个变量)：

$$\begin{cases} y_1 = u_{11}x_1 + u_{12}x_2 + \cdots + u_{1p}x_p = u_1'x \\ y_2 = u_{21}x_1 + u_{22}x_2 + \cdots + u_{2p}x_p = u_2'x \\ \quad \cdots \\ y_p = u_{p1}x_1 + u_{p2}x_2 + \cdots + u_{pp}x_p = u_p'x \end{cases}$$

式中，u_{ij} 为第 i 个成分 y_i 和第 j 个原变量 x_j 之间的线性相关系数。

y_1，y_2，…，y_p 分别为第 1 主成分，第 2 主成分，…，第 p 主成分，其中在选择加权重 u_{i1}，u_{i2}，…，u_{ip} 时，要使 y_1 得到最大解释变异能力，即使 y_1 得到最大变异数，而 y_2 则能对原始资料中尚未被 y_1 解释的变异部分拥有最大解释能力，以此类推，我们可以找出 m 个 y 出来($m \leqslant p$)。通常原始数据有 p 个变量 x 时，经过转换后，仍可找出 p 个 y 出来，不过我们最多选择 m 个 y_i（i=1,2,…,m；$m \leqslant p$），希望 m 越小越好，但解释能力却能达到 80%以上。除此之外，m 个 y_i 与原来的 p 个变量 x_j 的最大差别是，在原始变量中，多为彼此相关的变量，而经过线性转换后所产生的 m 个 y_i 则为彼此不相关的新变量。

6.2.1.3　主成分的推导

设 $\boldsymbol{y} = a_1x_1 + a_2x_2 + \cdots + a_px_p \equiv \boldsymbol{a'x}$，其中 $\boldsymbol{a} = (a_1, a_2, \cdots, a_p)'$，$\boldsymbol{x} = (x_1, x_2, \cdots, x_p)'$，求主成分就是寻找 $\boldsymbol{x}$ 的线性函数 $\boldsymbol{a'x}$，使相应的方差达到最大，即 $\mathrm{var}(\boldsymbol{a'x}) = \boldsymbol{a'\Sigma a}$ 达到最大，此处 $\boldsymbol{\Sigma}$ 为 $\boldsymbol{x}$ 的协方差矩阵。

谱分解定理：设 $\boldsymbol{\Sigma}$ 的特征根为 $\lambda_1 \geqslant \lambda_2 \geqslant \cdots \geqslant \lambda_p > 0$，相应的单位特征向量为 $\boldsymbol{u}_1, \boldsymbol{u}_2, \cdots, \boldsymbol{u}_p$，令 $\boldsymbol{U} = (\boldsymbol{u}_1, \boldsymbol{u}_2, \cdots, \boldsymbol{u}_p)$，则 $\boldsymbol{U'U} = \boldsymbol{UU'} = I$，即 $\boldsymbol{U}$ 为正交矩阵，$\Lambda = \mathrm{diag}(\lambda_1, \lambda_2, \cdots, \lambda_p)$，且 $\boldsymbol{\Sigma} = \boldsymbol{U\Lambda U'}$。

当取 $\boldsymbol{a}=\boldsymbol{u}_1$ 时，$\boldsymbol{u}_1'\boldsymbol{\Sigma}\boldsymbol{u}_1=\boldsymbol{u}_1'\lambda_1\boldsymbol{u}_1=\lambda_1$。

于是，$y_1=\boldsymbol{u}_1'\boldsymbol{x}$ 就是第 1 主成分，它的方差最大，$\operatorname{var}(y_1)=\operatorname{var}(\boldsymbol{u}_1'\boldsymbol{x})=\lambda_1$。

同理，$\operatorname{var}(y_i)=\operatorname{var}(\boldsymbol{u}_i'\boldsymbol{x})=\lambda_i$。另外，

$$\operatorname{Cov}(y_i,y_j)=\operatorname{Cov}(\boldsymbol{u}_i'\boldsymbol{x},\boldsymbol{u}_j'\boldsymbol{x})=\boldsymbol{u}_i'\boldsymbol{\Sigma}\boldsymbol{u}_j=\boldsymbol{u}_i'\lambda_i\boldsymbol{u}_j=\boldsymbol{\lambda}_j\boldsymbol{u}_i'\boldsymbol{u}_j=0\quad(i\neq j)$$

上述表明：变量 $\boldsymbol{x}$ 的主成分 $\boldsymbol{y}$ 是以 $\boldsymbol{\Sigma}$ 的特征向量为系数的线性组合，它们互不相关，方差为 $\boldsymbol{\Sigma}$ 的特征根。而 $\boldsymbol{\Sigma}$ 的特征根 $\lambda_1\geqslant\lambda_2\geqslant\cdots\geqslant\lambda_p>0$，所以有 $\operatorname{var}(y_1)\geqslant\operatorname{var}(y_2)\geqslant\cdots\geqslant\operatorname{var}(y_p)>0$。

定义 $\lambda_k\Big/\sum_{i=1}^{p}\lambda_i$ 为第 k 个主成分 y_k 的方差贡献率，第 1 个主成分的贡献率最大，表明 y_1 综合原始变量 x_1，x_2，…，x_p 的能力最强，而 y_2，y_3，…，y_p 的综合能力依次递减。若只取 m（$<p$）个主成分，则称 $\sum_{i=1}^{m}\lambda_i\Big/\sum_{i=1}^{p}\lambda_i$ 为主成分 y_1，y_2，…，y_m 的累积方差贡献率，它表示 y_1，y_2，…，y_m 综合 x_1，x_2，…，x_p 的能力，通常所取 m 使得累积方差贡献率不低于 80%即可（也有人认为只要特征根 λ_i 大于 1 即可）。

在实际中，我们通常使用主成分和原变量的相关系数 a_{ij} 来表达它们的关系，而不是直接采用 u_{ij}，即

$$a_{ij}=\rho(x_i,y_j)=\sqrt{\lambda_j}u_{ij}\Big/\sqrt{\sigma_i}\quad(i,j=1,2,\cdots,p)$$

于是，a_{ij} 也称为主成分负荷，矩阵 $\boldsymbol{A}=(a_{ij})$ 称为主成分负荷矩阵。它相当于标准化系数，能反映变量影响大小，如果原始数据已标准化（此时原始数据的标准差 $\sigma_i=1$），那么是基于相关系数矩阵的而不是用协方差矩阵计算主成分的，则 $a_{ij}=\sqrt{\lambda_j}u_{ij}$。

6.2.2 主成分的基本分析

6.2.2.1 主成分分析方法步骤

1）计算主成分对象（PCA）

应用 sklearn.decomposition 包的 PCA 函数计算主成分对象。

2）计算方差贡献率（Variances）

每个主成分的贡献率代表原数据总信息量的百分比，其中前 m 个主成分包含的数据信息总量（其累积方差贡献率）不低于 80%时，可取前 m 个主成分来反映原评价对象。

3）计算主成分负荷（Loadings）

设 Comp_1，Comp_2，…，Comp_m 代表确定的 m 个主成分。

4）计算主成分得分（Scores）

以主成分负荷为权，将各主成分表示为原指标的线性组合，而主成分的含义则由各线性组合中权重较大的指标的综合意义来确定。若取 m=2，则将每个样品的 p 个变量代入公式，即可算出每个样品的主成分得分 Scores1 和 Scores2，并在平面上绘制主成分得分的散点图，进而对样品进行分类或对原始数据进行更深入的研究。

（续例 2.2）对例 2.2 的国际贸易竞争力数据应用主成分分析方法进行综合评价。以 8 个指

标为原始变量，使用 Python 对 30 个地区的竞争力水平进行主成分分析，并根据综合得分和综合排名对各地区竞争力水平进行综合评价。

① 计算主成分对象。

In
```
Z=(MVdata−MVdata.mean())/MVdata.std()
from sklearn.decomposition import PCA
pca = PCA(n_components=2).fit(Z)
```

② 确定主成分。

按照累积方差贡献率大于 80%和方差大于 1 的原则，选入两个主成分，其累积方差贡献率为 92.76%，故本例取 n_components=2 是合适的。

In
```
Vi=pca.explained_variance_;Vi                    #方差
Wi=pca.explained_variance_ratio_;Wi              #方差贡献率
Wi.sum()                                         #累积方差贡献率
```
Out
```
array([5.839958 , 1.58060259])
array([0.72999475, 0.19757532])
0.927    57007344990128          #累积方差贡献率达 92.76%，故选 2 个主成分
```

③ 主成分负荷。

In
```
pd.DataFrame(pca.components_.T)          #主成分负荷
```
Out
```
     0           1
0    0.396727    −0.206429
1    0.287392    −0.520928
2    0.307410    −0.481950
3    0.401099    −0.009390
4    0.378909    0.310446
5    0.386403    0.121590
6    0.384584    0.210432
7    0.252681    0.546091
```

只选择 2 个主成分时，由主成分负荷可以看出，主成分 Comp1 在生产总值、利用外资、进出口额、新品出口和市场占有上的载荷值都很大，而 Comp2 在从业人员、固定资产和对外依存上有较大的载荷值。

④ 主成分得分。

In
```
Si=pca.fit_transform(Z);Si
SR=pd.DataFrame(Si,columns=['Comp1','Comp2'],index=MVdata.index);SR
```
Out
```
        Comp1        Comp2
地区
北京    1.105610     2.858102
天津    −0.786233    1.184035
河北    0.529178     −1.429212
山西    −1.217342    −0.052739
```

	内蒙古	−1.339672	−0.254383
	辽宁	0.449117	−0.710646
	……		

由加权法估计出综合得分，以各主成分的方差贡献占两个主成分总方差贡献的比重作为权重进行加权汇总，得出各省、市、自治区的综合得分。

结合各省、市、自治区在主成分上的得分和综合得分，就可以对各省、市、自治区的国际竞争力进行评价了。以第一主成分为横轴，第二主成分为纵轴，绘制各省、市、自治区的成分图，如下。

In
```
plt.plot(SR.Comp1,SR.Comp2,'.');
dm.hvline(SR.Comp1,SR.Comp2,SR.index);
```

Out

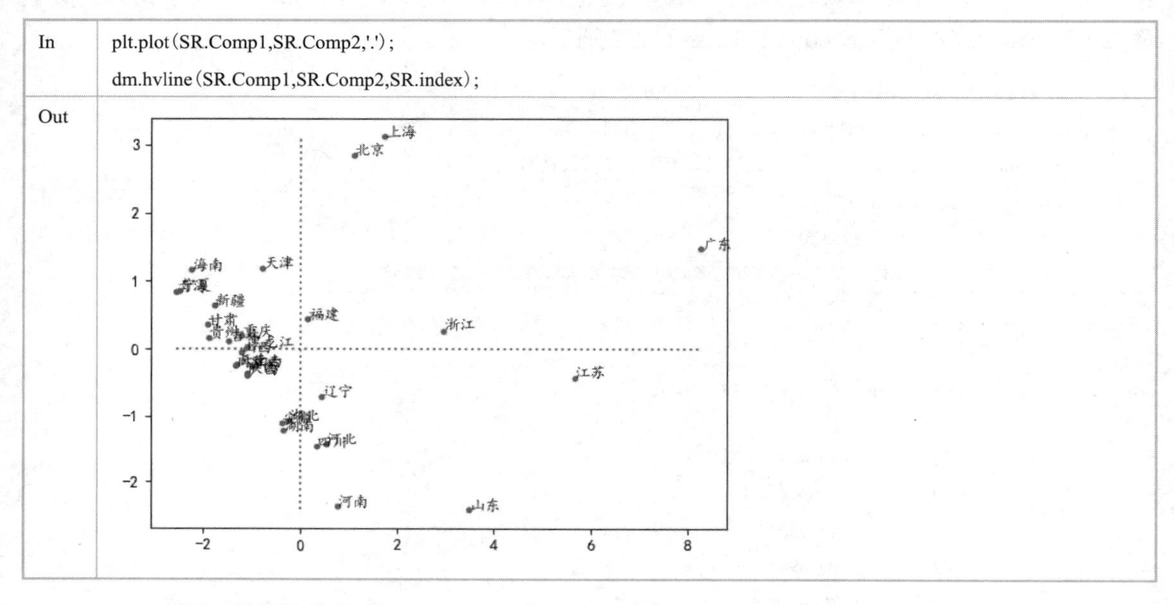

6.2.2.2 主成分综合评价

最后，以各主成分的方差为权，将各主成分加权并得到综合得分。

$$\text{Comp} = \frac{w_1\text{Comp}_1 + w_2\text{Comp}_2 + \cdots + w_m\text{Comp}_m}{w_1 + w_2 + \cdots + w_m} = \sum_{j=1}^{m} w_j\text{Comp}_j$$

式中，w_j 是主成分的权重，利用总得分就可以得到得分名次。

In
```
SR['Comp']=Si.dot(Wi)
SR['Rank']=SR.Comp.rank(ascending=False);SR
```

Out

	Comp1	Comp2	Comp	Rank
地区				
北京	1.105610	2.858102	1.371780	6.0
天津	−0.786233	1.184035	−0.340010	12.0
河北	0.529178	−1.429212	0.103920	9.0
山西	−1.217342	−0.052739	−0.899073	21.0
……				
甘肃	−1.916851	0.363137	−1.327544	26.0

```
青海    -2.553884    0.835643    -1.699220    30.0
宁夏    -2.478707    0.856885    -1.640144    29.0
新疆    -1.779668    0.645596    -1.171594    25.0
```

不过，Python 函数本身并没有给出进行综合得分和排名的功能，所以我们自定义了一个进行主成分综合评价的函数 PCrank()，方便大家使用。

In

```python
import PyDm2fun as dm   #%run PyDm2fun.py 加载自定义函数包
dm.PCrank(MVdata,m=2) #自定义主成分综合评价函数
```

Out

```
方差贡献:
         Variances    Explained    Cumulative
Comp1    5.8400       72.9995      72.9995
Comp2    1.5806       19.7575      92.7570
Comp3    0.3338       4.1725       96.9295
Comp4    0.1578       1.9722       98.9017
Comp5    0.0555       0.6938       99.5956
Comp6    0.0167       0.2093       99.8049
Comp7    0.0086       0.1077       99.9125
Comp8    0.0070       0.0875       100.0000

主成分负荷:
            Comp1     Comp2
生产总值    0.3967    -0.2064
从业人员    0.2874    -0.5209
固定资产    0.3074    -0.4819
利用外资    0.4011    -0.0094
进出口额    0.3789    0.3104
新品出口    0.3864    0.1216
市场占有    0.3846    0.2104
对外依存    0.2527    0.5461

综合得分与排名:

        Comp1      Comp2      Comp       Rank
地区
北京    1.1056     2.8581     1.3718     6.0
天津    -0.7862    1.1840     -0.3400    12.0
河北    0.5292     -1.4292    0.1039     9.0
山西    -1.2173    -0.0527    -0.8991    21.0
内蒙古  -1.3397    -0.2544    -1.0282    23.0
辽宁    0.4491     -0.7106    0.1874     8.0
吉林    -1.4755    0.1245     -1.0525    24.0
黑龙江  -1.1038    0.0286     -0.8001    17.0
上海    1.7450     3.1264     1.8916     5.0
```

江苏	5.6754	−0.4195	4.0601	2.0
浙江	2.9599	0.2729	2.2146	3.0
安徽	−0.3869	−1.0965	−0.4991	15.0
福建	0.1598	0.4401	0.2036	7.0
江西	−0.9970	−0.2646	−0.7801	16.0
山东	3.4916	−2.4144	2.0718	4.0
河南	0.7730	−2.3590	0.0982	10.0
湖北	−0.2515	−1.0713	−0.3953	13.0
湖南	−0.3440	−1.2216	−0.4925	14.0
广东	8.2677	1.4782	6.3274	1.0
广西	−1.0983	−0.3994	−0.8807	20.0
海南	−2.2387	1.1787	−1.4013	28.0
重庆	−1.2093	0.1953	−0.8442	18.0
四川	0.3418	−1.4645	−0.0398	11.0
贵州	−1.8899	0.1649	−1.3470	27.0
云南	−1.3237	−0.2349	−1.0127	22.0
陕西	−1.1071	−0.3602	−0.8794	19.0
甘肃	−1.9169	0.3631	−1.3275	26.0
青海	−2.5539	0.8356	−1.6992	30.0
宁夏	−2.4787	0.8569	−1.6401	29.0
新疆	−1.7797	0.6456	−1.1716	25.0

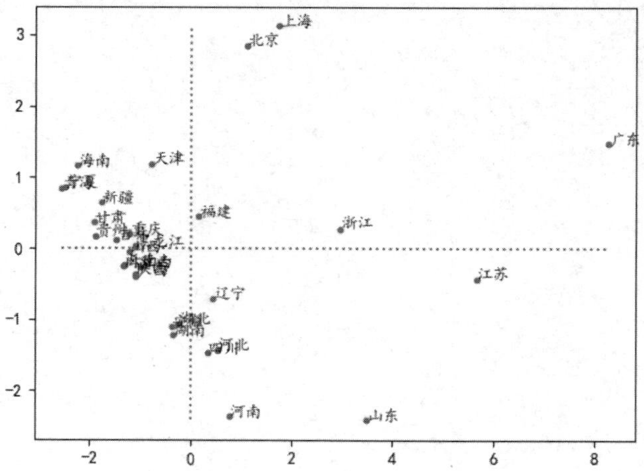

从综合得分来看，广东、江苏、浙江、山东和上海的得分位列前五位，海南、宁夏和青海的得分位列后三位。

从现实经济发展和地理位置来看，东部沿海地区的贸易国际竞争力明显优于中西部地区，说明地理位置对国际贸易的发展发挥着重要的作用。总体来看，经济发展水平较高的省、市、自治区，其贸易国际竞争力也相对较高；经济较落后的地区，其贸易国际竞争力也相对较低。

6.3　聚类分析方法

6.3.1　聚类分析方法的概念

6.3.1.1　聚类分析方法的起源

聚类分析（Cluster Analysis）是研究“物以类聚”的一种现代统计分析方法，如不同地区城镇居民收入和消费状况的分类研究、区域经济及社会发展水平的分析，以及全国区域经济综合区划。过去人们受分析工具的限制，主要依靠经验和专业知识进行定性分类处理，很少利用统计方法，致使许多分类带有主观性和随意性，不能很好地揭示客观事物内在的本质差别和联系，特别是对于多个指标的分类问题，定性分类更难以实现准确分类。为了克服定性分类的不足，在多元统计分析中引入数值分类方法，形成了聚类分析分支。

近年来，聚类分析发展很快，在社会、经济、管理、地质勘探、天气预报、生物分类、考古、医学、心理学，以及制定国家标准和区域标准等方面的应用都很有成效，因而也成为目前较为流行的多元统计分析方法之一。例如，在古生物研究中，通过挖掘出来的一些骨骼的形状和大小将它们科学地进行分类。在地质勘探中，通过矿石标本的物探、化探指标将标本进行分类。在经济区域的划分中，根据各主要经济指标将全国各省、市、自治区分成几个区域。

6.3.1.2　聚类类型及统计量

聚类分析的基本思路是把分类对象按一定规则分成若干类，这些类不是事先给定的，而是根据数据的特征来确定的。在同一类中，这些对象在某种意义上趋向于彼此相似；而在不同类中，对象趋向于不相似。

在聚类分析中，基本思想是，认为所研究的样品或变量之间存在着程度不同的相似性（亲疏关系）。根据一批样品的多个观测变量，具体找出一些能够度量样品（或变量）之间相似程度的统计量，以这些统计量为划分类型的依据，把一些相似程度较大的样品（或变量）聚为一类，把另外一些相似程度较小的样品（或变量）聚为另一类，关系密切的聚到一个小的分类中，关系疏远的聚到一个大的分类中，直到把所有样品（或变量）都聚类完毕，把不同的类型一一划分出来，形成一个由小到大的分类系统。最后把整个分类系统画成一张聚类图，用它把所有样品（或变量）间的亲疏关系表示出来。

常见的聚类分析方法有系统聚类法、快速聚类法、有序聚类法和模糊聚类法等，本书重点介绍目前常用的系统聚类法，其他方法请参考有关书籍。

通常根据分类对象的不同分为两类：一类是对样品进行分类处理，称为 Q 型聚类；另一类是对变量进行分类处理，称为 R 型聚类。

本书重点介绍样品聚类分析方法。

聚类分析的基本原则是将相似程度较大的对象归为同一类，而将差异较大的个体归为不同的类。为了将样品聚类，就需要研究样品之间的关系。一种方法是将每个样品看成 p 维空间的一个点，并在空间定义距离，距离较近的点归为一类，距离较远的点归为另一类。对变量通常计算它们的相关系数，性质越接近的变量，其相关系数越接近 1（或–1），彼此越无关的变量，其相关系数越接近 0。较相近的变量归为一类，较不相近的变量归为另一类。

可进行聚类的统计量有距离和相关系数两种：

$$\text{聚类统计量}\begin{cases}\text{距离（样品）}\\ \text{相关系数（变量）}\end{cases}$$

对样品进行聚类时，把样品间的“靠近”程度用某种距离来刻画；对指标的聚类，往往用某种相关系数来刻画。

当选用 n 个样品、p 个指标时，就可以得到一个 $n\times p$ 的数据矩阵 $\boldsymbol{X}=(x_{ij})_{n\times p}$。该矩阵的元素 x_{ij} 表示第 i 个样品的第 j 个变量值。

为了直观显示样品之间的距离，举一个两变量在平面上的例子。

从前面的竞争力数据中取出任意两个变量，在直角坐标系中显示它们在空间的距离分布情况，如取变量 X1（从业人员）和 X2（固定资产）的前 11 个数据（地区）。

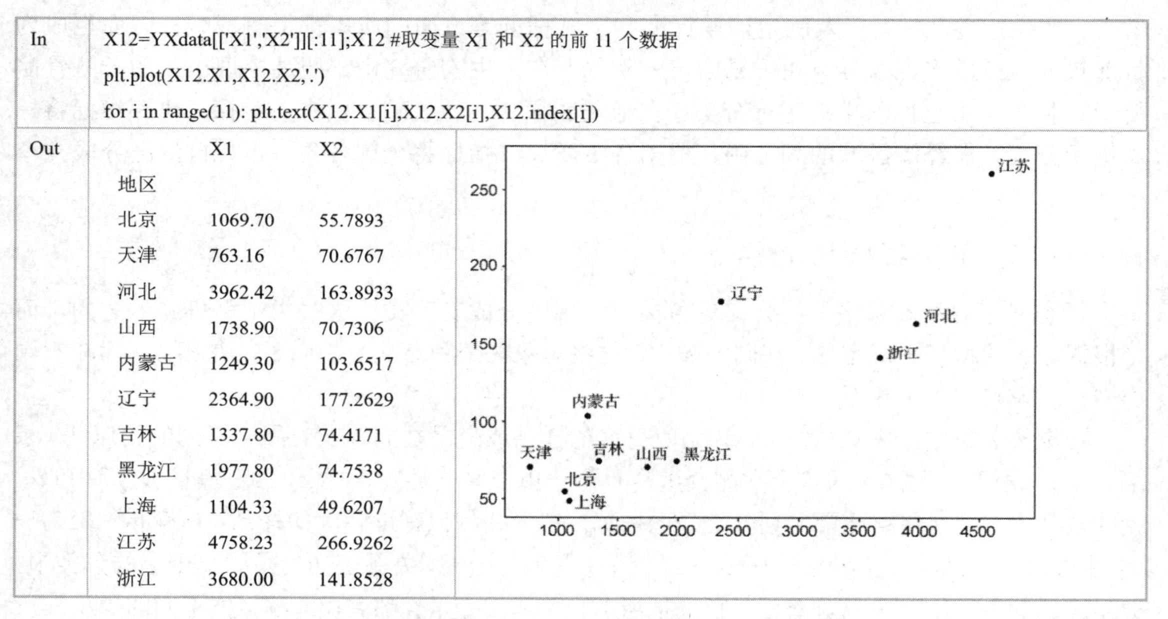

In

```
X12=YXdata[['X1','X2']][:11];X12 #取变量 X1 和 X2 的前 11 个数据
plt.plot(X12.X1,X12.X2,'.')
for i in range(11): plt.text(X12.X1[i],X12.X2[i],X12.index[i])
```

Out

	X1	X2
地区		
北京	1069.70	55.7893
天津	763.16	70.6767
河北	3962.42	163.8933
山西	1738.90	70.7306
内蒙古	1249.30	103.6517
辽宁	2364.90	177.2629
吉林	1337.80	74.4171
黑龙江	1977.80	74.7538
上海	1104.33	49.6207
江苏	4758.23	266.9262
浙江	3680.00	141.8528

由于只有两个变量，所以从散点图上就可以直观地将这些地区样品分为几类，但当变量多于两个时，这种方法显然是不行的。下面给出计算距离的常用方法。

设 $x_{ij}(i=1,2,\cdots,n;\ j=1,2,\cdots,p)$ 为第 i 个样品的第 j 个指标的观测数据，即每个样品有 p 个变量，则每个样品都可以看成 p 维空间中的一个点，n 个样品就是 p 维空间中的 n 个点，定义 d_{ij} 为样品 x_i 与 x_j 的距离，于是得到 $n\times n$ 的距离矩阵：

$$\boldsymbol{D}=(d_{ij})_{n\times n}=\begin{bmatrix} d_{11} & d_{12} & \cdots & d_{1n} \\ d_{21} & d_{22} & \cdots & d_{2n} \\ \vdots & \vdots & & \vdots \\ d_{n1} & d_{n2} & \cdots & d_{nn} \end{bmatrix}$$

为了计算平面上各点之间的距离 d_{ij}，在聚类分析中对连续变量常用的距离有以下几种。

① 欧氏（Euclidean）距离，通常是一种数学意义上的距离。

$$d_{ij}(x_i,x_j)=\sqrt{\sum_{k=1}^{k}(x_{ik}-x_{jk})^2}$$

② 马氏（Mahalanobis）距离，是一种统计意义上的距离，可看成欧氏距离的推广。

$$d_{ij}(M)=(\boldsymbol{x}_i-\boldsymbol{x}_j)'\boldsymbol{\Sigma}^{-1}(\boldsymbol{x}_i-\boldsymbol{x}_j)$$

式中，$\boldsymbol{x}_i$ 为样品 i 的 p 个指标组成的行向量，$\boldsymbol{\Sigma}$ 为协方差矩阵。

相对于欧氏距离，马氏距离有其优点：马氏距离既排除了各指标间的相关性干扰，又消除了各指标的量纲。下面是欧氏距离算出的距离相似矩阵（Python 默认为欧氏距离）。

In

```
Z12=(X12-X12.mean())/X12.std()                #数据标准化
import scipy.cluster.hierarchy as sch         #加载系统聚类包
D12=sch.distance.pdist(Z12);D12               #样品间距离
```

Out

```
array([  0.317,  2.675,  0.542,  0.725,  2.046,  0.341,  0.728,  0.095,
         4.16,   2.315,  2.741,  0.721,  0.608,  1.979,  0.428,  0.9,
         0.402,  4.153,  2.401,  2.15,   2.196,  1.197,  2.352,  1.977,
         2.711,  1.642,  0.389,  0.609,  1.652,  0.301,  0.186,  0.564,
         3.675,  1.783,  1.371,  0.44    0.689,  0.811,  3.553,  1.884,
         1.708,  1.552,  2.116,  2.215,  1.105,  0.473,  0.407,  3.82,
         2.001,  0.746,  3.521,  1.606,  4.213,  2.346,  2.025])
```

在实际聚类分析中，很多情况下都是对样品进行聚类的。首先将距离最小的两个样品聚为一类，如前面的第 1 个样品和第 9 个样品聚为一类（d=0.095）。

由于上述距离是样品在平面坐标上的两两之间的关系，并不能反映它们的多维空间的关系，因此需要进一步进行聚类分析。

6.3.2 系统聚类方法

6.3.2.1 系统聚类方法的基本思想

确定了距离后就要进行分类，分类有许多种方法，最常用的一种方法是在样品距离的基础上定义类与类之间的距离，首先将 n 个样品分成 n 类，每个样品自成一类，然后每次将具有最小距离的两类合并，合并后重新计算类与类之间的距离，这个过程一直继续到所有的样品归为一类为止，并把这个过程绘制成一张聚类图，由聚类图可方便地进行分类。因为聚类图类似于一张系统图，所以这类方法就称为系统聚类方法（Hierachical Clustering Method）。系统聚类方法是目前在实际中使用最多的一类方法。从上面的分析可以看出，虽然我们已定义样品之间的距离，但在实际计算过程中还要定义类与类之间的距离，如何定义类与类之间的距离，也有许多种方法，不同的定义方法就产生了不同的系统聚类方法，常用的有以下六种。

① 最短距离法：类与类之间的距离等于两类最近样品之间的距离。

② 最长距离法：类与类之间的距离等于两类最远样品之间的距离。

③ 中间距离法：最长距离法夸大了类间距离，最短距离法低估了类间距离，介于两者间的距离法即中间距离法。

④ 类平均法：类与类之间的距离等于各类元素两两之间的平方距离的平均值。

⑤ 重心法：类与类之间的距离定义为对应这两类重心（均值）之间的距离。

⑥ 离差平方和法（Ward 法）：基于方差分析的思想，如果类分得正确，那么同类样品之间的离差平方和应较小，类与类之间的离差平方和应较大。

这六种系统聚类方法的并类原则和过程完全相同，不同之处在于类与类之间的距离定义不同。

6.3.2.2　系统聚类方法的基本步骤

系统聚类方法的基本步骤如下：

① 计算 n 个样品两两之间的距离矩阵，记作 $\boldsymbol{D}=\{d_{ij}\}_{n\times n}$。

② 构造 n 个类，每个类只包含一个样品。

③ 合并距离最近的两类为一个新类。

④ 计算新类与当前各类的距离，若类个数为 1，则转到步骤⑤，否则回到步骤③。

⑤ 绘制系统聚类图。

⑥ 根据系统聚类图确定类的个数和类的内容。

下面应用前面的数据框 X12 进行系统聚类。距离采用欧氏距离（Python 默认），方法使用最长距离法（Python 默认）。开始有 11 类，即每个样品自成一类，这 11 类之间的距离就等于 11 个样品（地区）之间的距离，距离矩阵记为 $\boldsymbol{D}$，其最小元素是 $\boldsymbol{D}(0,8)=0.095$，故第一步就可将类 0（北京）和类 8（上海）合并成一个新类，以此类推，计算新类与其他类之间的距离。

使用默认的最长距离法进行聚类，具体如下。

In
```
H1=sch.linkage(D12);H1   #系统聚类过程，默认方法 method='complete'
```

Out
```
array([[ 0.    , 8.    ,  0.09530393,  2.    ],
       [ 3.    , 7.    ,  0.18639825,  2.    ],
       [ 6.    , 12.   ,  0.30140255,  3.    ],
       [ 1.    , 11.   ,  0.31684622,  3.    ],
       [13.    ,14.    ,  0.34073179,  6.    ],
       [ 2.    , 10.   ,  0.38877071,  2.    ],
       [ 4.    , 15.   ,  0.43997321,  7.    ],
       [ 5.    , 16.   ,  1.10541379,  3.    ],
       [17.    ,18.    ,  1.37100242,  10.   ],
       [ 9.    , 19.   ,  1.64227407,  11.   ]])
```

In
```
sch.dendrogram(H1,labels=X12.index);          #系统聚类图
```

Out	

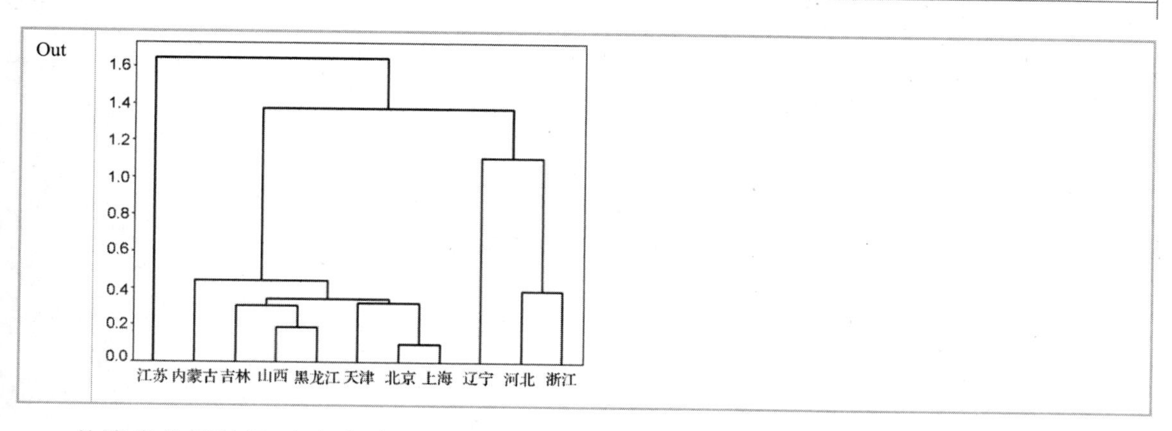

从聚类分析结果可以看到，如果聚为三类，则第一类包括江苏，第二类包括辽宁、河北和浙江，第三类包括内蒙古、吉林、山西、黑龙江、天津、北京和上海。

In

```
pd.DataFrame(sch.cut_tree(H1),index=X12.index)          #聚类划分
```

Out

地区	0	1	2	3	4	5	6	7	8	9	10
北京	0	0	0	0	0	0	0	0	0	0	0
天津	1	1	1	1	0	0	0	0	0	0	0
河北	2	2	2	2	1	1	1	1	1	0	0
山西	3	3	3	3	2	0	0	0	0	0	0
内蒙古	4	4	4	4	3	2	2	0	0	0	0
辽宁	5	5	5	5	4	3	3	2	1	0	0
吉林	6	6	6	3	2	0	0	0	0	0	0
黑龙江	7	7	3	3	2	0	0	0	0	0	0
上海	8	0	0	0	0	0	0	0	0	0	0
江苏	9	8	7	6	5	4	4	3	2	1	0
浙江	10	9	8	7	6	5	1	1	1	0	0

从系统聚类图可以看出，第 1 次北京和上海最为接近，聚为一类；第 2 次山西和黑龙江聚为一类，以此类推。

下面使用 Ward 法进行聚类，通常效果比较好。

In

```
H2=sch.linkage(D12,method='ward');H2          #系统聚类过程，方法='ward'
sch.dendrogram(H2,labels=X12.index);
```

Out

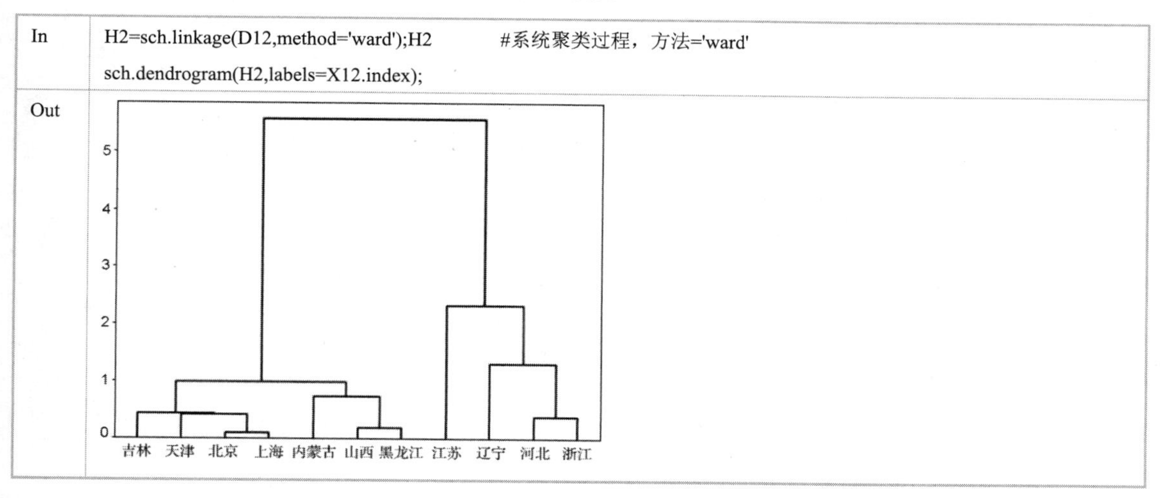

In

```
pd.DataFrame(sch.cut_tree(H2),index=X12.index)        #聚类划分
```

Out

地区	0	1	2	3	4	5	6	7	8	9	10
北京	0	0	0	0	0	0	0	0	0	0	0
天津	1	1	1	1	0	0	0	0	0	0	0
河北	2	2	2	2	1	1	1	1	1	1	0
山西	3	3	3	3	2	2	2	0	0	0	0
内蒙古	4	4	4	4	3	3	2	0	0	0	0
辽宁	5	5	5	5	4	4	3	2	1	1	0
吉林	6	6	6	6	5	0	0	0	0	0	0
黑龙江	7	7	3	3	2	2	2	0	0	0	0
上海	8	0	0	0	0	0	0	0	0	0	0
江苏	9	8	7	7	6	5	4	3	2	1	0
浙江	10	9	8	2	1	1	1	1	1	1	0

继续对我国 30 个省、市、自治区 2011 年的对外贸易数据进行 8 个变量的样品聚类，根据聚类结果进行国际竞争力划分。虽然 Python 要通过编程来进行统计分析，使得许多人望而却步，但是，如果使用熟练，用 Python 进行分析还是非常灵活的。下面用一步法对地区国际竞争力进行聚类分析。由于经济管理数据通常变化较大，故需要先对其进行标准化再聚类。

In

```
Z=(MVdata-MVdata.mean())/MVdata.std()
D=sch.distance.pdist(Z);
H=sch.linkage(D,method='ward');
sch.dendrogram(H,labels=MVdata.index);
```

Out

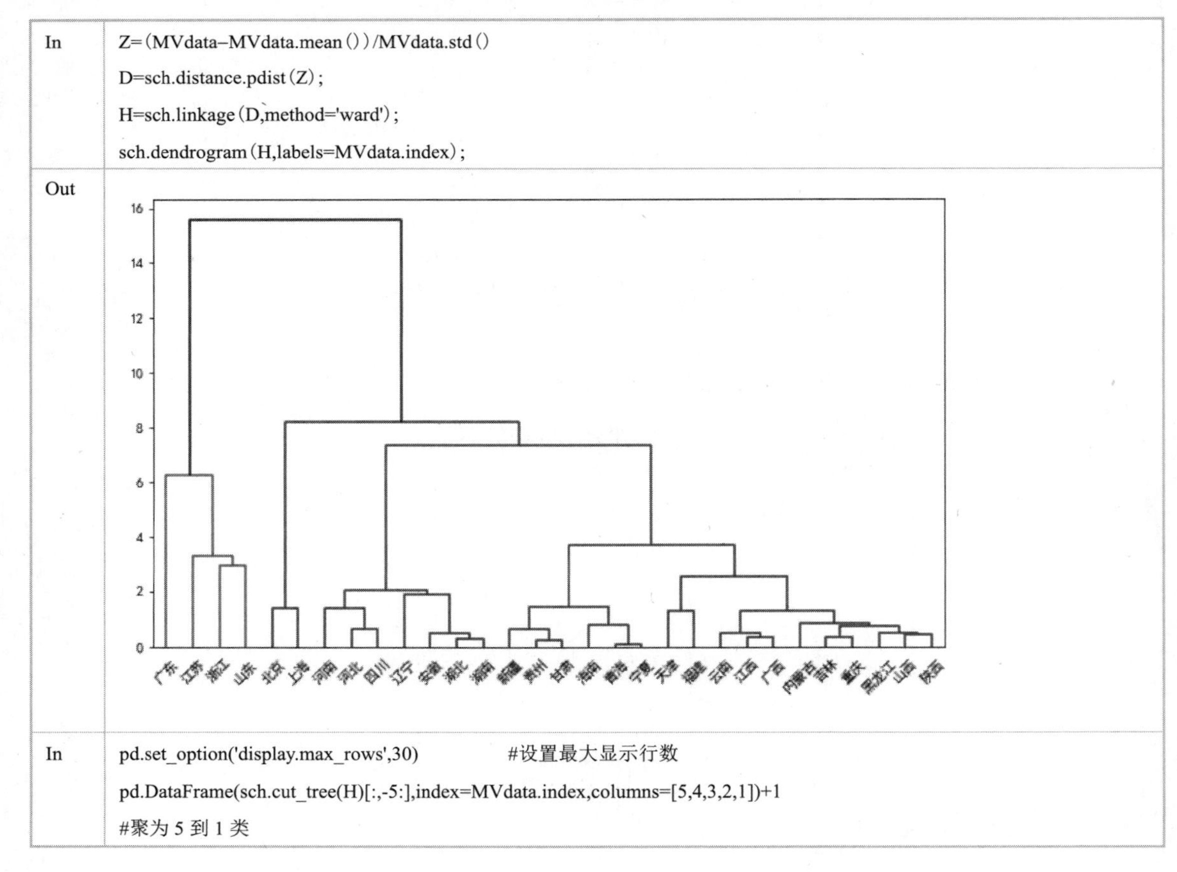

In

```
pd.set_option('display.max_rows',30)          #设置最大显示行数
pd.DataFrame(sch.cut_tree(H)[:,-5:],index=MVdata.index,columns=[5,4,3,2,1])+1
#聚为 5 到 1 类
```

Out		5	4	3	2	1
	地区					
	北京	1	1	1	1	1
	天津	2	2	2	1	1
	河北	3	3	2	1	1
	山西	2	2	2	1	1
	内蒙古	2	2	2	1	1
	辽宁	3	3	2	1	1
	吉林	2	2	2	1	1
	黑龙江	2	2	2	1	1
	上海	1	1	1	1	1
	江苏	4	4	3	2	1
	浙江	4	4	3	2	1
	安徽	3	3	2	1	1
	福建	2	2	2	1	1
	江西	2	2	2	1	1
	山东	4	4	3	2	1
	河南	3	3	2	1	1
	湖北	3	3	2	1	1
	湖南	3	3	2	1	1
	广东	5	4	3	2	1
	广西	2	2	2	1	1
	海南	2	2	2	1	1
	重庆	2	2	2	1	1
	四川	3	3	2	1	1
	贵州	2	2	2	1	1
	云南	2	2	2	1	1
	陕西	2	2	2	1	1
	甘肃	2	2	2	1	1
	青海	2	2	2	1	1
	宁夏	2	2	2	1	1
	新疆	2	2	2	1	1

综合考虑以上分析结果，建立了我国 30 个地区的外贸国际竞争力的分类情况，如表 6-3 所示。

表 6-3　按类整理聚类图结果

分　类	种类数	
	类（1）	类（2）
分两类	广东、江苏、浙江、山东	北京、天津、河北、山西、内蒙古、辽宁、吉林、黑龙江、上海、安徽、福建、江西、河南、湖北、湖南、广西、海南、重庆、四川、贵州、云南、陕西、甘肃、青海、宁夏、新疆

续表

分　类	种类数			
分三类	类（1）	类（2）	类（3）	
	广东、江苏、浙江、山东	北京、上海	天津、河北、山西、内蒙古、辽宁、吉林、黑龙江、安徽、福建、江西、河南、湖北、湖南、广西、海南、重庆、四川、贵州、云南、陕西、甘肃、青海、宁夏、新疆	
分四类	类（1）	类（2）	类（3）	类（4）
	广东、江苏、浙江、山东	北京、上海	河南、河北、四川、辽宁、安徽、湖北、湖南	天津、山西、内蒙古、吉林、黑龙江、福建、江西、广西、海南、重庆、四川、贵州、云南、陕西、甘肃、青海、宁夏、新疆

从表 6-3 可以看出，江苏、浙江、山东、广东的国际贸易竞争力与其他省、市、自治区有较显著的差异，这是符合实际情况的，于是可以将我国国际贸易竞争力水平大致分类如下。

如果按高竞争力和低竞争力进行分类，则分两类：江苏、浙江、山东、广东为高竞争力地区，其他为低竞争力地区。

如果按高竞争力、中等竞争力和低竞争力进行分类，则分三类：江苏、浙江、山东、广东为高竞争力地区，北京、上海为中等竞争力地区，其他为低竞争力地区。

如果按高竞争力、中等偏上竞争力、中等偏下竞争力和低竞争力进行分类，则分四类：江苏、浙江、山东、广东为高竞争力地区，北京、上海为中等偏上竞争力地区，河南、河北、四川、辽宁、安徽、湖北、湖南为中等偏下竞争力地区，天津、山西、内蒙古、吉林、黑龙江、福建、江西、广西、海南、重庆、四川、贵州、云南、陕西、甘肃、青海、宁夏、新疆为低竞争力地区。

数据及练习 6

6.1　为了研究 31 个省、市、自治区 2007 年城镇居民家庭平均每人全年消费性支出，根据调查资料进行区域消费类型划分，指标名称如下。此题样品数 n=31，变量个数 p=8。数据来源于《2008 中国统计年鉴》。

食品：人均食品支出（元/人）。

衣着：人均衣着商品支出（元/人）。

设备：人均家庭设备用品及服务支出（元/人）。

医疗：人均医疗保健支出（元/人）。

交通：人均交通和通信支出（元/人）。

教育：人均娱乐教育文化服务支出（元/人）。

居住：人均居住支出（元/人）。

杂项：人均杂项商品和服务支出（元/人）。

地　区	食　品	衣　着	设　备	医　疗	交　通	教　育	居　住	杂　项
北京	4934.05	1512.88	981.13	1294.07	2328.51	2383.96	1246.19	649.66
天津	4249.31	1024.15	760.56	1163.98	1309.94	1639.83	1417.45	463.64

续表

地　区	食　品	衣　着	设　备	医　疗	交　通	教　育	居　住	杂　项
河北	2789.85	975.94	546.75	833.51	1010.51	895.06	917.19	266.16
山西	2600.37	1064.61	477.74	640.22	1027.99	1054.05	991.77	245.07
内蒙古	2824.89	1396.86	561.71	719.13	1123.82	1245.09	941.79	468.17
辽宁	3560.21	1017.65	439.28	879.08	1033.36	1052.94	1047.04	400.16
吉林	2842.68	1127.09	407.35	854.80	873.88	997.75	1062.46	394.29
黑龙江	2633.18	1021.45	355.67	729.55	746.03	938.21	784.51	310.67
上海	6125.45	1330.05	959.49	857.11	3153.72	2653.67	1412.10	763.80
江苏	3928.71	990.03	707.31	689.37	1303.02	1699.26	1020.09	377.37
浙江	4892.58	1406.20	666.02	859.06	2473.40	2158.32	1168.08	467.52
安徽	3384.38	906.47	465.68	554.44	891.38	1169.99	850.24	309.30
福建	4296.22	940.72	645.40	502.41	1606.9	1426.34	1261.18	375.98
江西	3192.61	915.09	587.40	385.91	732.97	973.38	728.76	294.60
山东	3180.64	1238.34	661.03	708.58	1333.63	1191.18	1027.58	325.64
河南	2707.44	1053.13	549.14	626.55	858.33	936.55	795.39	300.19
湖北	3455.98	1046.62	550.16	525.32	903.02	1120.29	856.97	242.82
湖南	3243.88	1017.59	603.18	668.53	986.89	1285.24	869.59	315.82
广东	5056.68	814.57	853.18	752.52	2966.08	1994.86	1444.91	454.09
广西	3398.09	656.69	491.03	542.07	932.87	1050.04	803.04	277.43
海南	3546.67	452.85	519.99	503.78	1401.89	837.83	819.02	210.85
重庆	3674.28	1171.15	706.77	749.51	1118.79	1237.35	968.45	264.01
四川	3580.14	949.74	562.02	511.78	1074.91	1031.81	690.27	291.32
贵州	3122.46	910.30	463.56	354.52	895.04	1035.96	718.65	258.21
云南	3562.33	859.65	280.62	631.70	1034.71	705.51	673.07	174.23
西藏	3836.51	880.10	271.29	272.81	866.33	441.02	628.35	335.66
陕西	3063.69	910.29	513.08	678.38	866.76	1230.74	831.27	332.84
甘肃	2824.42	939.89	505.16	564.25	861.47	1058.66	768.28	353.65
青海	2803.45	898.54	484.71	613.24	785.27	953.87	641.93	331.38
宁夏	2760.74	994.47	480.84	645.98	859.04	863.36	910.68	302.17
新疆	2760.69	1183.69	475.23	598.78	890.30	896.79	736.99	331.80

（1）用综合评价方法进行综合分析。

（2）用主成分分析方法进行综合分析。

（3）用聚类分析方法进行聚类。

6.2　USJudgeRatings 数据集（来自 PyDataset 包）包含了律师对美国高等法院法官的评分。数据框包含 43 个观测和 12 个变量（只需要后 11 个变量）。CONT 为律师与法官的接触次数，INTG 为法官的正直程度，DMNR 为风度，DILG 为勤勉度，CFMG 为案例流程管理水平，DECI 为决策效率，PREP 为审理前的准备工作，FAMI 为对法律的熟悉程度，ORAL 为口头裁决的可靠度，WRIT 为书面裁决的可靠度，PHYS 为体能，RTEN 为是否值得保留。

（1）用综合评价方法进行综合分析。

（2）用主成分分析方法进行综合分析。

（3）用聚类分析方法进行聚类。

6.3　UScereal 数据集（来自 PyDataset 包）给出了谷物营养的数据。变量 mfr 为生产厂家名，calories、protein、fat、sodium、fibre、carbo、sugars 均为谷物的营养成分。

（1）用综合评价方法进行综合分析。

（2）用主成分分析方法进行综合分析。

（3）用聚类分析方法进行聚类。

第 3 部分
文本数据的挖掘

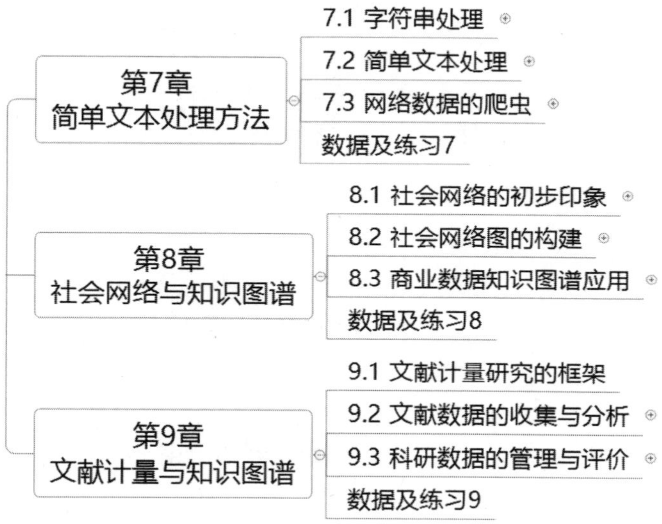

第7章 简单文本处理方法
- 7.1 字符串处理
- 7.2 简单文本处理
- 7.3 网络数据的爬虫
- 数据及练习7

第8章 社会网络与知识图谱
- 8.1 社会网络的初步印象
- 8.2 社会网络图的构建
- 8.3 商业数据知识图谱应用
- 数据及练习8

第9章 文献计量与知识图谱
- 9.1 文献计量研究的框架
- 9.2 文献数据的收集与分析
- 9.3 科研数据的管理与评价
- 数据及练习9

第 3 部分知识图谱

第 7 章　简单文本处理方法

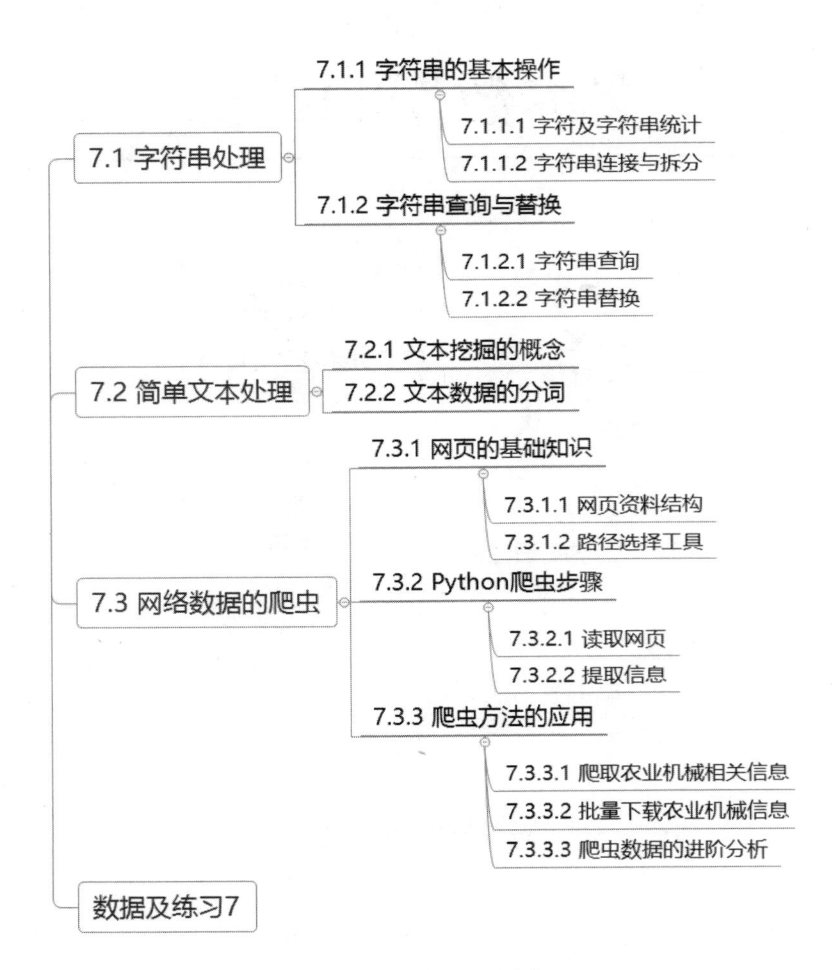

第 7 章内容的知识图谱

7.1　字符串处理

Python 中文文献计量分析没有现成的函数与方法，可以根据 Python 自带的字符处理函数，编写文献计量分析所需要的函数。首先将文献题录数据当成一般的中文文本数据集，根据其自身特征进行文本预处理。这里介绍一些常用且简单的 Python 字符处理函数，掌握它们之后进行文献计量分析就得心应手了。

7.1.1　字符串的基本操作

7.1.1.1　字符及字符串统计

直接使用 len()函数可分别对字段自身长度、列表长度和嵌套列表长度进行统计，len()函数也可以直接对中文字段进行操作。

In	len('abc')
Out	3
In	S=["asfef", "qwerty", "yuiop", "b", "stuff.blah.yech"]; len(S)
Out	5
In	[len(s) for s in S]
Out	[5, 6, 5, 1, 15]

7.1.1.2　字符串连接与拆分

1）连接方法 1：加号'+'

直接使用加号'+'就可以实现对两个或多个字符串进行连接。

In	'Python'+' '+'Data Analysis' '暨南大学'+'管理学院'
Out	'Python Data Analysis' '暨南大学管理学院'

2）连接方法 2：字符串格式化输出

有时对连接有自定义操作，可以采用字符串格式化输出，这种方法更为常用。

In	website = '%s%s%s' % ('Python', 'tab', '.com');website
Out	'Pythontab.com'

3）连接方法 3：join()

如果操作的对象是列表，则可以采用 join()函数。

In	listStr = ['Python', 'tab', '.com'] ''.join(listStr)　　　　　　#paste
Out	'Pythontab.com'

4）拆分方法：split()

选择 2017 年 8 月出版的《中国社会科学》前三篇文章的题录数据进行中文文本处理，如表 7-1 所示。通过学习这部分内容，可以为第 9 章的文献计量分析打好重要的编程基础，全部函数操作都来源于这一节。Python 内置针对字段的拆分函数 split()。

表 7-1　2017 年 8 月出版的《中国社会科学》前三篇文章的题录数据

Title（题名）	Author（作者）	Organ（单位）	Source（文献来源）	Keyword（关键词）
历史阐释中的历史事实和历史评价问题——基于马克思唯物历史观的基本理论和方法	涂成林	广州大学广州发展研究院	《中国社会科学》	历史阐释；历史事实；历史评价；唯物史观
钦差巡察与查理曼的帝国治理	李云飞	暨南大学文学院历史系	《中国社会科学》	查理曼；钦差巡察；加洛林帝国；法兰克；中世纪
南宋史料与政治史研究——三重视角的分析	黄宽重	台湾长庚大学/长庚医院	《中国社会科学》	南宋；政治忌讳；人物评价；人际关系；包容政治

In
```
S1='历史阐释;;历史事实;;历史评价;;唯物史观'
S1.split(';;')
```
Out
```
['历史阐释', '历史事实', '历史评价', '唯物史观']
```
In
```
S2='查理曼;;钦差巡察;;加洛林帝国;;法兰克;;中世纪'
S3='南宋;;政治忌讳;;人物评价;;人际关系;;包容政治'
S4=[S1,S2,S3];S4
```
Out
```
['历史阐释;;历史事实;;历史评价;;唯物史观',
 '查理曼;;钦差巡察;;加洛林帝国;;法兰克;;中世纪',
 '南宋;;政治忌讳;;人物评价;;人际关系;;包容政治']
```

针对列表，可以自定义一个列表拆分函数 list_split()。

In
```
def list_split(content,sep):
    new_list=[]
    for i in range(len(content)):
        new_list.append(list(filter(None,content[i].split(sep))))
    return new_list
list_split(S4,';;')
```
Out
```
[['历史阐释', '历史事实', '历史评价', '唯物史观'],
 ['查理曼', '钦差巡察', '加洛林帝国', '法兰克', '中世纪'],
 ['南宋', '政治忌讳', '人物评价', '人际关系', '包容政治']]
```

7.1.2　字符串查询与替换

7.1.2.1　字符串查询

在 Python 中 In 可以实现直接查询（集合操作）。

In	S5=['广州大学广州发展研究院','暨南大学文学院历史系','暨南大学管理学院'] '暨南大学' in S5[1]
Out	True

根据 In 的特点可以自定义一个列表查询函数 find_words()。

In	def find_words(content,pattern): return [content[i] for i in range(len(content)) if (pattern in content[i]) == True] find_words(S5,'暨南大学')
Out	['暨南大学文学院历史系', '暨南大学管理学院']

同理，直接使用 len()函数就可以对所需查询内容的数量进行统计。

In	len(find_words(S5,'暨南大学'))
Out	2
In	len(find_words(S5,'a'))
Out	0

7.1.2.2　字符串替换

replace()函数可以对字符串的内容进行替换。

In	'apple,orange'.replace("apple","banana")
Out	'banana,orange'

可以自定义一个针对列表的字符串替换函数。

In	def list_replace(content,old,new): return [content[i].replace(old,new) for i in range(len(content))] list_replace(S5,'暨南大学','华南农业大学')
Out	['广州大学广州发展研究院', '华南农业大学文学院历史系', '华南农业大学管理学院']

7.2　简单文本处理

7.2.1　文本挖掘的概念

文本挖掘是抽取有效、新颖、有用、可理解的、散布在文本文件中的有价值知识，并且利用这些知识可以更好地组织信息的过程。文本挖掘是数据挖掘的一个应用分支，用于基于文本信息的知识发现。文本挖掘利用智能算法，如神经网络、基于案例的推理、可能性推理等，并结合文字处理技术，分析大量的非结构化文本源（如文档、电子表格、客户电子邮件、问题查询、网页等），抽取或标记关键字概念、文字间的关系，并按照内容对文档进行分类，获取有用的知识和信息。

文本挖掘从数据挖掘发展而来，但并不意味着简单地将数据挖掘技术运用到大量文本的集合上就可以实现文本挖掘，还需要进行很多准备工作。文本挖掘的准备工作由文本收集、文本分析和关键词词云分析三个步骤组成。

（1）文本收集：需要挖掘的文本数据可能具有不同的类型，且分散在很多地方。需要寻找和检索那些所有被认为可能与当前工作相关的文本。一般地，系统用户都可以定义文本集，但是仍需要一个用来过滤相关文本的系统。

（2）文本分析：与数据库中的结构化数据相比，文本具有有限的结构，或者根本没有结构；此外，文档的内容是人类所使用的自然语言，计算机很难处理其语义。文本数据源的这些特殊性使得现有的数据挖掘技术无法直接应用其上，需要对文本进行分析，抽取代表其特征的元数据，这些特征可以用结构化的形式保存，作为文档的中间表示形式。其目的在于从文本中扫描并抽取所需要的事实。本节对《“十四五”数字经济发展规划》进行文本挖掘与分析。

（3）关键词词云分析：词云就是对文本中出现频率较高的“关键词”予以视觉上的突出，形成“关键词云层”或“关键词渲染”，从而过滤掉大量的文本信息，使用户只要一眼扫过文本就可以领略文本的主旨。好的数据可视化，可以使数据分析的结果更通俗易懂。词云就是数据可视化的一种形式。

下面我们用 Python 分词包 jieba 对一段文字进行简单的分词分析。

jieba（结巴分词）号称宇宙最强 Python 分词工具，是 Python 语言中最流行的一个分词工具，在自然语言处理等场景被广泛使用。

1）安装

In	#!pip install jieba
Out	Requirement already satisfied: jieba in c:\users\lenovo\anaconda3\lib\site-packages (0.42.1)

2）简单分词

In	import jieba words1 = jieba.lcut("我爱中国暨南大学"); words1
Out	['我', '爱', '中国', '暨南大学']

句子被切分成了 4 个词组的列表。

3）全模式分词

In	words2 = jieba.lcut("我爱中国暨南大学",cut_all=True); words2
Out	['我', '爱', '中国', '暨南', '暨南大学', '南大', '大学']

全模式分出来的词覆盖面更广。

4）提取关键词

从一个句子或一个段落中提取前 *K* 个关键词，topK 为返回前 *K* 个权重最大的关键词，withWeight 为返回每个关键词的权重值。

In	sentence="词云就是对文本中出现频率较高的关键词予以视觉上的突出，形成“关键词云层”或“关键词渲染”，从而过滤掉大量的文本信息，使用户只要一眼扫过文本就可以领略文本的主旨。其作用是提供用户在业务中的转化率和流失率;揭示了各种业务在网站中受欢迎的程度;发现业务流程中存在的问题，以及改进的效果。"
In	import jieba.analyse as ja ja.extract_tags(sentence,topK=5) #句子中出现次数最多的 5 个词

Out	['文本', '关键词', '流失率', '用户', '词云']
In	ja.extract_tags(sentence,topK=5,withWeight=True) #出现次数最多的 5 个词及其权重
Out	[('文本', 0.7778130951626087), ('关键词', 0.5806607855354349), ('流失率', 0.30218864460869566), ('用户', 0.2966233074965217), ('词云', 0.25988625006304344)]

7.2.2 文本数据的分词

1）《“十四五”数字经济发展规划》

数字经济正在成为重组全球要素资源、重塑全球经济结构、改变全球竞争格局的关键力量，发展数字经济是把握新一轮科技革命和产业变革新机遇的战略选择。2021 年国务院印发了《“十四五”数字经济发展规划》，在总结“十三五”时期我国数字经济发展成效、分析存在问题和研判形势要求基础上，提出了我国数字经济发展的总体要求、主要任务、重点工程和保障措施，为“十四五”时期各地区、各部门推进数字经济发展提供了行动指南。

2）规划纲要正文（节选）

In	txt = open("digital_economics.txt", "r",encoding='UTF-8').read() txt[:200] #显示前 200 个字符
Out	'“十四五”数字经济发展规划\n 数字经济是继农业经济、工业经济之后的主要经济形态，是以数据资源为关键要素，以现代信息网络为主要载体，以信息通信技术融合应用、全要素数字化转型为重要推动力，促进公平与效率更加统一的新经济形态。数字经济发展速度之快、辐射范围之广、影响程度之深前所未有，正推动生产方式、生活方式和治理方式深刻变革，成为重组全球要素资源、重塑全球经济结构、改变全球竞争格局的关键力量。“十四五”时'

3）分词及权重分析

In	words = jieba.lcut(txt) #使用精确模式对文本进行分词 words[:10] #显示前 10 个词
Out	['“', '十四五', '”', '数字', '经济', '发展', '规划', '\n', '数字', '经济']

In	import jieba.analyse
	Wi=jieba.analyse.extract_tags(txt,topK=10,withWeight=True)
	#文中出现次数最多的 10 个词及其权重
	pd.DataFrame(Wi,columns=['关键词','权重'])

Out	(see table below)

	关键词	权重
0	数字	0.1984
1	数字化	0.1255
2	数据	0.0767
3	经济	0.0745
4	发展	0.0686
5	提升	0.0662
6	服务	0.0657
7	推动	0.0613

	8	协同	0.0597
	9	创新	0.0539

4）词频分析与词云分析

（1）词频分析。

In
```
def words_freq(words): #定义统计文中词出现的频数函数
    counts = {}     #通过键值对的形式存储词语及其出现的次数

    for word in words:
        if len(word) == 1: continue #单个字不计算在内
        else: #遍历所有词语，每出现一次其值加 1
            counts[word] = counts.get(word,0) + 1
    return(pd.DataFrame(counts.items(),columns=['关键词','频数']))
```

In
```
wordsfreq=words_freq(words);wordsfreq
```

Out
```
        关键词      频数
0       十四五      2
1       数字        147
2       经济        100
3       发展        92
4       规划        7
...     ...         ...
1302    调查        1
1303    各项任务    1
1304    到位        1
1305    国务院      1
1306    报告        1
```

In
```
wordsfreq.sort_values(by='频数',ascending=False,inplace=True);
keys=wordsfreq.set_index('关键词');
keys[:10] #按词频排序，并设关键词为索引，取排名前 10 个关键词
```

Out
```
关键词    频数
数字      147
经济      100
发展      92
数据      77
数字化    68
服务      59
提升      57
推动      56
创新      45
产业      45
```

In
```
keys[:10].plot(kind='barh');
```

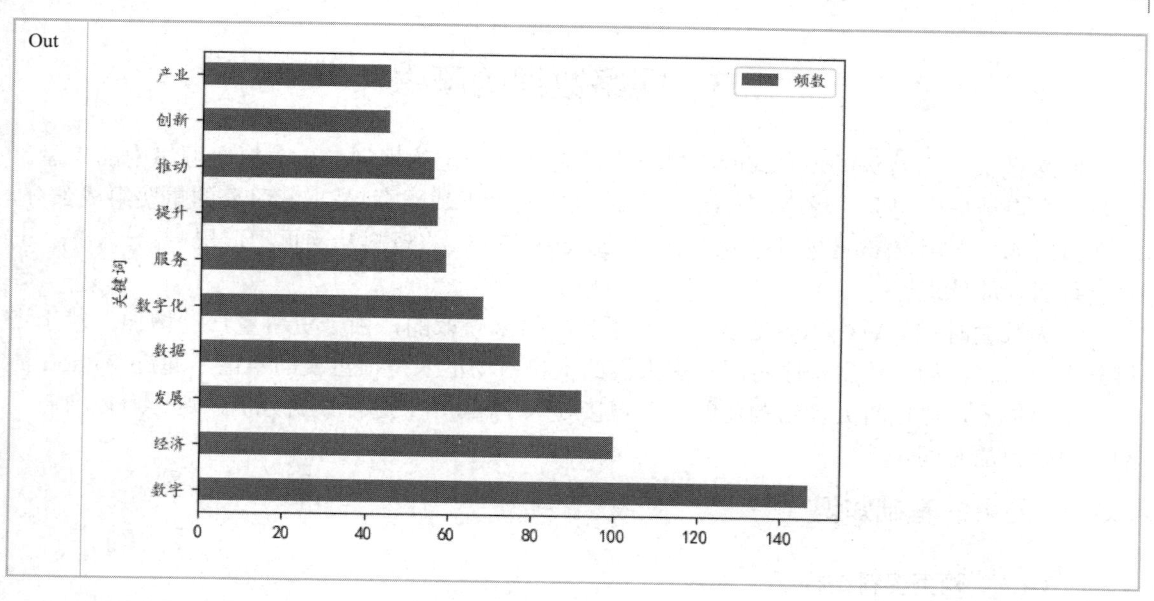

（2）词云分析。

> pip install WordCloud　　#安装词云包

```
In  from wordcloud import WordCloud #加载词云包
In  strings= " ".join(words) #用.join 将分词连接为字符串，用空格分隔
    WC=WordCloud(max_words=50,max_font_size=200,width=1200,                    height=800,
    font_path='STZHONGS.TTF',background_color="white")
    plt.imshow(WC.generate(strings)); plt.axis("off");
```

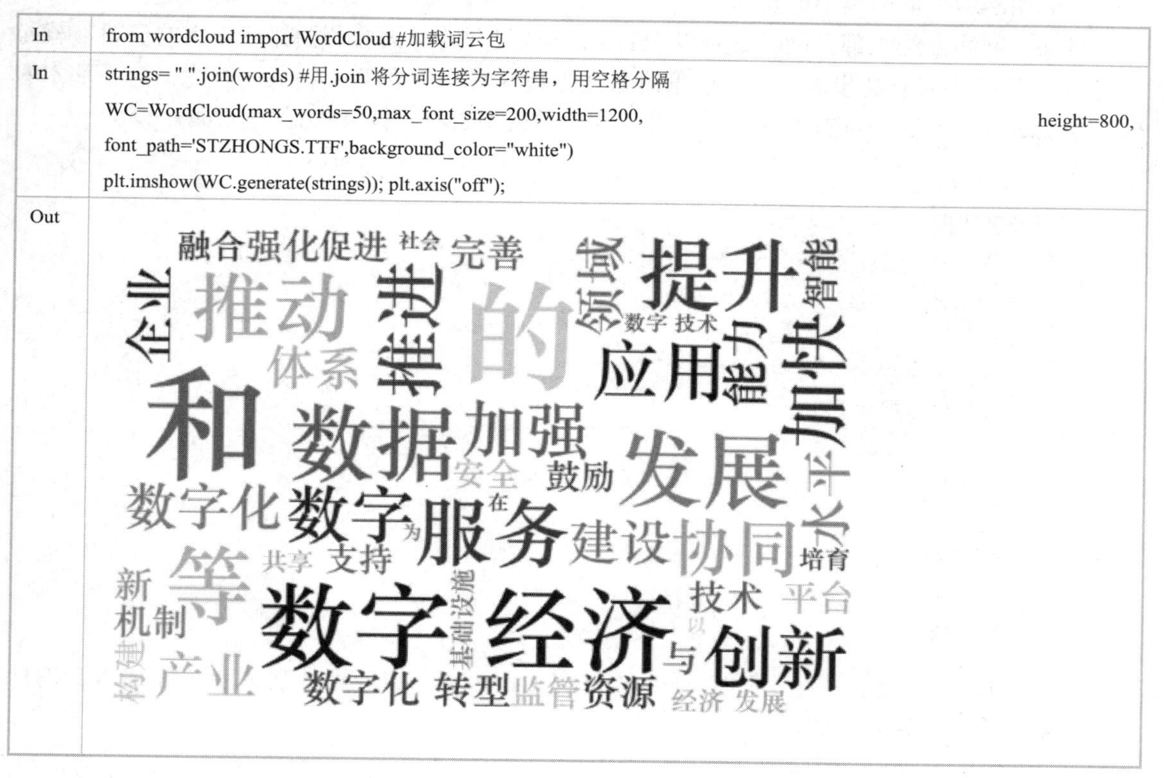

注意，在绘制该图时并未删除一些停止词。停止词是指在句子中无关紧要的词语。例如，标点符号、指示代词等，进行分词前要先将这些词去掉。分词方法 cut 不支持直接过滤停止词，需要手动处理。限于篇幅这里从略。

7.3　网络数据的爬虫

网络爬虫又称为网页蜘蛛或网络机器人，它按照一定的规则，自动抓取网络中的信息。它是一个自动提取网页的程序,为搜索引擎从互联网上下载网页,是搜索引擎的重要组成部分。下面介绍如何运用 Python 的两个第三方包 requests 和 bs4 将资料从网页中取出,并导入 Python 中进行后续的处理。

在大数据时代，有相当多的资料都是通过网络来获取的，由于资料量日益增加，对于资料分析者而言，如何使用程序将网页中大量的资料自动汇入是很重要的事情。通过 Python 的网络爬虫技术，可以将大量结构化的资料直接导入 Python 中进行数据分析，这样可以节省手动整理资料的时间。

7.3.1　网页的基础知识

7.3.1.1　网页资料结构

首先要简单介绍 HTML 的资料结构，以及 CSS 选择器（Selector）的使用方式，有了这些观念才能精准地抓取网页中的资料。

目前，网络上绝大部分网页都是以 HTML 格式呈现的，因此若要抓取其中的资料，就必须对 HTML 的格式有初步的了解，这里简单介绍基本 HTML 的资料格式与概念，有了基本的概念才能进行进一步的资料抓取。以下是一个简单的 HTML 网页原始程序代码。

```
<html>
 <head>
  <title>网页标题</title>
 </head>
 <body>
  <div class="container">
   <p>网页内容</p>
   <p>
    <ul> <li>foo</li> <li>bar</li> </ul>
   </p>
  </div>
 </body>
</html>
```

一个 HTML 网页中含有各种网页的元素（Elements），每个元素通常都会使用 HTML 的标签（Tags）前后包起来，例如：

```
<p>网页内容</p>
```

而大部分 HTML 元素都是以巢状资料结构存在的，也就是说，一个元素中可能还会包含其他很多不同的元素，例如：

```
<ul>
  <li>foo</li>
  <li>bar</li>
</ul>
```

这种情况就是一个<ul>元素中还包含两个<li>元素。

基本上每个 HTML 网页中的资料都是以这样的阶层式规则呈现的，当要抓取网页中的资料时，只要明确得知资料在这个阶层结构中的位置，就可以很容易地将资料以编程方式自动抓取。若只是抓取网页资料，则仅了解 HTML 基本的巢状结构概念即可，网页中的每个 HTML 标签都有不同的意义。

7.3.1.2　路径选择工具

SelectorGadget 是 Google Chrome 浏览器的一个外挂工具，可以用来显示网页中任意元素的 CSS 选择器路径，帮助快速抓取网页上的资料。有了 SelectorGadget，就可以直接定位所需要的数据，而不必学习复杂的网页设计等知识，结合 Python 就可以将需要的信息从网页中提取出来。有 SelectorGadget 和 Python 在手，没有任何计算机知识的人都可以轻松爬取网络数据。

SelectorGadget 的安装方式有两种，一种是从 Google Chrome 浏览器在线应用程序商店直接安装（建议一般用户采用此方式），而另一种则是直接将 SelectorGadget 官方网站所提供的链接拖至浏览器书签，使用的时候单击该链接即可。

7.3.2　Python 爬虫步骤

7.3.2.1　读取网页

下面以全国农业机械试验鉴定管理服务信息化平台的农业机械数据为例，系统地讲解数据爬虫的每个步骤。在 Google Chrome 浏览器中，同时按 Ctrl+U 键就可调出所要分析的源代码，网络爬虫实际上是利用网页的规则从网页源代码中检索出所需要的信息，因此本质上就是一个文本的搜索过程。

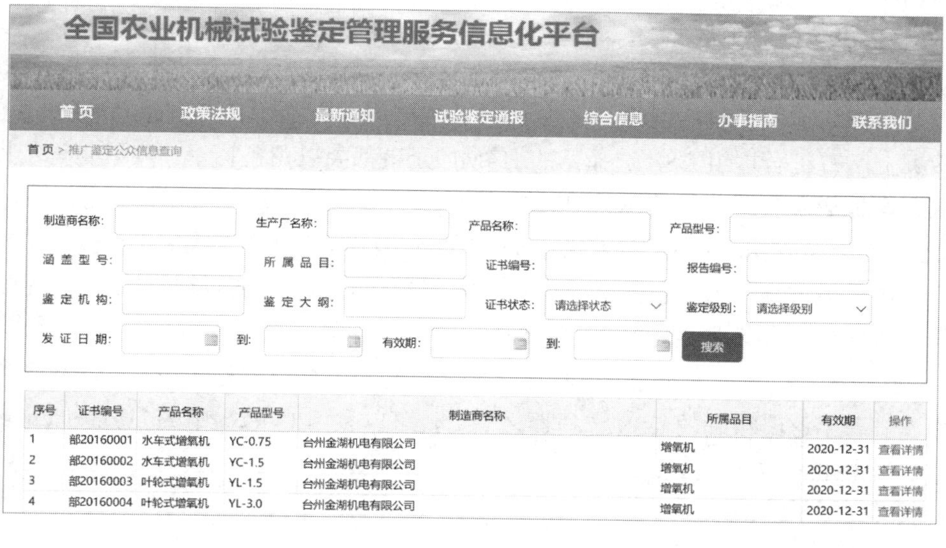

全国农业机械试验鉴定管理服务信息化平台

首 页　政策法规　最新通知　试验鉴定通报　综合信息　办事指南　联系我们

首页 > 推广鉴定公众信息查询

制造商名称：　生产厂名称：　产品名称：　产品型号：
涵盖型号：　所属品目：　证书编号：　报告编号：
鉴定机构：　鉴定大纲：　证书状态：请选择状态　鉴定级别：请选择级别
发证日期：　到：　有效期：　到：　搜索

序号	证书编号	产品名称	产品型号	制造商名称	所属品目	有效期	操作
1	部20160001	水车式增氧机	YC-0.75	台州金湖机电有限公司	增氧机	2020-12-31	查看详情
2	部20160002	水车式增氧机	YC-1.5	台州金湖机电有限公司	增氧机	2020-12-31	查看详情
3	部20160003	叶轮式增氧机	YL-1.5	台州金湖机电有限公司	增氧机	2020-12-31	查看详情
4	部20160004	叶轮式增氧机	YL-3.0	台州金湖机电有限公司	增氧机	2020-12-31	查看详情

将 requests 和 bs4 中的函数整理成读取网页函数 read_html()，它可以将整个网页的原始 HTML 程序代码抓取下来。

In	`import requests`
	`def read_html(url,encoding='utf-8'):   #定义读取 html 网页函数`
	`    headers={"User-Agent":"Mozilla/5.0 (Macintosh; Intel Mac OS X 10_12_4)`
	`    AppleWebKit/537.36 (KHTML, like Gecko) Chrome/58.0.3029.110 Safari/537.36" }`
	`    response =requests.get(url,headers=headers)`
	`    response.encoding = 'utf-8'`
	`    return(response.text)`

In	`url='http://202.127.42.49:8080/nongji/front/main/serach.do'`
	`#全国农业机械试验鉴定管理服务信息化平台`
	`page=read_html(url)                    #读取网页`
	`page`

Out	`'<!DOCTYPE html PUBLIC "-//W3C//DTD XHTML 1.0 Transitional//EN" "http://www.w3.org/TR/xhtml1/DTD/xhtml1-transitional.dtd">\r\n<html xmlns="http://www.w3.org/1999/xhtml">\r\n<head>\r\n<meta http-equiv="Content-Type" content="text/html; charset=utf-8" />\r\n<title>全国鉴定信息平台</title>`
	......
	`">查看详情</a></td>\r\n </tr>\r\n <tr>\r\n <td style="line-height:22px;">3</td>\r\n <td style="line-height:22px;">部 20160003</td> \r\n <td style="line-height:22px;"> 叶轮式增氧机</td>\r\n`
	......

7.3.2.2 提取信息

选取网页节点的步骤如下。

① 打开全国农业机械试验鉴定管理服务信息化平台页面，并开启 SelectorGadget 工具列（通常会显示在页面的右下角）。

② 鼠标单击要抓取的资料。被单击的 HTML 元素会以绿色标示，而这时 SelectorGadget 会尝试侦测用户要抓取资料的规则，产生一组 CSS 选择器并显示在 SelectorGadget 工具列上，同时，网页上所有符合这组 CSS 选择器的 HTML 元素都会以黄色标示，也就是说，目前这组 CSS 选择器会抓取所有绿色与黄色的 HTML 元素。

③ 通常 SelectorGadget 自动侦测的 CSS 选择器可能会包含一些我们不想要的资料，这时可用鼠标单击那些被标示为黄色但是应该排除的 HTML 元素。当鼠标单击黄色元素之后，该元素就会变成红色，并且将该元素排除在外。

④ 使用鼠标的选择与排除功能，将所有要抓取的元素精准地标示出来，产生一组精确的 CSS 选择器。有了这组精确的 CSS 选择器之后，就可以利用 Python 中的 info.select()函数将资料直接截取至 Python 中进行处理了。

7.3.3　爬虫方法的应用

7.3.3.1　爬取农业机械相关信息

In	def html_text(info,word): #按关键词解析文本
	    return([w.get_text() for w in info.select(word)])
	
	from bs4 import BeautifulSoup
	soup=BeautifulSoup(page,'lxml')
	machineInfo=html_text(soup,'td:nth-child(3)'); machineInfo

Out	['水车式增氧机', '水车式增氧机', '叶轮式增氧机', '叶轮式增氧机', '玉米联合收获机', '玉米联合收获机', '玉米联合收获机', '玉米联合收获机', '玉米联合收获机', '玉米收获机']
In	Category=html_text(soup,'td:nth-child(6)');Category
Out	['增氧机', '增氧机', '增氧机', '增氧机', '自走式玉米收获机', '自走式玉米收获机', '自走式玉米收获机', '自走式玉米收获机', '自走式玉米收获机', '自走式玉米籽粒联合收获机']

7.3.3.2　批量下载农业机械信息

7.3.3.1 节的操作是针对某个网页的数据进行爬取的。由于全国农业机械试验鉴定管理服务信息化平台信息量比较丰富，可以选择某一种类的农业机械产品进行数据爬取练习。以全国农业机械试验鉴定管理服务信息化平台的残膜回收机数据为例，一共有 10 个网页的数据，如何将残膜回收机数据的信息提取出来呢？只需要总结这些网页的规律，使用循环函数 for()重复上面的操作即可。

例如，从网址信息可以发现，第 1 页到第 2 页，第 2 页到第 3 页，…，变化的仅是末尾的序号。因此，在循环中可以将最后一位的数字以循环变量 i 替换。有时网页的序号出现在网址中间，有时出现在末尾。基本上所有的网络爬虫操作都需要总结网页的规律。

```
http://202.127.42.49:8080/nongji/front/main/serach.do?applicant=&productUnit=&productName=%E6%AE%8B%E8%86%9C%E5%9B%9E%E6%94%B6%E6%9C%BA&productModel=&covertype=&productItem=&certificate_Num=&authenticateNum=&authenticate=&authenticateOutline=&certificate_State=&authenticateLevel=&start_Date=&end_Date=&valid_Date0=&valid_Date1=&pageSize=10&searchProperty=&orderProperty=id&orderDirection=asc&pageNumber=1
......
http://202.127.42.49:8080/nongji/front/main/serach.do?applicant=&productUnit=&productName=%E6%AE%8B%E8%86%9C%E5%9B%9E%E6%94%B6%E6%9C%BA&productModel=&covertype=&productItem=&certificate_Num=&authenticateNum=&authenticate=&authenticateOutline=&certificate_State=&authenticateLevel=&start_Date=&end_Date=&valid_Date0=&valid_Date1=&pageSize=10&searchProperty=&orderProperty=id&orderDirection=asc&pageNumber=i
```

注：%E6%AE%8B%E8%86%9C%E5%9B%9E%E6%94%B6%E6%9C%BA 是中文字段“残膜回收机”转化为 URL 转码。

下面，爬取全国农业机械试验鉴定管理服务信息化平台残膜回收机产品的数据，并提出一个数据分析思路：残膜回收机产品证书有效期是如何分布的？回答这个问题可以爬取网站上所公布的残膜回收机产品数据进行分析。因为所面对的数据不是事先准备好的数据集，而是直接从网络上爬取的第一手数据，因此对数据进行整理和清洗之后才可以进行数据分析。下面会介绍如何对该数据中出现的噪声进行清理，给读者提供一定的参考和借鉴。

选择农机产品证书有效期所在列，通过爬虫函数爬取相关信息。

In	valid_date=[html_text(BeautifulSoup(read_html(url1+str(i)),'lxml'),'td:nth-child(7)') for i in np.arange(1,11,1)] valid_date=sum(valid_date, []);valid_date
Out	['2021-12-31', '2021-12-31', '2021-12-31', ... '2027-11-27', '2027-10-25', '2027-11-27']

农机产品证书有效期是精确到年月日的。如果只需要知道所在年份，则可以通过文本分割函数 split()进行切分，获取每个农机产品证书有效期的年份。紧接着使用函数 Counter()可以统计每一年份出现的次数。

In	from collections import Counter valid_date1=Counter([i.split('-', 1)[0] for i in valid_date]);valid_date1
Out	Counter({'2021': 5, '2020': 8, '2018': 6, '2022': 6, '2023': 4,

```
         '2024': 3,
         '2025': 3,
         '2026': 19,
         '2027': 44})
```

农机产品证书有效期的年份分布可以通过柱状图的形式可视化。

```
In   valid_date2 = pd.DataFrame.from_dict(valid_date1, orient='index').reset_index()
     valid_date2.columns = ['year', 'freq']
     valid_date2.plot.bar(x='year', y='freq', rot=0);
```

Out

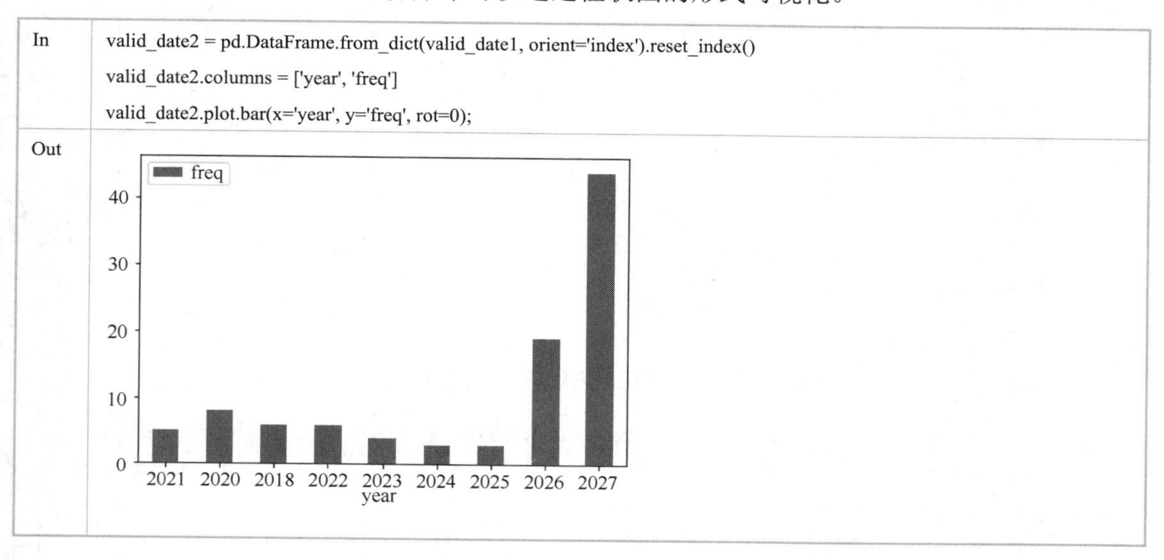

可以测试一下爬取这些网页所花费的时间（注：耗时与网速和计算机配置相关，因人而异）。

```
In   #计算运行时间
     %timeit [html_text(BeautifulSoup(read_html(url1+str(i)),'lxml'),'td:nth-child(7)') for i in np.arange(1,11,1)]
Out  20.7 s ± 327 ms per loop (mean ± std. dev. of 7 runs, 1 loop each)
```

7.3.3.3　爬虫数据的进阶分析

很多时候网页的信息存在一个嵌套结构。以全国农业机械试验鉴定管理服务信息化平台为例，除了农机的一些基本信息，更多详细参数介绍需要单击并导航至另一个网页。因此在数据爬取过程中，除了爬取网页上的文本信息，也要爬取网页上的链接，并将这些爬取的链接作为新的网址的出发点，将所需要的参数信息爬取出来。

序号	证书编号	产品名称	产品型号	制造商名称	所属品目	有效期	操作
1	部20160001	水车式增氧机	YC-0.75	台州金湖机电有限公司	增氧机	2020-12-3	查看详情
2	部20160002	水车式增氧机	YC-1.5	台州金湖机电有限公司	增氧机	2020-12-3	查看详情
3	部20160003	叶轮式增氧机	YL-1.5	台州金湖机电有限公司	增氧机	2020-12-3	查看详情
4	部20160004	叶轮式增氧机	YL-3.0	台州金湖机电有限公司	增氧机	2020-12-3	查看详情
5	部20160005	玉米联合收获机	4YZP-2	现：山东大启机械有限公司（原：山东常林农业装备股份有限公司）	自走式玉米收获机	2020-12-3	查看详情
6	部20160006	玉米联合收获机	4YZP-3Y	现：山东大启机械有限公司（原：山东常林农业装备股份有限公司）	自走式玉米收获机	2020-12-3	查看详情
7	部20160007	玉米联合收获机	4YZP-3S	现：山东大启机械有限公司（原：山东常林农业装备股份有限公司）	自走式玉米收获机	2020-12-3	查看详情
8	部20160008	玉米联合收获机	4YZP-4A	现：山东大启机械有限公司（原：山东常林农业装备股份有限公司）	自走式玉米收获机	2020-12-3	查看详情
9	部20160009	玉米联合收获机	4YZP-4B	现：山东大启机械有限公司（原：山东常林农业装备股份有限公司）	自走式玉米收获机	2020-12-3	查看详情
10	部20160010	玉米收获机	4YL-5(4077)	凯斯纽荷兰工业（哈尔滨）机械有限公司	自走式玉米籽粒联合收获机	2020-12-3	查看详情

每页10条记录，共5418页.　1　2　3　…　到第　1　页

以爬取全国农业机械试验鉴定管理服务信息化平台首页信息为例，如果仅仅是爬取“查看详情”的文本信息，则将返回这些文本信息的标题。

In
```
machine = soup.select("td a")
[title.text for title in machine]
```

Out
```
['查看详情',
 '查看详情',
 '查看详情',
 '查看详情',
 '查看详情',
 '查看详情',
 '查看详情',
 '查看详情',
 '查看详情',
 '查看详情']
```

通过单击和观察这些农机链接，可以总结出这些农机链接的规律。

In
```
machine_links = ["http://202.127.42.49:8080/nongji/front/main/findInfo.do?id="+title["href"][21:26] for title in machine];
machine_links
```

Out
```
['http://202.127.42.49:8080/nongji/front/main/findInfo.do?id=12360',
 'http://202.127.42.49:8080/nongji/front/main/findInfo.do?id=12361',
 'http://202.127.42.49:8080/nongji/front/main/findInfo.do?id=12362',
 'http://202.127.42.49:8080/nongji/front/main/findInfo.do?id=12363',
 'http://202.127.42.49:8080/nongji/front/main/findInfo.do?id=12364',
 'http://202.127.42.49:8080/nongji/front/main/findInfo.do?id=12365',
 'http://202.127.42.49:8080/nongji/front/main/findInfo.do?id=12366',
 'http://202.127.42.49:8080/nongji/front/main/findInfo.do?id=12367',
 'http://202.127.42.49:8080/nongji/front/main/findInfo.do?id=12368',
 'http://202.127.42.49:8080/nongji/front/main/findInfo.do?id=12369']
```

YC-0.75

项目	单位	设计值
型号名称	/	YC-0.75
外型尺寸（长×宽×高）	mm	1530×1200×730
整机质量	kg	60.85
浮体材料	/	PE
浮体体积率	m^3	0.154
配套功率	W	0.75
水车转速	r/min	100
叶轮数	/	2
叶轮直径	Mm	640
叶片数	/	16

以第一条农机信息为例，“查看详情”介绍了该农机的一些详细的设计参数。

In

```
page=read_html(machine_links[0])
soup=BeautifulSoup(page,'lxml')
detail=html_text(soup,'th , #zsInfo0 td')
detail=np.array(detail)
shape = ( 11, 3 )
detail.reshape( shape )
```

Out

```
array([['项目', '单位', '设计值 '],
       ['型号名称', '/', 'YC-0.75'],
       ['外型尺寸\n（长×宽×高）', 'mm', '1530×1200×730'],
       ['整机质量', 'kg', '60.85'],
       ['浮体材料', '/', 'PE'],
       ['浮体体积率', 'm3', '0.154'],
       ['配套功率', 'W', '0.75'],
       ['水车转速', 'r/min', '100'],
       ['叶轮数', '/', '2'],
       ['叶轮直径', 'Mm', '640'],
       ['叶片数', '/', '16']], dtype='<U13')
```

基于前面小样本案例的训练，可以尝试将残膜回收机的详细设计参数通过这种方式爬取出来。

In

```
canmo1=[url1+str(i) for i in np.arange(1,18,1)]
new_list=[]

for link in canmo1:
    page=read_html(link)
    soup=BeautifulSoup(page,'lxml')
    machine=soup.select("td a")
    canmo_link = ["http://202.127.42.49:8080/nongji/front/main/findInfo.do?id="+title["href"][21:26] for title in machine]

    for link1 in canmo_link:
        page=read_html(link1)
        soup=BeautifulSoup(page,'lxml')
        new_list.append(html_text(soup,'#zsInfo0 td'))

new_list=[x for x in new_list if x != []]

shape=(11,3)
np.array(new_list[0]).reshape(shape)
```

Out

```
array([['结构型式', '/', '半悬挂'],
       ['规格型号', '/', '1CM-4 型'],
       ['配套动力范围', 'kW', '29.4～66.1'],
```

```
       ['（运输状态）外形尺寸（长×宽×高）', '/', '4600mm×2750mm×1970mm'],
       ['结构质量', 'kg', '1200'],
       ['运输间隙', 'mm', '≥300'],
       ['传动比', '/', '31-十二月-1899'],
       ['集膜箱总容积', 'm3', '8.5'],
       ['机组最小转弯半径', 'm', '≤1.5'],
       ['工作幅宽', 'mm', '2200'],
       ['生产率', 'hm2/h', '0.2～0.4']], dtype='<U20')
```

残膜回收机往往需要配套单独的拖拉机为其提供动力，因此获取“配套动力范围”的信息有助于农事操作决策。由于不同农机企业汇报其农机的格式和表达形式不同，如果选择“配套动力范围”为关键词会遗漏部分信息，因此选择配套动力范围的单位“kW”为匹配关键词选取出残膜回收机的动力值。由于有些农机企业没有汇报其农机的动力值，因此使用 try 函数可以跳过错误警告，避免中断循环。

In

```
#skip error warning
power=[]
for i in np.arange(0,len(new_list),1):
    try:
        power.append(new_list[i][new_list[i].index("kW")+1])
    except ValueError:
        index_value = -1


power
```

Out

```
['29.4～66.1',
 '18.4～22.1',
 '52～67',
 '≥66',
 '≥30',
 '14.7～17.0 轮式拖拉机',
…
 '88.2～147',
 '40.8～88.2',
 '88.2～147']
```

从爬取“配套动力范围”的结果可以看出，动力值往往是一个区间范围。由于不同农机企业汇报数据的不规范，在动力值中还会包含中文字符等信息。因此，通过正则表达式检索出阿拉伯数字，并选取“配套动力范围”中的下限值。

In

```
import re
power=[re.findall(r"[0-9,.]+", power[i]) for i in np.arange(0,len(power),1)]


power1=[]


for i in np.arange(0,len(power),1):
```

```
        if len(power[i]) >1:
            power1.append(float(power[i][0]))

power1
```

Out

```
[29.4,
 18.4,
 52.0,
…
 88.2,
 40.8,
 88.2]
```

根据 JB/T 11320—2013《拖拉机　功率分类及型谱》，功率不大于 22.1kW 的拖拉机为小型拖拉机；功率大于 22.1kW 但小于 73.5kW 的拖拉机为中型拖拉机；功率不小于 73.5kW 但小于 147.0kW 的拖拉机为大型拖拉机；功率不小于 147.0kW 的拖拉机为重型拖拉机。通过这些标准可以将残膜回收机所需的配套拖拉机的种类进行汇总。

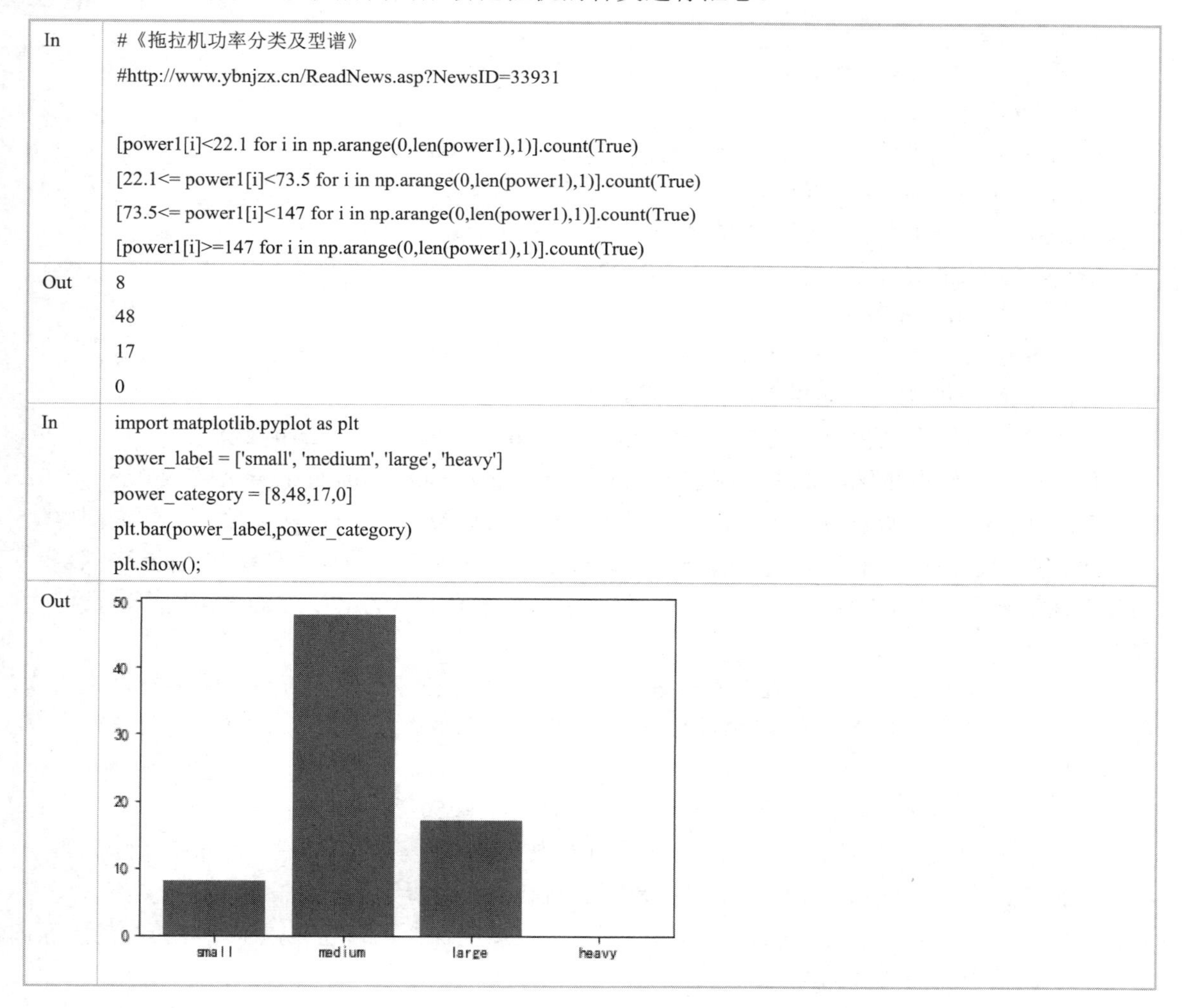

In

```
#《拖拉机功率分类及型谱》
#http://www.ybnjzx.cn/ReadNews.asp?NewsID=33931

[power1[i]<22.1 for i in np.arange(0,len(power1),1)].count(True)
[22.1<= power1[i]<73.5 for i in np.arange(0,len(power1),1)].count(True)
[73.5<= power1[i]<147 for i in np.arange(0,len(power1),1)].count(True)
[power1[i]>=147 for i in np.arange(0,len(power1),1)].count(True)
```

Out

```
8
48
17
0
```

In

```
import matplotlib.pyplot as plt
power_label = ['small', 'medium', 'large', 'heavy']
power_category = [8,48,17,0]
plt.bar(power_label,power_category)
plt.show();
```

Out

结果显示，有 8 种残膜回收机可以配套小型拖拉机，48 种残膜回收机可以配套中型拖拉机，17 种残膜回收机可以配套大型拖拉机，没有残膜回收机需要配套重型拖拉机。通过爬取残膜回收机数据的实战案例显示，结合具体场景的爬虫技术可以很好地服务于数据分析需求。

数据及练习 7

7.1 互联网电影资料库（Internet Movie Database，IMDb）是一个关于电影演员、电影、电视节目、电视明星和电影制作的在线数据库。IMDb 的资料中包括影片的众多信息——演员、片长、内容简介、分级、评论等。对于电影的评分目前使用最多的就是 IMDb 评分。截至 2012 年 2 月 24 日，IMDb 共收录 2132383 部作品资料及 4530159 名人物资料。你可以尝试爬取其中感兴趣的信息，如爬取 2017 年最流行的 100 部故事片，网址：http://www.imdb.com/search/title? %20count=100&release_date=2017, 2017&title_type=feature。请爬取以下信息。

Rank：从 1 到 100，代表排名。

Title：故事片的标题。

Description：电影内容简介。

Runtime：电影时长。

Genre：电影类型。

Rating：IMDb 提供的评级。

Metascore：该电影在 IMDb 上的评分。

Votes：电影的好评度。

Gross_Earning_in_Mil：电影总收入（百万元）。

Director：影片的总导演，如果有多位，则取第一位。

Actor：影片的主演，如果有多位，则取第一位。

另外，还可以尝试爬取不同国家即将上映（Upcoming Releases）的电影名。

例如，尝试爬取中国的信息，网址：http://www.imdb.com/calendar?region= CN&ref_=rlm。

7.2 豆瓣读书。豆瓣读书为豆瓣网的一个子栏目。豆瓣读书 2005 年上线，已成为国内信息最全、用户量最大且最为活跃的读书网站。它专注于为用户提供全面且精细化的读书服务，同时不断探索新的产品模式。到 2012 年，豆瓣读书每月有 800 万名以上的来访用户，访问次数过亿。

豆瓣用户每天都在对“读过”的书进行“很差”到“力荐”的评价，豆瓣根据每本书读过的人数和该书所得的评价等综合数据，通过算法分析产生豆瓣图书 Top250。请尝试将读书榜 Top250 爬取下来。

网址：https://book.douban.com/top250?icn=index-book250-all。

7.3 百度新闻。百度新闻是百度公司推出的中文新闻搜索平台，每天发布多条新闻，新闻源包括 500 多个权威网站，热点新闻由新闻源网站和媒体每天“民主投票”选出，不含任何人工编辑成分，真实反映每时每刻的新闻热点。百度新闻保留了自建立以来所有日期的新闻，从而能掌握整个新闻事件的发展脉络。

尝试上百度新闻官网，爬取以“大数据”为关键词的全部新闻数据。

网址：http://news.baidu.com/ns?word=大数据&tn=news&from=news&cl=2&rn= 20&ct=1。

7.4　BOSS 直聘。BOSS 直聘诞生于 2014 年 7 月，是一款让“牛人”和未来老板直接线上交流的 App。用户可在 App 上采用聊天的方式，与企业高管，甚至创始人一对一沟通，更快地获得工作机会。“BOSS 直聘”为企业老板与职场“牛人”搭建起高效沟通、信息对等的公共平台。职场“牛人”可以跳过海投简历、一面、二面等冗长的应聘环节，直接与企业老板在线聊天、洽谈入职条件，提升找工作的效率。同时，企业老板可采用类似微信聊天的在线互动方式，与求职者直接对话，展示自己和公司的诚意，精准定位职位最优人选，将招聘时长缩至最短。

尝试登录 BOSS 直聘官网，爬取广州地区所有职业招聘的数据。

网址：https://www.zhipin.com/c101280100/h_101280100/。

7.5　乐有家。乐有家控股集团为“以房地产经纪为龙头、金融和互联网为两翼”的大型企业集团，成立于 2008 年，总部位于深圳市，2020 年交易额突破 5000 亿，在深圳二手房网签市占率稳居行业第一。集团以“立足大深圳、密布珠三角、连锁全中国”为发展战略，有效整合全国各项资源，实现“有家的地方就有乐有家”的宏伟愿景。

尝试登录乐有家官网，爬取广州地区所有二手房房价的数据。

网址：https://guangzhou.leyoujia.com/esf/。

第 8 章　社会网络与知识图谱

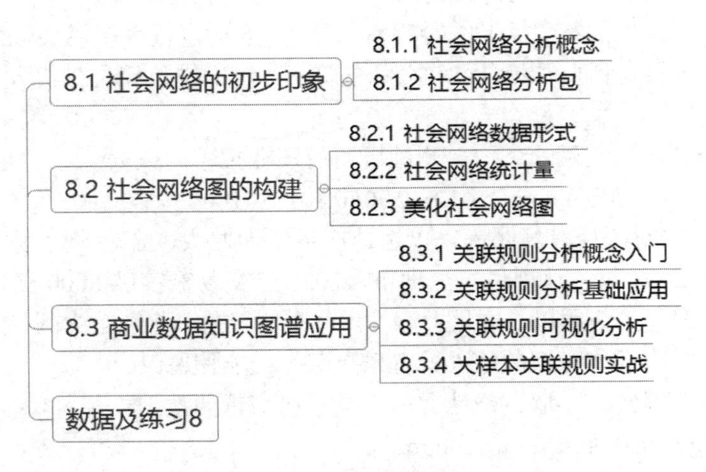

第 8 章内容的知识图谱

社会网络分析（Social Network Analysis）最早是由社会学家根据图论和统计学知识发展起来的定量数据分析方法。近年来，该方法在经济学、农业科学、地理学、政治学等学科发挥了重要作用。学者们利用它可以得心应手地解释一些社会科学问题，是对社会网络的关系结构及属性加以分析的一套规范和方法。

8.1　社会网络的初步印象

8.1.1　社会网络分析概念

社会网络分析主要有两大要素：①行动者，在社会网络中用节点（Node）表示；②关系，在社会网络中用连线（Edge）表示，关系的内容可以是友谊、借贷或沟通，其关系可以是单向的或双方的，且存在关系强度的差异，关系不同即构成不同的网络。社会学理论认为，社会不是由个人而是由网络构成的，网络中包含节点及节点之间的关系，社会网络分析法通过对网络中关系的分析，探讨网络的结构及属性特征，包括网络中的个体属性及整体属性。网络个体属性分析包括点度中心性、接近中心性等；网络的整体属性分析包括小世界效应、小团体研究、凝聚子群等。该方法目前在教育领域应用比较广泛，主要探究信息技术环境下学习者所构成网络的特点，以及在此基础上对于该网络的改进策略。

社会网络分析在学术领域得到广泛应用。世界顶级学术期刊 *Science* 于 2009 年专门刊登了题为 *Network Analysis in the Social Sciences* 的文章，详细介绍了如何用社会网络分析去解决实际问题。例如，社会网络图的结构类型如下。

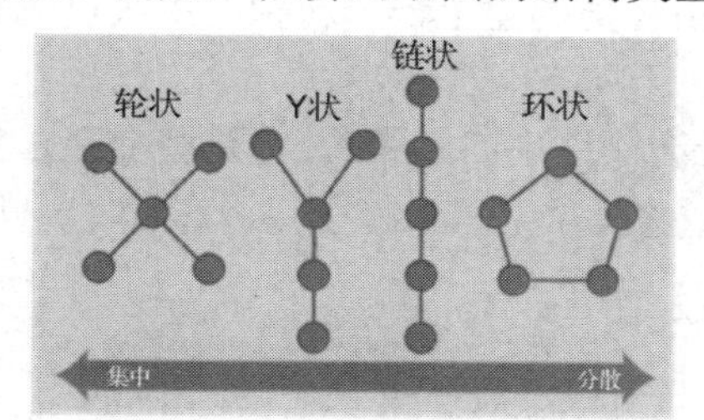

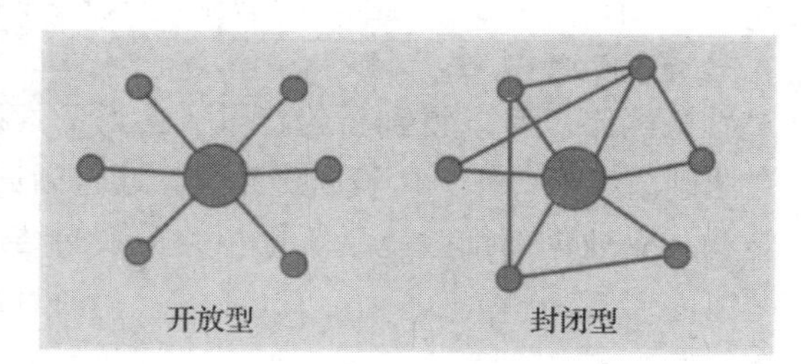

社会网络连线的不同属性如下（BORGATTI S P, MEHRA A, BRASS D J, et al. 2009）。

Similarities			Social Relations				Interactions	Flows
Location e.g., Same spatial and temporal space	Membership e.g., Same clubs Same events etc.	Attribute e.g., Same gender Same attitude etc.	Kinship e.g., Mother of Sibling of	Other role e.g., Friend of Boss of Student of Competitor of	Affective e.g., Likes Hates etc.	Cognitive e.g., Knows Knows about Sees as happy etc.	e.g., Sex with Talked to Advice to Helped Harmed etc.	e.g., Information Beliefs Personnel Resources etc.

注：第一栏为相似度（Similarities），分别为位置（Location）、成员身份（Membership）、特征（Attribute）；第二栏为社会关系（Social Relations），分别为亲缘关系（Kinship）、其他社会关系（Other role）、影响力（Affective）、认识程度（Cognitive）；第三栏为交互关系（Interactions）；第四栏为网络流（Flows）。

在经济管理研究领域，相较于最为常用的回归模型，社会网络分析能更好地分析和研究关系型数据。以管理学顶级杂志《管理世界》的刊文为例，马述忠等（2016 年）使用社会网络分析方法对农产品贸易网络特征及其对全球价值链分工的影响进行了研究，如下图。其中，节点代表不同的国家或地区，连线代表农产品贸易强度。

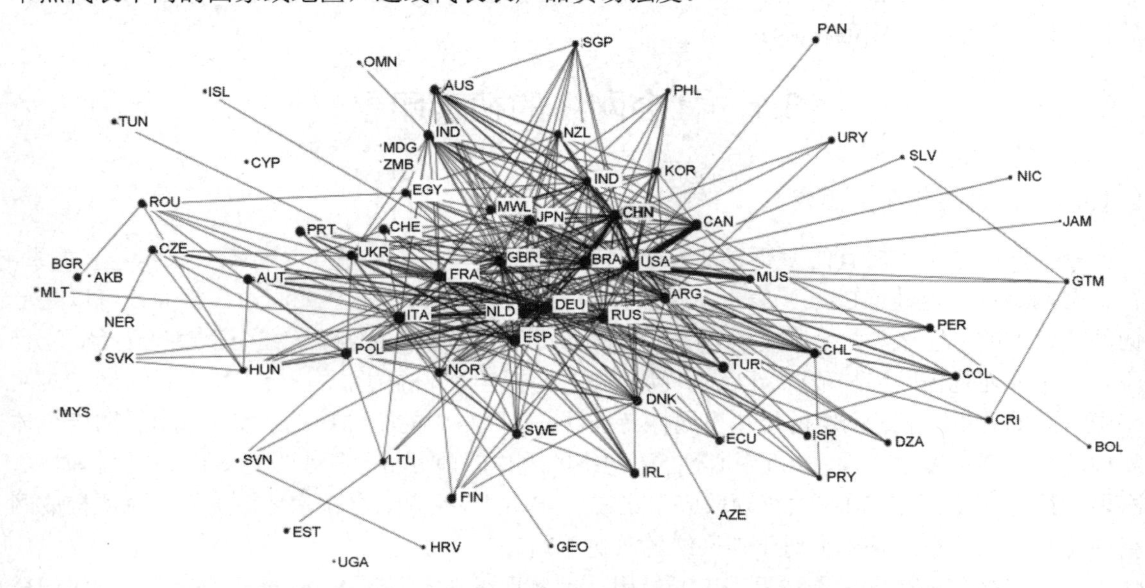

社会网络分析与其他统计建模方法结合能发挥更大的作用。刘善仕等（2017 年）基于在线简历数据构建人力资本社会网络，研究了人力资本社会网络与企业创新之间的关系。基于领英（中国）职业社交网站的人才简历数据，从社会网络视角构建了一个新颖的由人员流动形成的企业人力资本社会网络。

通过社会网络就可以得到新的变量（人力资本社会网络中心度等），将这些变量作为自变量，与企业创新绩效（作为因变量）结合，通过回归分析，得出上市企业人力资本社会网络中心度和结构与企业创新绩效呈显著正相关关系的结论，如下图。

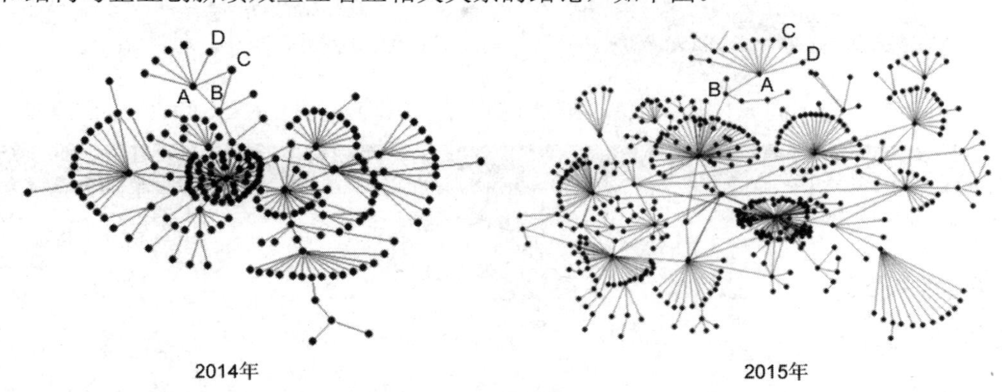

由这些案例可以发现，社会网络分析为学术研究提供了新的方法和思路，因此通过 Python 编程掌握这门技术是很有必要的。

8.1.2 社会网络分析包

NetworkX 是一个用 Python 语言开发的图论与复杂网络建模工具，内置了常用的图与复杂网络分析算法，可以方便地进行复杂网络数据分析和仿真建模等工作。NetworkX 支持创建简单无向图、有向图和多重图；内置许多标准的图论算法，节点可为任意数据；支持任意的边值维度，功能丰富，简单易用。这里只介绍网络建模的主要部分：构建网络和分析网络。

8.2　社会网络图的构建

8.2.1　社会网络数据形式

1）以连线的形式构建网络

NetworkX 主要通过增加节点和连线的方式构建网络。首先，通过 nx.Graph()函数创建一个空的网络。

In	import networkx as nx nG=nx.Graph();nG
Out	<networkx.classes.graph.Graph at 0x943de48>

可以选择一次增加一个节点函数 nG.add_node()，或用 nG.add_nodes_from()函数，它可以将任何可数的对象（如字段、列表和集合等）添加进网络。

In	nG.add_node('JFK') nG.add_nodes_from(['SFO','LAX','ATL','FLO','DFW','HNL']) nG.number_of_nodes()
Out	7

当网络中的节点确定时，可以添加连线。

In	nG.add_edges_from([('JFK', 'SFO'), ('JFK', 'LAX'), ('LAX', 'ATL'), ('FLO','ATL'), ('ATL','JFK'), ('FLO','JFK'),('DFW','HNL')]) nG.add_edges_from([('OKC','DFW'),('OGG','DFW'),('OGG','LAX')]) nG.number_of_edges()
Out	10

nG.nodes()函数和 nG.edges()函数将返回网络中的节点和连线信息。

In	nG.nodes() nG.edges()
Out	NodeView(('JFK', 'SFO', 'LAX', 'ATL', 'FLO', 'DFW', 'HNL', 'OKC', 'OGG')) EdgeView([('JFK', 'SFO'), ('JFK', 'LAX'), ('JFK', 'ATL'), ('JFK', 'FLO'), ('LAX', 'ATL'), ('LAX', 'OGG'), ('ATL', 'FLO'), ('DFW', 'HNL'), ('DFW', 'OKC'), ('DFW', 'OGG')])

nx.draw_networkx()函数可以将网络数据可视化。

In	nx.draw_networkx(nG, with_labels=True);plt.box(False);

Out

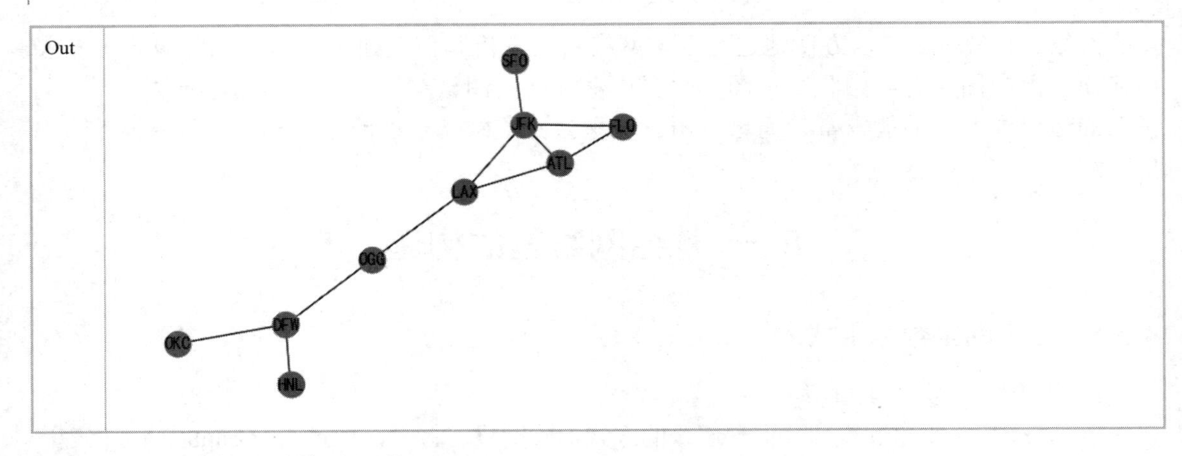

2）以矩阵的形式构建网络

常用的构建网络的方式是通过邻接矩阵的方式构建网络，如下面的矩阵所示。行列的交集代表两个点之间有无关系，0 代表无，1 代表有。

	JFK	SFO	LAX	ATL	FLO	DFW	HNL	OKC	OGG
JFK	0	1	1	1	1	0	0	0	0
SFO	1	0	0	0	0	0	0	0	0
LAX	1	0	0	1	0	0	0	0	1
ATL	1	0	1	0	1	0	0	0	0
FLO	1	0	0	1	0	0	0	0	0
DFW	0	0	0	0	0	0	1	1	1
HNL	0	0	0	0	0	1	0	0	0
OKC	0	0	0	0	0	1	0	0	0
OGG	0	0	1	0	0	1	0	0	0

In

```
NXdata=pd.read_excel('PyDm2data.xlsx','NXdata',index_col=0)
nf=nx.from_pandas_adjacency(NXdata)
nx.draw_networkx(nf,with_labels=True);plt.box(False);
```

Out

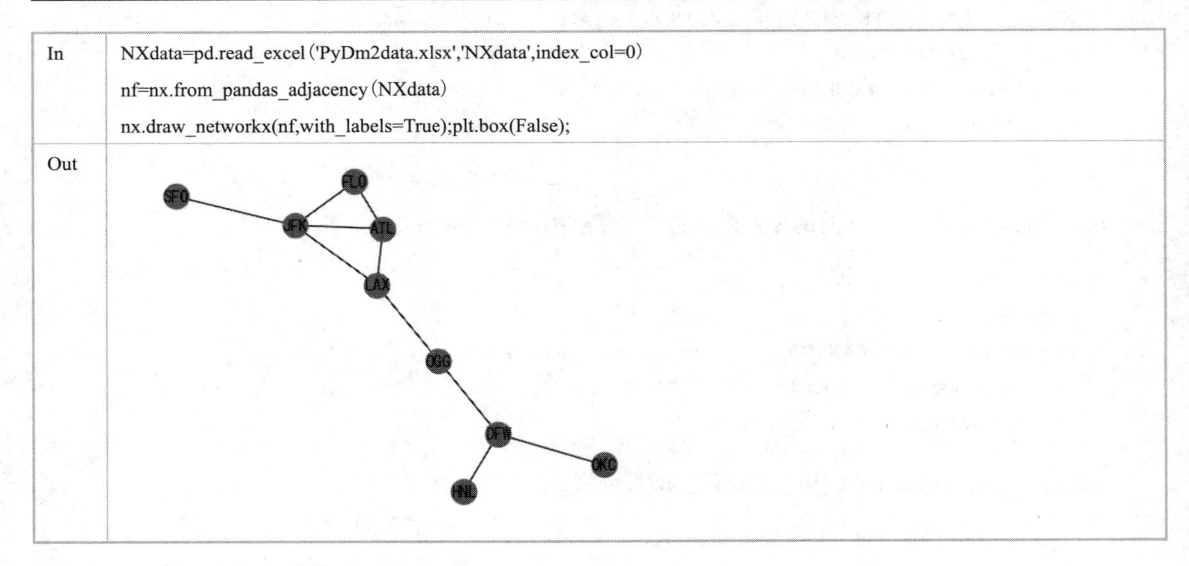

3）社会网络图的布局

当网络的规模逐渐增大时，点与连线的布局也很重要。nx.draw_networkx()函数的 pos

参数提供了一系列网络布局的算法，可以对这些算法进行调试，选择令网络布局最美观的算法。

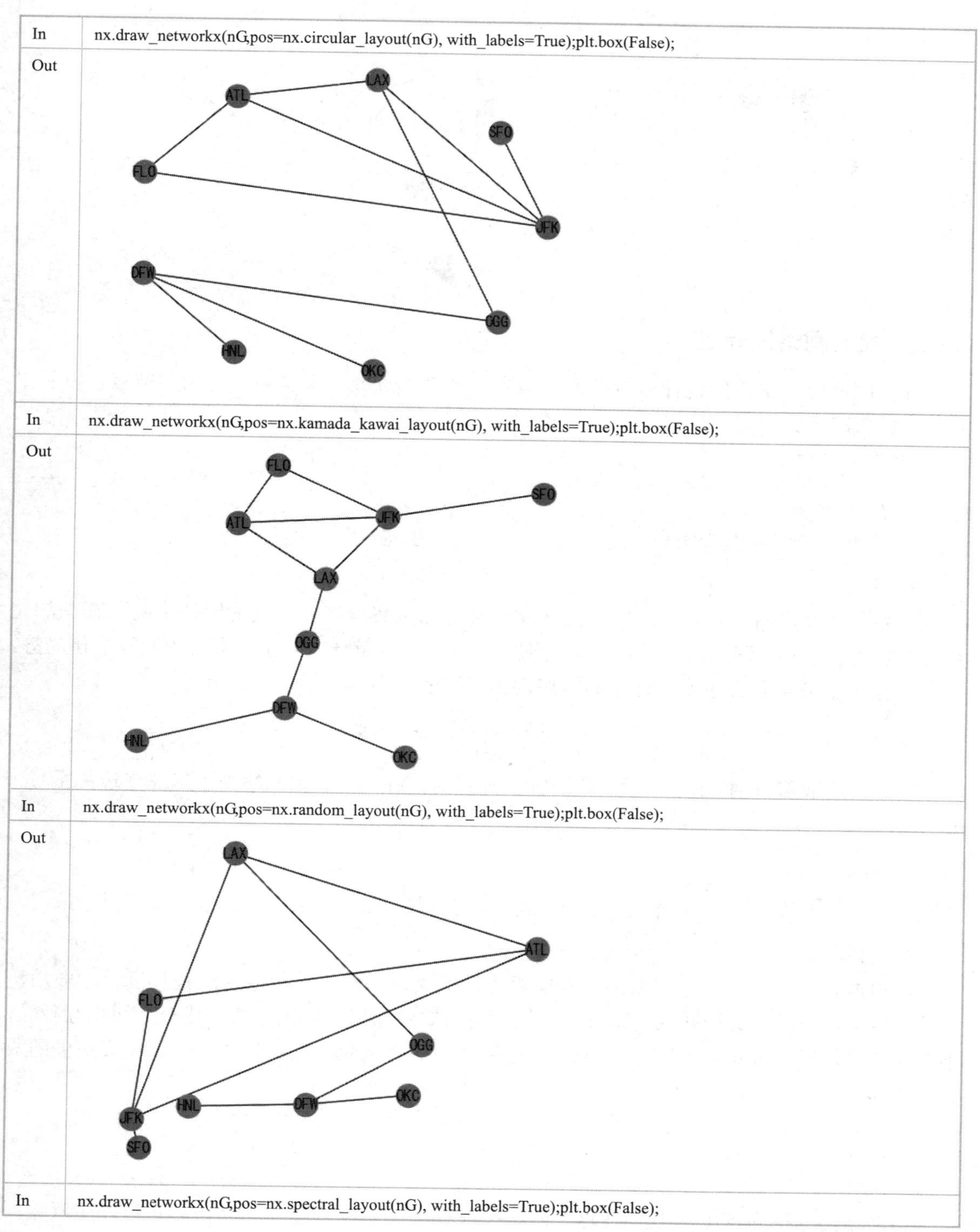

Out	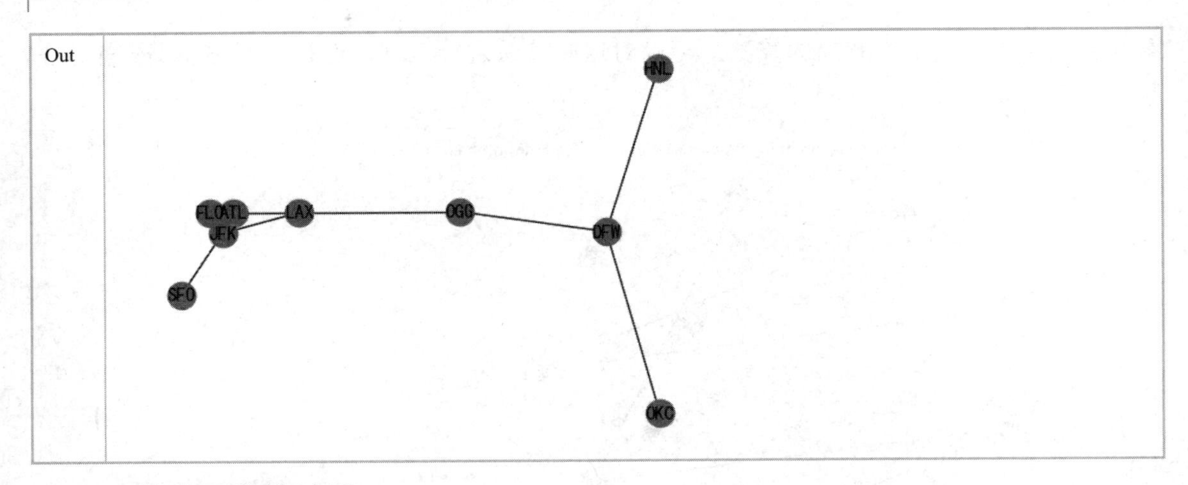

8.2.2 社会网络统计量

社会网络分析常用的统计量包括汇总信息、密度、直径、聚类系数与相邻节点，以及中心性、最短路径计算等。

1）汇总信息

In	nx.info(nG)
Out	'Graph with 9 nodes and 10 edges'

2）密度

网络的密度可用于刻画网络中节点间相互连边的密集程度，定义为网络中实际存在的边数与可容纳的边数上限的比值。在线社交网络中常用来测量社交关系的密集程度及演化趋势。一个具有 N 个节点和 L 条实际连边的网络，其网络密度为

$$d(G)=\frac{2L}{N(N-1)}$$

网络密度取值范围为[0，1]，当网络为全连通时，$d(G)=1$。当网络中不存在连边关系时，$d(G)=0$。

In	nx.density(nG)
Out	0.2777777777777778

3）直径

网络的直径是指网络中任意两节点间距离的最大值，即最长的最短路径长度，一般用链路数来度量。成分函数在获取网络直径中发挥着重要的作用，因为这两个成分之间相互独立，不存在联系，所以理论上该网络的直径为无穷大（∞），因此，在实际中只计算规模最大的成分的直径。

In	nx.diameter(nG)
Out	5

该网络的直径为 5 步，说明在这个网络中最疏远的节点通过 5 个节点就可以产生联系，六度分离理论就是这样计算出来的。

六度分离（六度区隔）理论：你和任何一个陌生人之间所间隔的人不会超过 5 个，也就是说，最多通过 5 个人你就能够认识任何一个陌生人。根据这一理论，无论世界上的任何一个人在哪个国家，属于哪类人种，是哪种肤色，你和他之间都只隔着 5 个人。

4）聚类系数与相邻节点

聚类系数是表示一个图形中节点聚集程度的系数，资料显示，在现实的网络中，尤其是在特定的网络中，由于相对高密度连接点的关系，节点总是趋向于建立一组严密的组织关系。在现实世界的网络中，这种可能性往往比两个节点之间随机建立一个连接的平均概率更大。这种相互关系可以利用聚类系数进行量化表示。

在很多网络中，如果节点 V1 连接于节点 V2，节点 V2 连接于节点 V3，那么节点 V3 很可能与 V1 相连接。这种现象体现了部分节点间存在的密集连接性质。例如，在无向网络中，可以用系数 CC（Cluster Coefficient）来表示 V2 的聚类系数：

$$\mathrm{CC}_{\mathrm{V2}} = \frac{n}{\mathrm{C}_k^2} = \frac{2n}{k(k-1)}$$

式中，k 表示节点 V2 的所有相邻节点的个数，即节点 V2 的邻居；n 表示节点 V2 的所有相邻节点之间相互连接的边的条数。

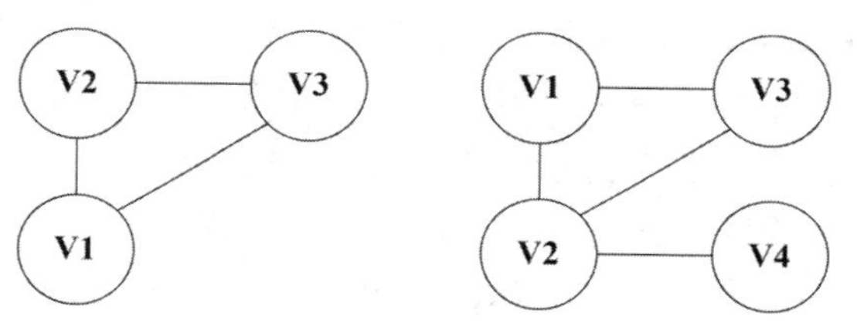

通过一个例子可以更好地理解如何计算聚类系数。上图左边的节点中，V2 的聚类系数为 2/[2×(2−1)]=1，而右边 V2 节点的聚类系数为 2/[3×(3−1)]=1/3。

In	nx.clustering(nG)
Out	{'JFK': 0.3333333333333333, 'SFO': 0, 'LAX': 0.3333333333333333, 'ATL': 0.6666666666666666, 'FLO': 1.0, 'DFW': 0, 'HNL': 0, 'OKC': 0, 'OGG': 0}

网络的传递性（Transitivity）表示一个图形中节点聚集程度的系数，一个网络有一个值，可以衡量网络的关联性，值越大，表示交互关系越大，网络越复杂。

In	nx.transitivity(nG)
Out	0.35294117647058826

neighbors()函数可以返回某点所有相邻节点的信息。

In	list(nG.neighbors('ATL'))
Out	['LAX', 'FLO', 'JFK']

5）中心性

度中心性（Degree Centrality）是在网络分析中刻画节点中心性（Centrality）最直接的度量指标。一个节点的度越大，意味着这个节点的度中心性越强，该节点在网络中越重要。

In	nx.degree_centrality(nG)
Out	{'JFK': 0.5, 'SFO': 0.125, 'LAX': 0.375, 'ATL': 0.375, 'FLO': 0.25, 'DFW': 0.375, 'HNL': 0.125, 'OKC': 0.125, 'OGG': 0.25}

接近中心性（Closeness Centrality）反映在网络中某一节点与其他节点之间的接近程度。将一个节点到其他所有节点的最短距离累加起来，其倒数表示接近中心性，即对于一个节点，它距离其他节点越近，那么它的接近中心性越强。接近中心性需要考量每个节点到其他节点的最短路径的平均长度。也就是说，对于一个节点而言，如果它距离其他节点越近，那么它的度中心性越高。一般来说，需要让尽可能多的人使用的设施，其接近中心性是比较强的。

In	nx.closeness_centrality(nG)
Out	{'JFK': 0.33928571428571425, 'SFO': 0.0, 'LAX': 0.5714285714285714, 'ATL': 0.08928571428571427, 'FLO': 0.0, 'DFW': 0.46428571428571425, 'HNL': 0.0, 'OKC': 0.0, 'OGG': 0.5357142857142857}

中介（中间）中心性（Between Centrality）是以经过某个节点的最短路径数目来刻画节点重要性的指标，指一个节点充当其他两个节点之间最短路径的“桥梁”的次数。一个节点充当“中介”的次数越多，它的中介中心性就越强。

In	nx.betweenness_centrality(nG)
Out	{'JFK': 0.47058823529411764, 'SFO': 0.3333333333333333, 'LAX': 0.5333333333333333,

	'ATL': 0.4444444444444444, 'FLO': 0.34782608695652173, 'DFW': 0.42105263157894735, 'HNL': 0.3076923076923077, 'OKC': 0.3076923076923077, 'OGG': 0.5}

6）最短路径计算

计算最短路径的方法及 Python 实现如下。

In	nx.shortest_path(nG,'ATL','SFO')
Out	['ATL', 'JFK', 'SFO']
In	len(nx.shortest_path(nG,'ATL','SFO'))
Out	3

选好了起点和终点，shortest_path()函数可以在网络中寻找并返回最短路径。直接用 len()函数就可以得到路径的距离。

8.2.3　美化社会网络图

随着样本量增大，社会网络图会变得越来越复杂。在社会网络的可视化过程中可以调整相应的参数，从而使社会网络图更加美观。

1）增大节点面积

In	dict(nG.degree) d = dict(nG.degree) [d[k]*500 for k in d]
Out	{'JFK': 4, 'SFO': 1, 'LAX': 3, 'ATL': 3, 'FLO': 2, 'DFW': 3, 'HNL': 1, 'OKC': 1, 'OGG': 2} [2000, 500, 1500, 1500, 1000, 1500, 500, 500, 1000]
In	nx.draw_networkx (nG,pos=nx.kamada_kawai_layout(nG), with_labels=True, nodelist=d, node_size=[d[k]*500 for k in d]);plt.box(False);

Out

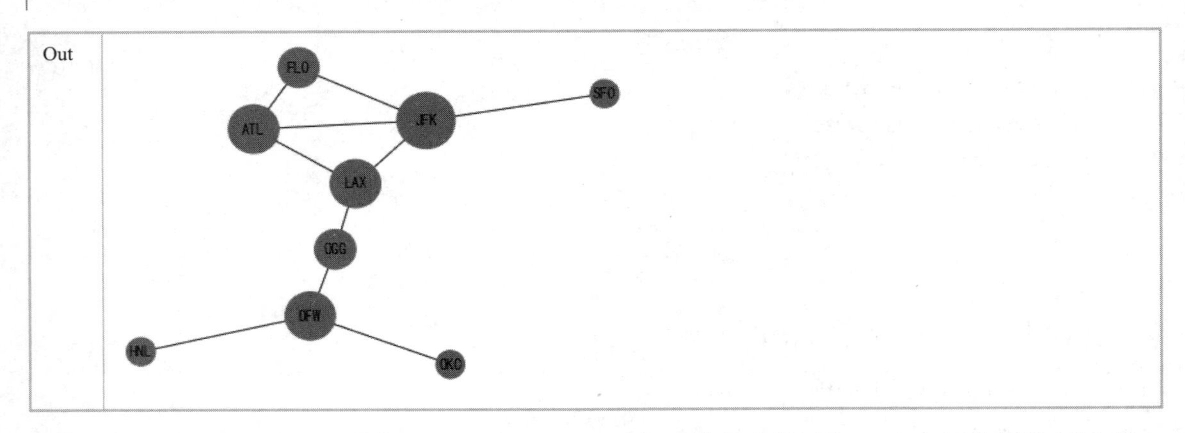

在社会网络图可视化函数中，“node_size”用来调整节点的面积。在实际数据分析过程中有些节点比其他节点更重要，可以通过增加这些节点的面积来突出重要性。在上面的例子中使用度中心性来反映节点的重要性。

2）为节点添加颜色

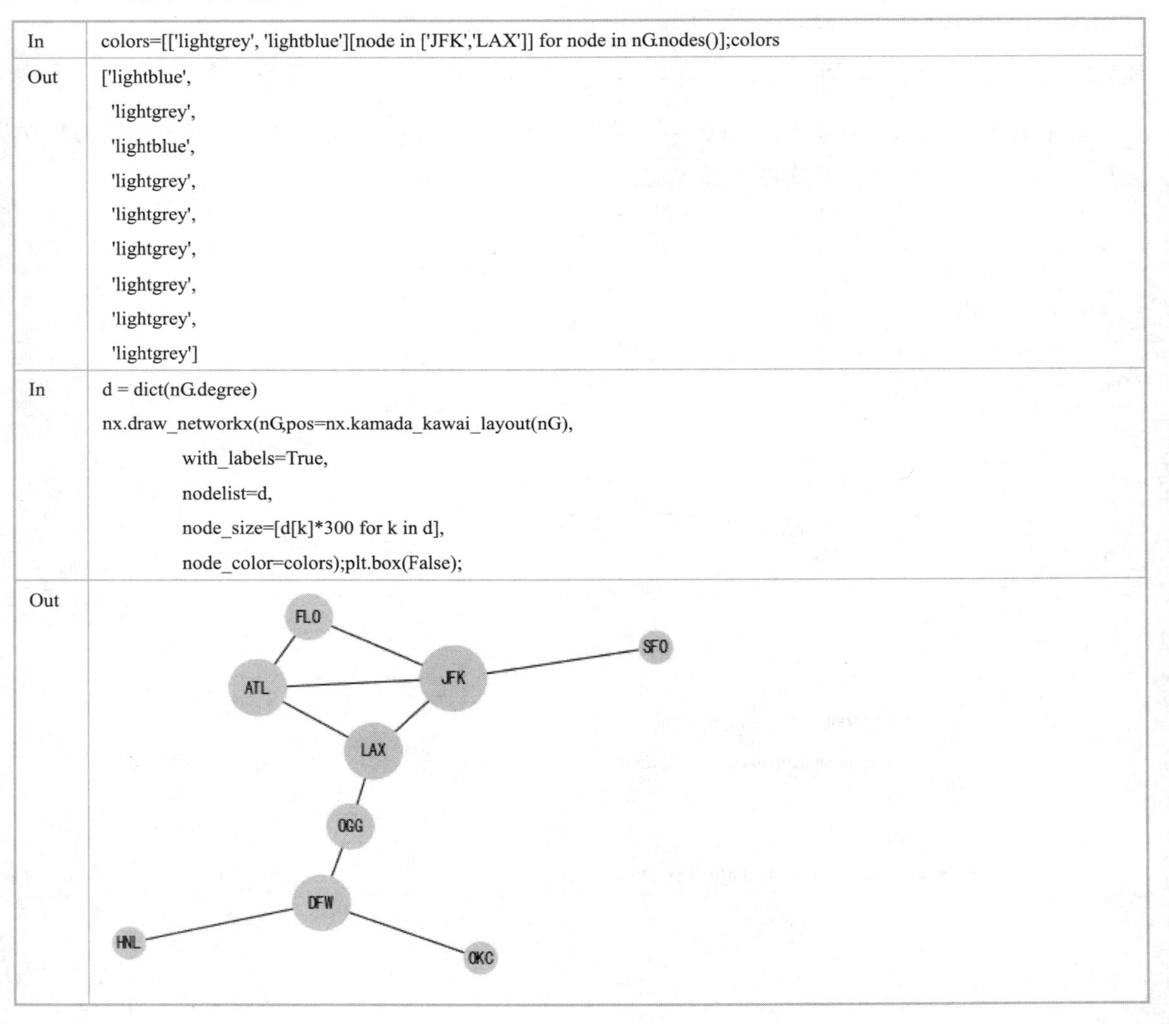

In

```
colors=[['lightgrey', 'lightblue'][node in ['JFK','LAX']] for node in nG.nodes()];colors
```

Out

```
['lightblue',
 'lightgrey',
 'lightblue',
 'lightgrey',
 'lightgrey',
 'lightgrey',
 'lightgrey',
 'lightgrey',
 'lightgrey']
```

In

```
d = dict(nG.degree)
nx.draw_networkx(nG,pos=nx.kamada_kawai_layout(nG),
        with_labels=True,
        nodelist=d,
        node_size=[d[k]*300 for k in d],
        node_color=colors);plt.box(False);
```

Out

颜色也是用于突出节点的重要性的指标。在这里使用判断语句，将'JFK'和'LAX'两个节点设置为淡蓝色，其他节点设置为淡灰色，在社会网络图可视化函数中，“node_color”就可以展示不同节点的颜色。

3）提升节点之间的距离

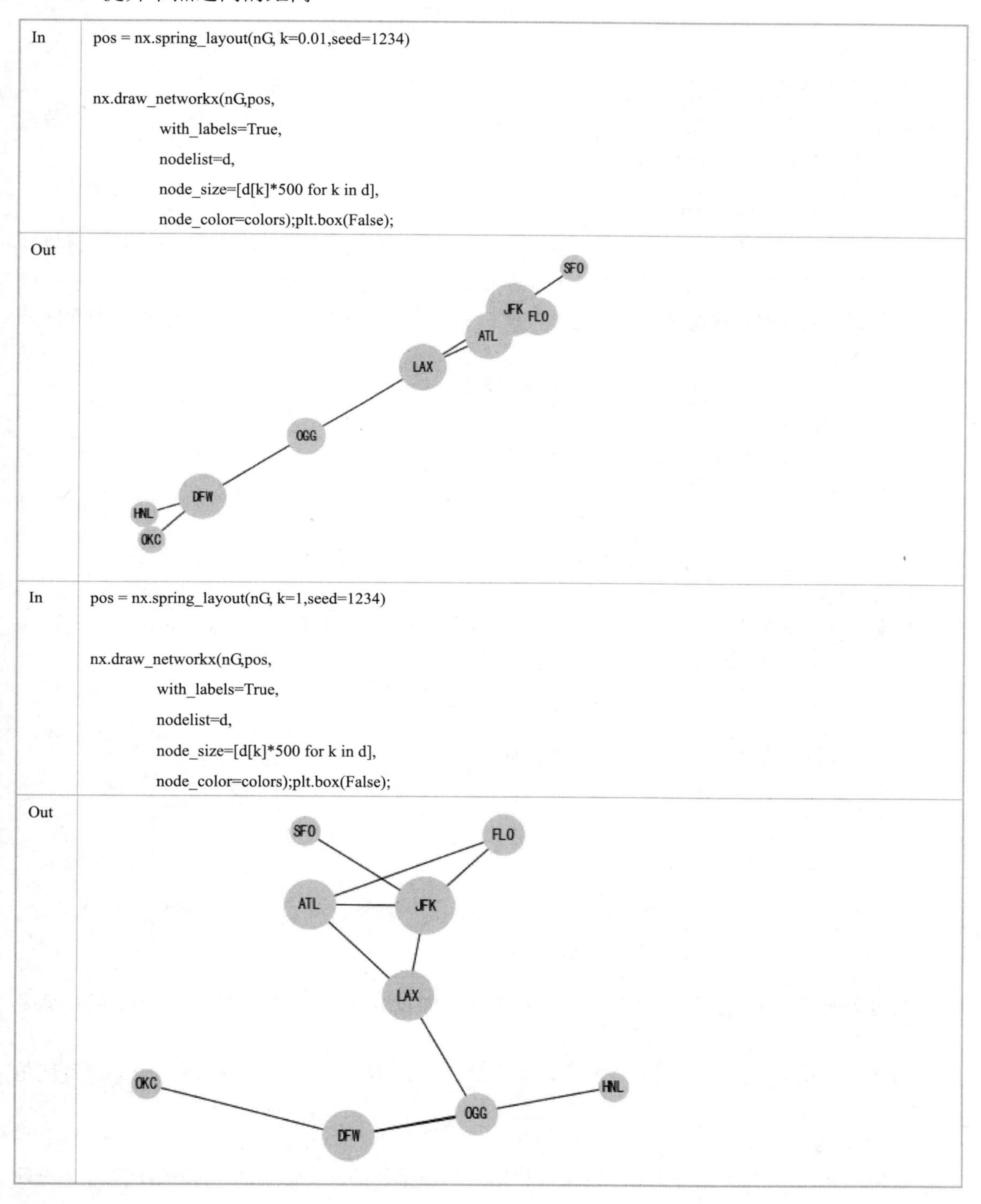

In

```
pos = nx.spring_layout(nG, k=0.01,seed=1234)

nx.draw_networkx(nG,pos,
          with_labels=True,
          nodelist=d,
          node_size=[d[k]*500 for k in d],
          node_color=colors);plt.box(False);
```

Out

In

```
pos = nx.spring_layout(nG, k=1,seed=1234)

nx.draw_networkx(nG,pos,
          with_labels=True,
          nodelist=d,
          node_size=[d[k]*500 for k in d],
          node_color=colors);plt.box(False);
```

Out

在节点和连线较多的社会网络图中往往会出现节点之间距离过近堆积在一起的现象。在“spring_layout”函数中参数“k”用于调整节点之间的距离。参数“k”的值越小节点之间距离越近。这里比较了参数“k”分别取 0.01 和 1 时的社会网络图。

8.3 商业数据知识图谱应用

社会网络分析可以将各种各样的关系可视化，从而形成知识图谱。这些知识图谱既可以更加直观地反映事物之间复杂的关系，又可以指导生产实践。这里将社会网络分析与商业数据相结合，从而构建商业数据知识图谱。

8.3.1 关联规则分析概念入门

关联规则分析（Association Rule Analysis）又称为购物篮分析（Basket Analysis），可以从数据集中发现项与项之间的关系，它在生活中有很多应用场景。例如，使用关联规则分析可以从消费者交易记录中发掘商品与商品之间的关联关系，进而通过商品捆绑销售或相关推荐的方式带来更多的销售量。

举一个超市购物的例子，下面是 5 名客户购买的商品小票。

小票 1：牛奶；面包。

小票 2：面包；尿布；啤酒；土豆。

小票 3：牛奶；尿布；啤酒；可乐。

小票 4：面包；牛奶；尿布；啤酒。

小票 5：面包；牛奶；尿布；可乐。

1）支持度

定义：简单解释其实就是某一物品（X）/组合（$X\cup Y$）的曝光率，或者是出镜率，即该物品/组合在队列中出现的次数占队列总数的比例。

$$\text{Support}(X\rightarrow Y)=\frac{\text{freq}(X,Y)}{N}$$

式中，freq(X,Y)为 X 和 Y 同时出现的次数，N 为总数量。

In	#Support(尿布) 4/5 #Support(尿布→啤酒) 3/5
Out	0.8 0.6

在这个例子中可以看到“尿布”出现了 4 次，即在这 5 张小票中“尿布”的支持度就是 4/5=0.8。

同样“尿布 + 啤酒”出现了 3 次，即在这 5 张小票中“尿布 + 啤酒”的支持度就是 3/5=0.6。

2）置信度

定义：某一物品 X 出现且另一物品 Y 也出现的概率，即 X 和 Y 同时出现的次数占 A 出现的总次数的比例。

$$\text{Confidence}(X \rightarrow Y)=\frac{\text{freq}(X,Y)}{\text{freq}(X)}$$

式中，freq(X,Y)为 X 和 Y 同时出现的次数，freq(X)为 X 出现的次数。

In	#Confidence(啤酒→尿布) 3/3 #Confidence(尿布→啤酒) 3/4
Out	1.0 0.75

简而言之，置信度是个条件概念，即在 A 发生的情况下，B 发生的概率。

置信度（啤酒→尿布）=3/3=1，代表如果购买了啤酒则会有多大的概率购买尿布呢？从小票中可以发现，在出现啤酒的小票中往往一定会有尿布，因此其置信度为 1。

置信度（尿布→啤酒）=3/4=0.75，代表如果购买了尿布则会有多大的概率购买啤酒呢？从小票中可以发现，在 4 张有尿布的小票中啤酒出现了 3 次，因此其置信度为 0.75。

3）提升度

定义：当物品 X 出现时，物品 Y 也出现的概率占物品 Y 的支持度的比例。

$$\text{Lift}(X|Y)=\frac{\text{Confidence}(X \rightarrow Y)}{\text{Support}(Y)}$$

提升度反映了关联规则中 A 与 B 的相关性，提升度>1 且越高，表明正相关性越高，提升度<1 且越低，表明负相关性越高，提升度=1 表明没有相关性。

In	#lift(尿布→啤酒)=Confidence(尿布→啤酒)/Support(啤酒) (3/4)/(3/5)
Out	1.25

在进行商品推荐时重点考虑的是提升度，因为提升度代表的是商品 A 的出现对商品 B 的出现概率提升的程度。从尿布与啤酒的提升度计算可以看出，尿布的出现提升了消费者对啤酒的购买。

8.3.2　关联规则分析基础应用

在关联规则分析中最常用的算法为 apriori 算法。关于 apriori 算法的原理可以参考相关数据挖掘书籍，这里将着重介绍如何使用 Python 实现关联规则分析基础应用，主要是用 Python 中的 mlxtend 库。

In

```
import pandas as pd
from mlxtend.preprocessing import TransactionEncoder
from mlxtend.frequent_patterns import apriori, association_rules


#设置数据集
basket = [['牛奶','面包'],
```

```
['面包','尿布','啤酒','土豆'],
['牛奶','尿布','啤酒','可乐'],
['面包','牛奶','尿布','啤酒'],
['面包','牛奶','尿布','可乐']]
te = TransactionEncoder()
#进行 one-hot 编码
te_ary = te.fit(basket).transform(basket)
df = pd.DataFrame(te_ary, columns=te.columns_)

#利用 apriori 找出频繁项集
rule_support = apriori(df, min_support=0.6, use_colnames=True);rule_support
```

Out

	support	itemsets
0	0.6	(啤酒)
1	0.8	(尿布)
2	0.8	(牛奶)
3	0.8	(面包)
4	0.6	(尿布, 啤酒)
5	0.6	(牛奶, 尿布)
6	0.6	(面包, 尿布)
7	0.6	(牛奶, 面包)

mlxtend 库无法直接分析分类数据，因此必须将这些数据转换为数字（one-hot 编码）才能进一步分析。调用 apriori 算法对购物小票数据集进行分析，并计算这些商品的支持度。这里的结果展示了支持度大于 0.6 的商品组合。

In

```
rule_support=rule_support.sort_values(by=['support'])
rule_support.plot.bar(x='itemsets', y='support', rot=90);
```

Out

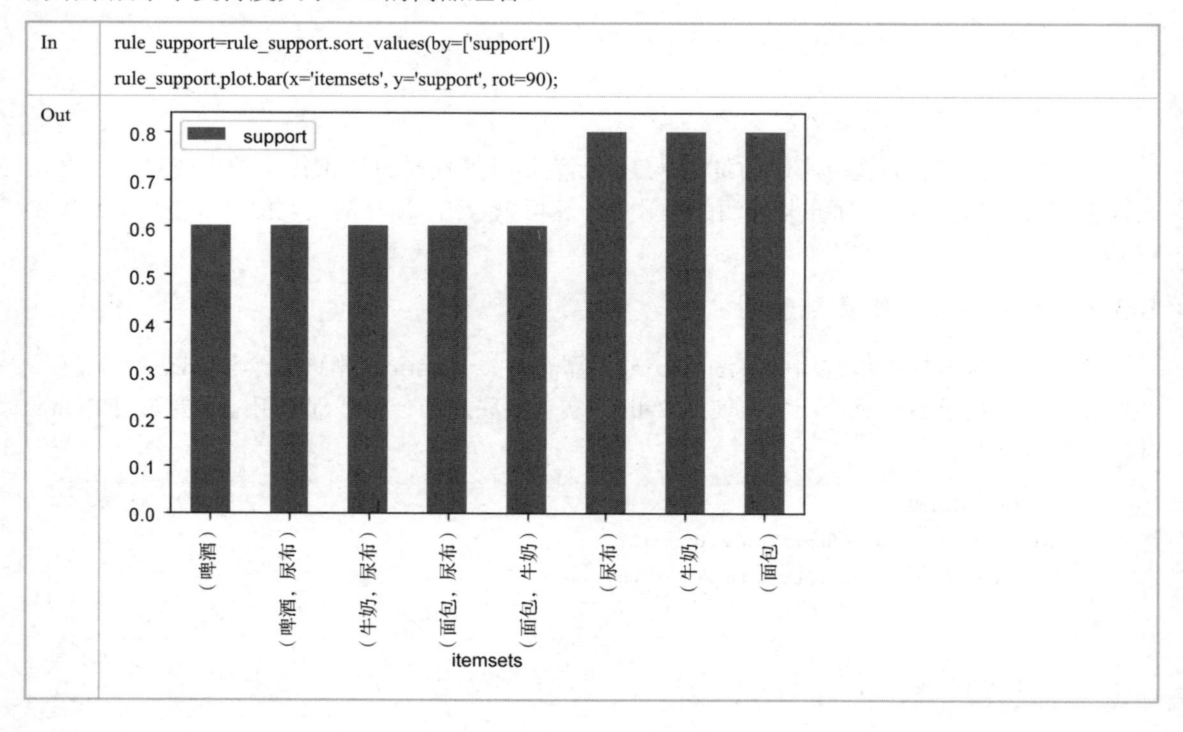

将结果通过条形图的形式可视化，能直观反映商品支持度的情况。

In	rule_confidence = association_rules(rule_support, metric = 'confidence', min_threshold = 0.7);rule_confidence[['antecedents', 'consequents','confidence']]
Out	antecedents consequents confidence 0 (尿布) (啤酒) 0.75 1 (啤酒) (尿布) 1.00 2 (牛奶) (尿布) 0.75 3 (尿布) (牛奶) 0.75 4 (面包) (尿布) 0.75 5 (尿布) (面包) 0.75 6 (牛奶) (面包) 0.75 7 (面包) (牛奶) 0.75
In	rule_lift = association_rules(rule_support, metric = 'lift', min_threshold = 1);rule_lift[['antecedents','consequents','lift']]
Out	antecedents consequents lift 0 (尿布) (啤酒) 1.25 1 (啤酒) (尿布) 1.25

通过使用“association_rules”函数分别选择“confidence”和“lift”的参数可以计算商品的置信度和提升度。通过 apriori 算法计算的结果和 8.3.1 节直接计算的结果一致。

8.3.3 关联规则可视化分析

In
```
rule_confidence1= pd.DataFrame({
    'source':rule_confidence.antecedents.apply(lambda x: list(x)[0]).astype("unicode"),
    'target':rule_confidence.consequents.apply(lambda x: list(x)[0]).astype("unicode")})


import networkx as nx
basket_map=nx.from_pandas_edgelist(rule_confidence1, 'source', 'target')
basket_map.number_of_nodes()
```
Out
```
4
```

在计算置信度的过程中确定了最小的商品置信度门槛值为 0.7，因此在商品置信度可视化过程中只有商品间的置信度大于 0.7 才确定两个商品之间有关系。将这些关系从数据框转换为边表（Edgelist）的格式。在这个社会网络中有 4 个节点。

In
```
basket_map.add_nodes_from(set(sum(basket,[])))
basket_map.number_of_nodes()
```
Out
```
6
```

有些商品与其他商品间的置信度小于 0.7，因此将这些孤立的节点也加入社会网络中。

In
```
pos = nx.spring_layout(basket_map, k=1,seed=1234)
d = dict(basket_map.degree)


nx.draw_networkx(basket_map,pos,
        with_labels=True,
```

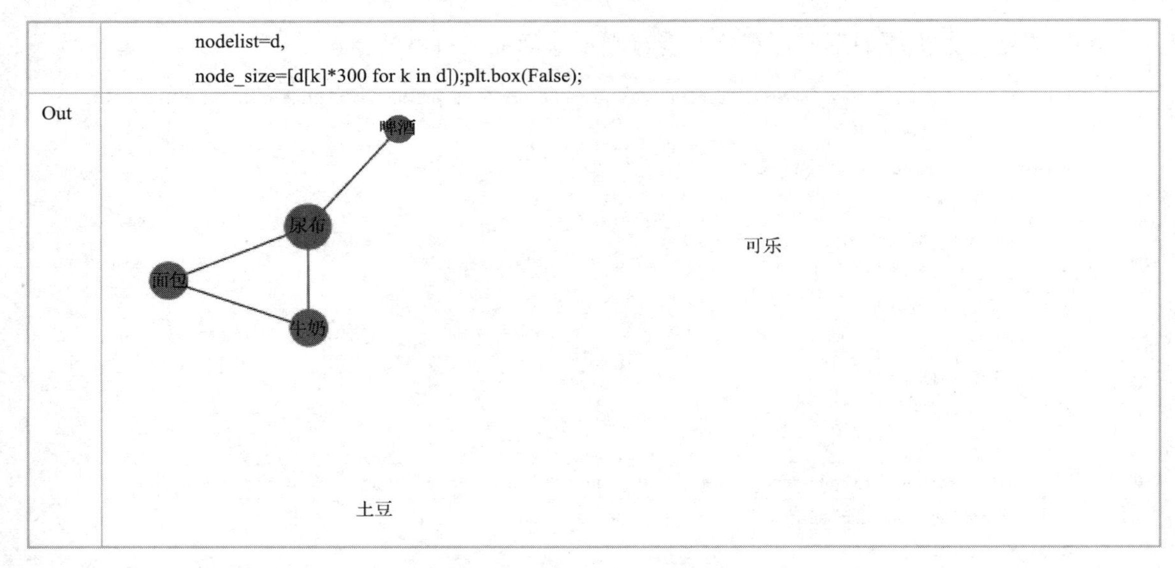

```
            nodelist=d,
            node_size=[d[k]*300 for k in d]);plt.box(False);
```

Out

通过社会网络分析可视化代码，可以绘制出商品置信度关系的社会网络图。结果显示，尿布与啤酒、面包与牛奶在销售上存在较强的联系，而可乐与土豆独立于这一小群体之外。

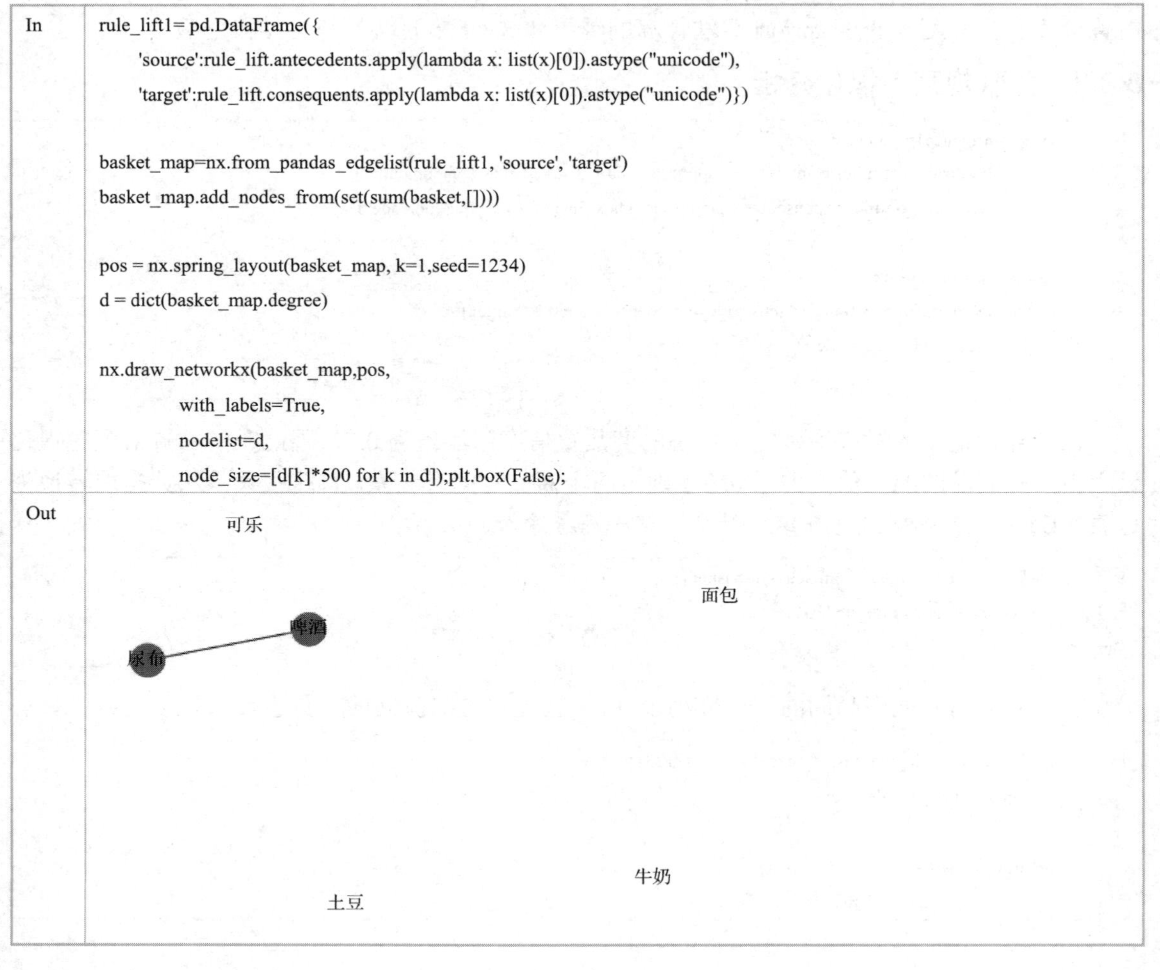

In

```
rule_lift1= pd.DataFrame({
    'source':rule_lift.antecedents.apply(lambda x: list(x)[0]).astype("unicode"),
    'target':rule_lift.consequents.apply(lambda x: list(x)[0]).astype("unicode")})

basket_map=nx.from_pandas_edgelist(rule_lift1, 'source', 'target')
basket_map.add_nodes_from(set(sum(basket,[])))

pos = nx.spring_layout(basket_map, k=1,seed=1234)
d = dict(basket_map.degree)

nx.draw_networkx(basket_map,pos,
            with_labels=True,
            nodelist=d,
            node_size=[d[k]*500 for k in d]);plt.box(False);
```

Out

通过社会网络分析可视化代码，可以绘制出商品提升度关系的社会网络图。结果印证了在这些消费小票中尿布与啤酒销售的黄金组合。

8.3.4 大样本关联规则实战

相较于前面小样本的购物小票数据，在这一节关联规则可视化实战使用了一个大样本食品杂货店的消费数据，数据集可以从 Kaggle 下载。

In
```
#https://www.kaggle.com/datasets/shazadudwadia/supermarket?resource=download
large_data=pd.read_excel('PyDm2data.xlsx','Bakery');
large_data.head
```

Out

	TransactionNo	Items	DateTime	Daypart	DayType
0	1	Bread	2016-10-30 09:58:11	Morning	Weekend
1	2	Scandinavian	2016-10-30 10:05:34	Morning	Weekend
2	2	Scandinavian	2016-10-30 10:05:34	Morning	Weekend
3	3	Hot chocolate	2016-10-30 10:07:57	Morning	Weekend
4	3	Jam	2016-10-30 10:07:57	Morning	Weekend
	...	...	...	...	
20502	9682	Coffee	2017-09-04 14:32:58	Afternoon	Weekend
20503	9682	Tea	2017-09-04 14:32:58	Afternoon	Weekend
20504	9683	Coffee	2017-09-04 14:57:06	Afternoon	Weekend
20505	9683	Pastry	2017-09-04 14:57:06	Afternoon	Weekend
20506	9684	Smoothies	2017-09-04 15:04:24	Afternoon	Weekend

这个大样本数据集有 20 506 行。

In
```
transactions = large_data.groupby(['TransactionNo'])
transactions.count()
```

Out

	Items	DateTime	Daypart	DayType
TransactionNo				
1	1	1	1	1
2	2	2	2	2
3	3	3	3	3
4	1	1	1	1
5	3	3	3	3
...	...	...	...	...
9680	1	1	1	1
9681	4	4	4	4
9682	4	4	4	4
9683	2	2	2	2
9684	1	1	1	1

9465 rows × 4 columns

消费编号为 9465 行，说明有的顾客购买了多件商品。

In
```
support = (large_data['Items'].value_counts()/9465*100)
```

	support.head()
Out	Coffee 57.8024 Bread 35.1294 Tea 15.1611 Cake 10.8294 Pastry 9.0438
In	plt.figure(figsize = (15,5)) bars = plt.bar(x = np.arange(len(support.head(8))), height = (support).head(8)) plt.bar_label(bars, fontsize=12, color='cyan', fmt = '%2.1f%%', label_type = 'center') plt.xticks(ticks = np.arange(len(support.head(8))), labels = support.index[:8]) plt.title('Top 8 Products by Support') plt.ylabel('Support') plt.xlabel('Product Name') plt.show()
Out	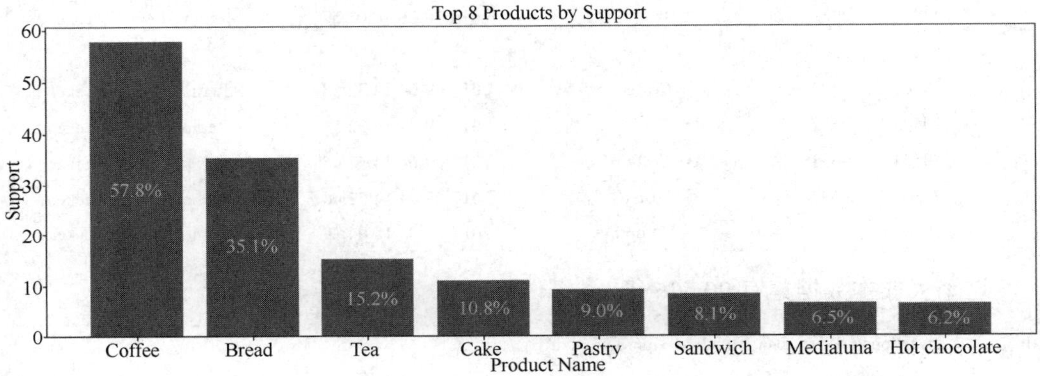

计算这些商品的支持度，并将消费量排名前 8 的商品通过绘制条形图的形式进行可视化。

In	list_transactions = [i[1]['Items'].tolist() for i in list(transactions)] list_transactions[:8]
Out	[['Bread'], ['Scandinavian', 'Scandinavian'], ['Hot chocolate', 'Jam', 'Cookies'], ['Muffin'], ['Coffee', 'Pastry', 'Bread'], ['Medialuna', 'Pastry', 'Muffin'], ['Medialuna', 'Pastry', 'Coffee', 'Tea'], ['Pastry', 'Bread']]

将交易数据转化为列表的格式。

In	te = TransactionEncoder() te_ary = te.fit(list_transactions).transform(list_transactions)

	df = pd.DataFrame(te_ary, columns=te.columns_) rule_support = apriori(df, min_support=0.05, use_colnames=True);rule_support
Out	support itemsets 0 0.3272(Bread) 1 0.1039(Cake) 2 0.4784(Coffee) 3 0.0544(Cookies) 4 0.0583(Hot chocolate) 5 0.0618(Medialuna) 6 0.0861(Pastry) 7 0.0718(Sandwich) 8 0.1426(Tea) 9 0.0900(Coffee, Bread) 10 0.0547(Cake, Coffee)

将消费数据转码，计算支持度。

In	rule_confidence = association_rules(rule_support, metric = 'confidence', min_threshold = 0.1);rule_confidence[['antecedents', 'consequents','confidence']]
Out	antecedents consequents confidence 0 (Coffee) (Bread) 0.1882 1 (Bread) (Coffee) 0.2751 2 (Cake)(Coffee) 0.5270 3 (Coffee) (Cake)0.1144

计算消费数据的置信度，置信度的门槛设置为 0.1。

In

```
rule_confidence1= pd.DataFrame({
    'source':rule_confidence.antecedents.apply(lambda x: list(x)[0]).astype("unicode"),
    'target':rule_confidence.consequents.apply(lambda x: list(x)[0]).astype("unicode")})

import networkx as nx
basket_map=nx.from_pandas_edgelist(rule_confidence1, 'source', 'target')
basket_map.add_nodes_from(support.head(10).index.to_list())

pos = nx.spring_layout(basket_map, k=1,seed=2222)
d = dict(basket_map.degree)

plt.figure(1, figsize=(8, 6))
nx.draw_networkx(basket_map,pos,
        with_labels=True,
        nodelist=d,
        node_size=[d[k]*1000 for k in d]);plt.box(False);
```

Out	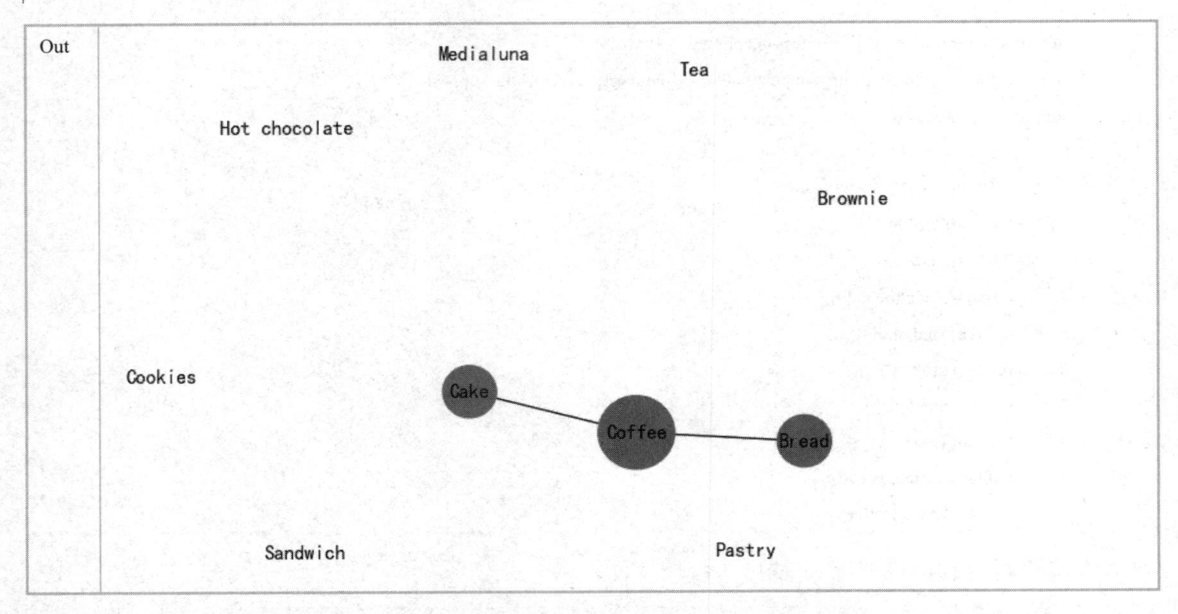

通过社会网络分析可视化代码，可以绘制出商品置信度关系的社会网络图。结果显示，Cake、Coffee 与 Bread 构建存在小群体关系。

In	rule_lift = association_rules(rule_support, metric = 'lift', min_threshold = 1);rule_lift[['antecedents','consequents','lift']]
Out	antecedents consequents lift 0 (Coffee) (Cake) 1.1015 1 (Cake) (Coffee) 1.1015

计算消费数据的提升度，提升度的门槛设置为 1。

In

```
rule_lift1= pd.DataFrame({
    'source':rule_lift.antecedents.apply(lambda x: list(x)[0]).astype("unicode"),
    'target':rule_lift.consequents.apply(lambda x: list(x)[0]).astype("unicode")})

basket_map=nx.from_pandas_edgelist(rule_lift1, 'source', 'target')
basket_map.add_nodes_from(support.head(10).index.to_list())

pos = nx.spring_layout(basket_map, k=1,seed=2222)
d = dict(basket_map.degree)

plt.figure(1, figsize=(8, 6))
nx.draw_networkx(basket_map,pos,
          with_labels=True,
          nodelist=d,
          node_size=[d[k]*1000 for k in d]);plt.box(False);
```

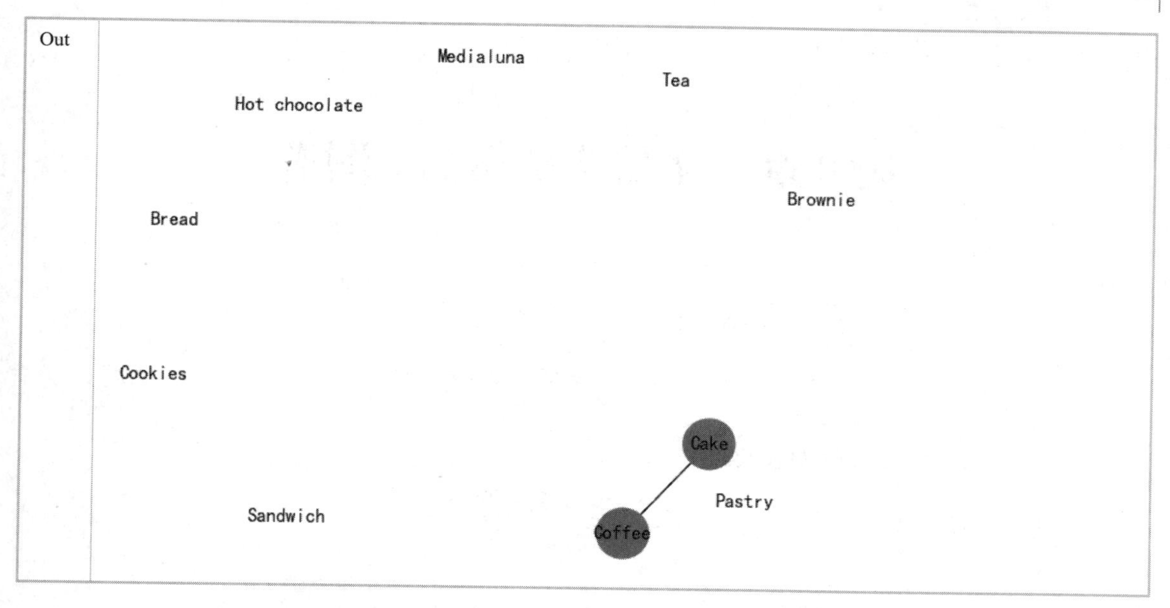

Coffee 与 Cake 之间存在较强的提升关系，通过数据挖掘有助于指导提升该商户的经营水平，如设计 Coffee 和 Cake 的组合套餐，从而刺激商品销售。

数据及练习 8

8.1　Tina 数据集[①]包含了特殊人群之间的关系数据。该数据是网络数据格式，关于卢布尔雅那大学学生会的 12 名成员和顾问之间的交流互动，请绘制出网络图。

8.2　Football 数据集[②]描述了 1998 年巴黎世界杯的 22 支足球队的比赛对决网络数据，请绘制出网络图。

8.3　US Air lines 数据集[③]包含了美国航空线路数据，由 332 个节点构成，请绘制出网络图。

8.4　Yeast 数据集[④]包含了出芽酵母中的蛋白质—蛋白质相互作用网络，该数据是网络数据格式，由 2361 个节点和 7182 条连线构成，请绘制出网络图。

① 数据调用方式：

```
import networkx as nx    #加载 networkx 包
G = nx.read_pajek("AnsCalT.net")          #调用 networkx 包中的函数 read_pajek 读取 pajek 格式（.net 数据）
```

http://vlado.fmf.uni-lj.si/pub/networks/data/soc/Tina/Tina.htm

下同

② http://vlado.fmf.uni-lj.si/pub/networks/data/sport/football.htm

③ http://vlado.fmf.uni-lj.si/pub/networks/data/mix/USAir97.net

④ http://vlado.fmf.uni-lj.si/pub/networks/data/bio/Yeast/Yeast.htm

第 9 章　文献计量与知识图谱

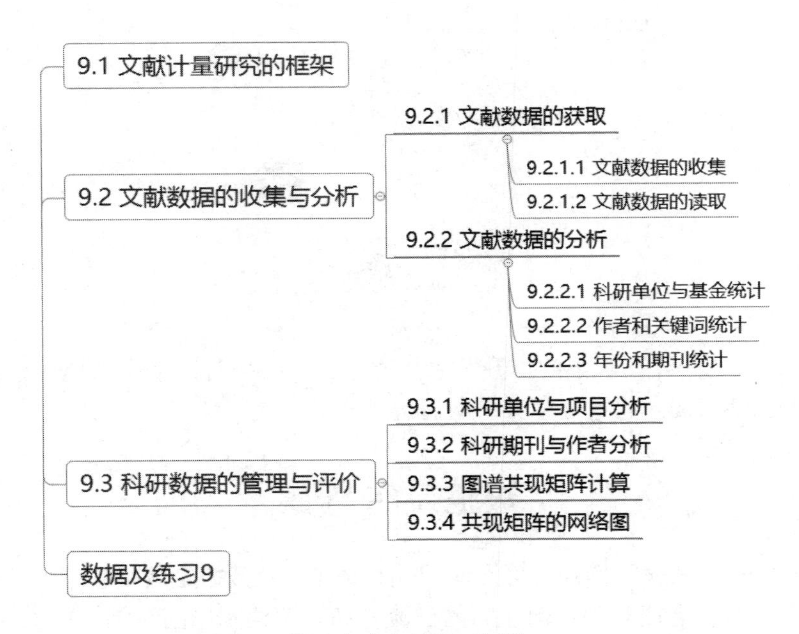

第 9 章内容的知识图谱

文献计量学是指用数学和统计学的方法，定量地分析一切知识载体的交叉学科。它是集数学、统计学、文献学为一体，注重量化的综合性知识体系，其计量对象主要是文献量（各种出版物，尤以期刊论文和引文居多）、作者数（个人、集体或团体）、词汇数（各种文献标识，其中以叙词居多），文献计量学最本质的特征在于其输出务必是“量”。

人们对文献定量化的研究可以回溯到 20 世纪初。1917 年，Francis Joseph Cole 和 Nellie Barbara Eales 首先采用定量的方法，研究了 1543—1860 年所发表的比较解剖学文献，对有关图书和期刊文章进行统计，并按国别加以分类。1923 年，Edward Wyndham Hulme 提出了“文献统计学”一词，并解释：“通过对书面交流的统计及对其他方面的分析，以观察书面交流的过程及某个学科的性质和发展方向。”1969 年，文献学家 Alan Pritchard 提出了用文献计量学代替文献统计学，他把文献统计学的研究对象由期刊扩展到所有书刊资料。目前，文献计量学已成为情报学和文献学的一个重要学科分支，同时展现出重要的方法论价值，成为情报学的一个特殊研究方法。在情报学内部的逻辑结构中，文献计量学已渐居核心地位，是与科学传播及基础理论关系密切的学术环节。现在全世界每年发表的文献计量学学术论文为 400～500 篇。

下面以管理学为例，介绍文献计量研究的实际应用。孙继伟和金晓玲（2014 年）以“问题管理”为检索词，对中国知网数据库检索到的 1984—2012 年发表的有关问题管理的论文进行文献计量分析。他们发现，问题管理是一种来自实践，在实践驱动下发展起来的实践派理论，是跨学科、跨专业、应用广泛、特色鲜明的新兴理论。蒋建武和李南才（2015 年）从研究视角、研究内容和研究层次三个维度，对 1996 年以来发表在 CSSCI 来源期刊上的 197 篇有关临时雇佣论文进行了文献计量分析。魏峰等（2017 年）以 CSSCI 来源期刊为数据来源，收集了 1998—2015 年间与心理契约研究相关的 480 篇文章，并以之为研究对象进行文献计量分析，发现了国内心理契约研究存在的 6 大研究热点。这些文章的思路在于，首先确定某一研究话题（如“问题管理”“心理契约”等），然后在中国知网数据库或中文社会科学引文索引数据库（CSSCI）收集相关论文，以这些论文为研究对象并通过文献计量研究已有的方法进行统计整理和知识发现。这些文章均发表于管理学核心期刊《管理学报》上，说明文献计量研究在科研识别与知识发现领域具有十分广阔的应用前景。

9.1 文献计量研究的框架

基本上，所有的文献计量研究都可以依据以下框架。首先，将题录数据导入 Python 之后，对数据进行探索性数据分析，根据需要统计某类主题出现的频数（如统计发表论文数排名前十的作者等）。然后，基于共现分析的思路构建共现矩阵，绘制知识图谱。根据下面这个研究框架，可以写出高质量的文献计量研究的文章。

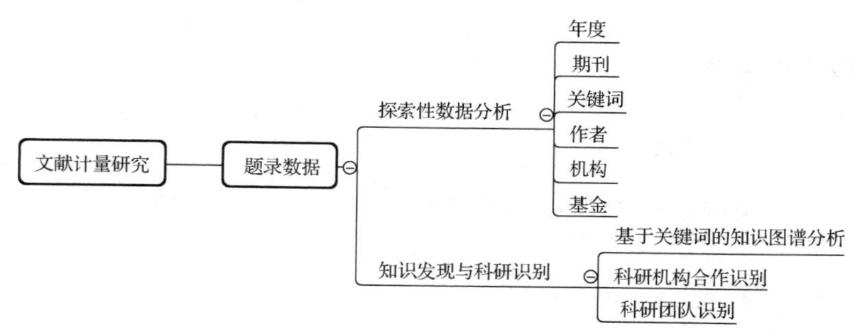

文献计量研究的应用前景广阔。根据已发表的学术论文，可以总结出四大应用方向。

1）对热门话题进行文献计量研究

当我们要对某一学术话题展开研究时，首先就要问：这一话题的研究进展如何？有谁在做？相关文献发表在哪些期刊上？通过文献计量研究就可以对这一话题的发文情况进行归纳和梳理。

可以登录中国知网选择包含这些主题词的文章，下载其文献题录数据进行分析，如云计算、3D 打印、人工智能、大数据、社会网络分析、社区发现、聚类分析等。下面以“文献计量”为关键词，详细介绍如何进行文献计量研究。

2）对某一期刊（或某类期刊）的发文数据进行总结评价

有时，我们需要对某一期刊的论文发表数据进行分析。例如，有不少研究者通过文献计量研究方法对情报学核心期刊《情报科学》的发文状况进行分析和解读。

孙仙阁. 2008 年《情报科学》文献计量分析[J]. 情报科学，2009，27（11）：1679-1683.

王敏.《情报科学》文献计量分析[J]：以 2009 年为例. 东北农业大学学报（社会科学版），2011，9（03）：44-48.

贾爱娟. 基于文献计量的 2010 年《情报科学》分析解读[J]. 农业图书情报学刊，2012，24（06）：73-75.

肖荣荣. 2003—2012 年《情报科学》文献计量分析[J]. 情报科学，2013，31（08）：66-70+76.

牛浏. 基于文献计量法的 2014 年《情报科学》分析[J]. 农业网络信息，2015（11）：52-56+66.

3）对某一科研单位若干年的数据总结评价（科学与科研管理）

在高校或科研单位中，科研成果管理十分重要。在本章的最后部分介绍了中国农业科学院 2017 年中文论文的发表情况。

4）中文数据（中国知网）和英文数据（Web of Science 数据库）的比较分析

在 Web of Science 数据库中也能导出文献题录数据，可以比较同一话题（如“大数据”等）中文论文与英文论文研究的异同。例如，王晰巍等在 2013 年发表的文章《基于文献计量方法对中外信息生态学术论文比较研究》。

9.2 文献数据的收集与分析

9.2.1 文献数据的获取

9.2.1.1 文献数据的收集

下面介绍如何从中国知网（CNKI）获得文献题录数据，可以根据以下几个类型收集题录数据。

1）基于主题的文献题录数据

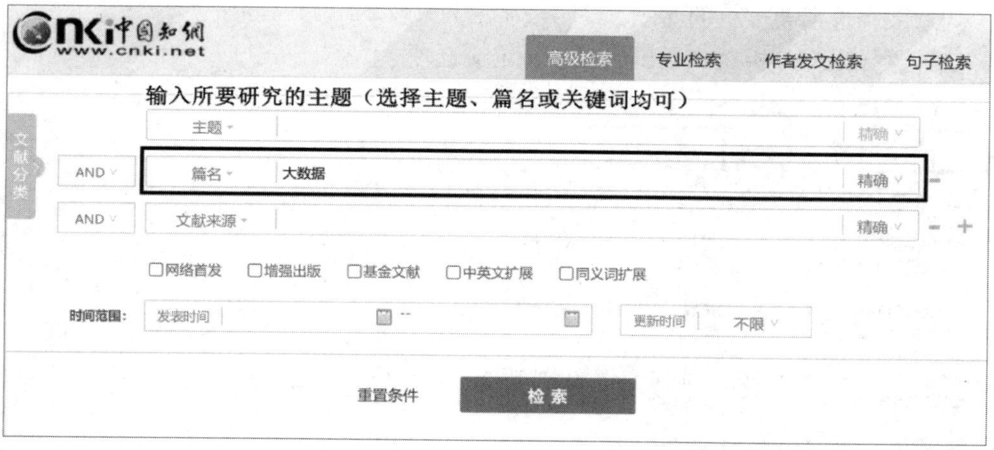

输入所要研究的主题（选择主题、篇名或关键词均可）

2）基于期刊的文献题录数据

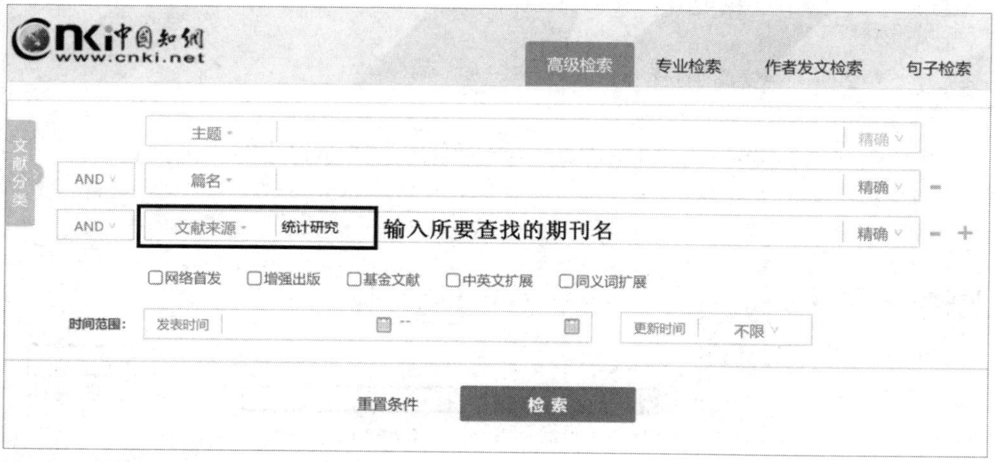

输入所要查找的期刊名

3）基于作者单位的文献题录数据

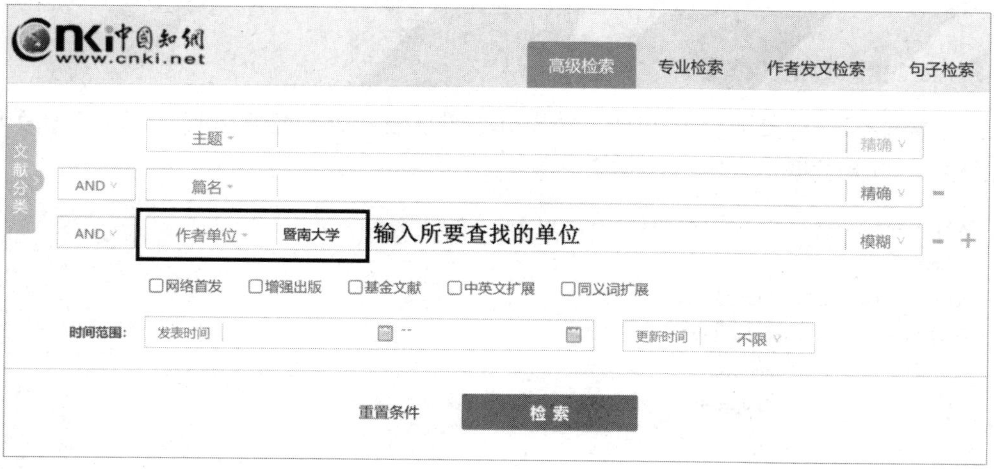

输入所要查找的单位

文献题录收集的步骤如下。

① 勾选或筛选所要分析的文献。

② 选择“导出与分析”→导出文献→自定义选项。

③ 勾选“Keyword-关键词”、“FirstDuty-第一责任人”、“Fund-基金”和“Year-年”等复选框。

④ 选择“xls”格式。

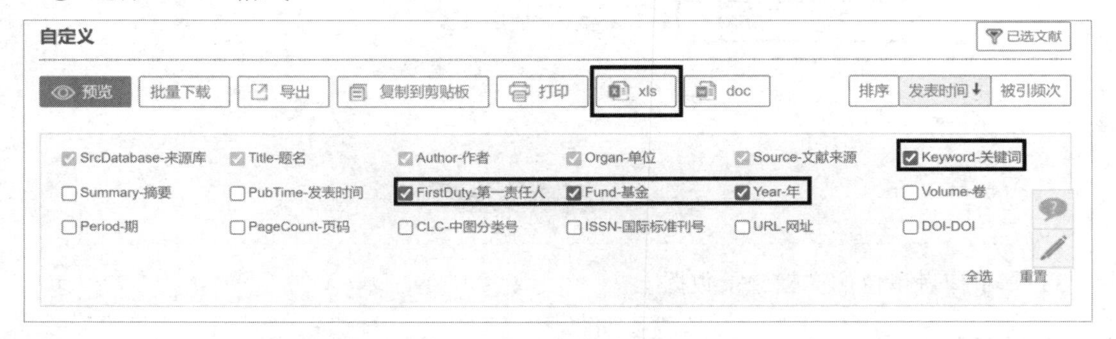

9.2.1.2 文献数据的读取

以“文献计量”为篇名收集 2010—2022 年在北大核心期刊目录所收录的期刊上发表的论文题录数据，以此数据集为例进行文献计量研究。

In	WXdata=pd.read_excel('PyDm2data.xlsx','WXdata'); WXdata.info()
Out	<class 'pandas.core.frame.DataFrame'> RangeIndex: 1978 entries, 0 to 1977 Data columns (total 8 columns): # Column Non-Null Count Dtype --- ------ ------ ------ ----- 0 Title 1978 non-null object

```
 1   Author      1972   non-null   object
 2   Organ       1978   non-null   object
 3   Source      1978   non-null   object
 4   Keyword     1978   non-null   object
 5   FirstDuty   1972   non-null   object
 6   Fund        1444   non-null   object
 7   Year        1978   non-null   int64
dtypes: int64(1), object(7)
memory usage: 123.8+ KB
```

In

```
Wxdata.iloc[:,:4].head()
```

Out

	Title	Author	Organ	Source
0	国内外引用认同研究进展文献计量分析	任红娟;	郑州航空工业管理学院信息科学学院;	图书馆理论与实践
1	抗菌药物在细胞内分布的文献计量分析	白楠;梅和坤;唐铭婧;曹江;江学维;张明;王瑾;王睿;	解放军总医院药品保障中心临床药理研究室;	中国临床药理学杂志
2	基于文献计量的无偿献血动机分析	赵铁伦;林振平;陈家应;傅强;戴宇东;蔡旭兵;	南京医科大学公共卫生学院;南京红十字血液中心;南京医科大学卫生政策研究中心;	中国输血杂志
3	中国神经科学领域发展态势:基于WOS数据库10年文献计量分析	陈晶;朱元贵;雍武;曹河圻;董尔丹;	中国科学院心理研究所;国家自然科学基金委员会医学科学部;	科学通报
4	基于文献计量的生物柴油研究发展态势分析	张波;王金平;	中国科学院青岛生物能源与过程研究所;中国科学院 国家科学图书馆兰州分馆;中国科学院 资源环境...	可再生能源

从结果中可以看到，共有 1978 篇文献纳入分析，有 8 个变量，其中 1444 篇标注了 Fund（基金）。

9.2.2 文献数据的分析

9.2.2.1 科研单位与基金统计

首先通过 find_words()函数自定义一个搜索函数，它可以返回所有符合条件的值，然后通过 len()函数直接返回所有值的长度，这就是我们所要计数统计的结果，因此我们定义了科研单位与基金统计函数 search_university()。

In

```
def find_words(content,pattern): #寻找关键词
  return [content[i] for i in range(len(content)) if (pattern in content[i]) == True]

def search_university(content,pattern):
  return len([find_words(content[i],pattern) for i in range(len(content))
  if find_words(content[i],pattern) != []])
```

中华人民共和国教育部官网提供了中国全部高等院校校名的信息，通过搜索函数可以对全国所有高校在这组数据中出现的频率进行统计。基金统计也是同样的原理，首先将从中国知网获取基金的名称整理成列表，通过搜索函数对所有基金出现的频率进行统计。

In	university=pd.read_excel('PyDm2data.xlsx','university'); university.学校名称.head()
Out	0　北京大学 1　中国人民大学 2　清华大学 3　北京交通大学 4　北京工业大学
In	fund=pd.read_excel('PyDm2data.xlsx','fund'); fund.基金名称.head()
Out	0　国家自然科学基金 1　国家高技术研究发展计划(863 计划) 2　基础研究重大项目前期研究专项 3　国家科技支撑计划 4　国家重点实验室建设项目计划

将文献数据中的单位数据取出并分词。

In
```
def list_split(content,separator): #分解信息
   new_list=[]
   for i in range(len(content)):
      new_list.append(list(filter(None,content[i].split(separator))))
return new_list
organ=list_split(WXdata['Organ'],';')
len(organ)
```
Out
```
1978
```
In
```
organ[0:5]
```
Out
```
[['郑州航空工业管理学院信息科学学院'],
 ['解放军总医院药品保障中心临床药理研究室'],
 ['南京医科大学公共卫生学院', '南京红十字血液中心', '南京医科大学卫生政策研究中心'],
 ['中国科学院心理研究所', '国家自然科学基金委员会医学科学部'],
 ['中国科学院青岛生物能源与过程研究所', '中国科学院  国家科学图书馆兰州分馆', '中国科学院  资源环境科学信息中心']]
```

从结果中可以看到，中国科学院大学、武汉大学和南京大学发表文献计量分析论文的数量处于全国前列。

In
```
data1=pd.DataFrame([[i,search_university(organ,i)] for i in university['学校名称']])
data1.rename(columns={0:'学校名称',1:'频数'},inplace=True)
data1.sort_values(by='频数',ascending = False)[0:10]
```
Out

	学校名称	频数
58	中国科学院大学	61

512	武汉大学	51
277	南京大学	38
0	北京大学	35
23	北京师范大学	32
194	吉林大学	31
430	山东大学	30
649	西南大学	26
513	华中科技大学	23
323	浙江大学	23

同理，可以对 Fund（基金）的状况进行汇总统计和排名。

In

```
jijin=list_split(WXdata['Fund'].dropna(axis=0,how='all').tolist(),';;')
data2=pd.DataFrame([[i,search_university(jijin,i)] for i in fund['基金名称']])
data2.rename(columns={0:'基金名称',1:'频数'},inplace=True)
data2.sort_values(by='频数',ascending = False)[0:10]
```

Out

	基金名称	频数
0	国家自然科学基金	416
5	国家社会科学基金	180
3	国家科技支撑计划	10
46	国家留学基金	5
84	全国教育科学规划	5
41	教育部留学回国人员科研启动基金	1
14	国家软科学研究计划	1
1	国家高技术研究发展计划(863 计划)	1

9.2.2.2　作者和关键词统计

词频分析法是利用能够表达文献核心内容的关键字在某一研究领域文献中出现的频次高低来确定该领域研究热点和发展动向的文献计量学方法。一篇论文的关键词是其研究内容的高度浓缩，某些关键词在其所在领域反复出现，可以反映这一领域的研究热点。这里根据文献题录数据的特点（作者用“;”分隔，关键词用“;;”分隔），首先将作者与关键词进行分词（list_split()函数），然后直接汇总统计。

In

```
keyword=list_split(WXdata['Keyword'].dropna(axis=0,how='all').tolist(),';;')
keyword1=sum(keyword,[])
pd.DataFrame(keyword1)[0].value_counts()[:10]
```

Out

文献计量	792
文献计量分析	334
文献计量学	207
知识图谱	199
研究热点	173
CiteSpace	157
可视化分析	96
计量分析	90

	Web of Science 66 共词分析 58
In	def list_replace(content,old,new): #清除信息中的空格 return [content[i].replace(old,new) for i in range(len(content))] author=list_replace(WXdata['Author'].dropna(axis=0,how='all').tolist(),',',';') author1=list_split(author,';') author2=sum(author1,[]) pd.DataFrame(author2)[0].value_counts()[:10]
Out	王瑾 23 王睿 23 张志强 12 梁蓓蓓 12 白艳 11 白楠 9 本刊编辑部 9 梅和坤 8 曹江 8 牛卉 8

9.2.2.3 年份和期刊统计

年份和期刊的数据结构比较简单，通过 value_counts()函数进行汇总统计即可。

In	WXdata.Source.value_counts()[:10]
Out	情报科学 66 科技管理研究 59 情报杂志 54 生态学报 48 图书情报工作 36 安徽农业科学 24 中国临床药理学杂志 23 图书馆工作与研究 20 中国科技期刊研究 20 档案管理 20
In	WXdata.Year.value_counts()
Out	2022 251 2021 213 2020 208 2017 170 2019 168 2018 159 2016 158 2015 140 2014 129

```
2013    103
2010    100
2011     95
2012     84
```

9.3　科研数据的管理与评价

探索性数据分析主要进行的是简单的汇总统计，知识图谱和科学研究需要对数据进行进一步加工，一般使用共现矩阵（又称耦合矩阵），并在此基础上绘制知识图谱。共现分析的原理主要是，对一组词（作者、机构等）两两统计它们在同一篇文献中出现的次数，以此为基础获得相应的共现矩阵。例如，若作者 A 与作者 B 共合作了 20 篇文章，则他们共现矩阵的距离（或联系）为 20。

9.3.1　科研单位与项目分析

在高校或科研单位中，单位的科研成果管理十分重要。中国知网数据库基本涵盖了所有中文论文发表的数据。通过 9.1 节所介绍的基于 Python 的文献计量研究的框架，可以流程化、模块化地对单位中文论文的发表情况进行汇总和梳理，满足单位科研统计的需要。下面以中国农业科学院（第一单位）为例，分析 2022 年其院属单位在北大核心期刊的论文发表情况。这里将结果整理成报告用的表格形式，如表 9-1 和表 9-2 所示。

表 9-1　中国农业科学院院属单位 2022 年论文发表情况

院属单位	频数	院属单位	频数
北京畜牧兽医研究所	169	农业质量标准与检测技术研究所	45
农业资源与农业区划研究所	167	农田灌溉研究所	41
植物保护研究所	167	草原研究所	41
果树研究所	160	兰州畜牧与兽药研究所	36
农产品加工研究所	113	棉花研究所	36
农业经济与发展研究所	109	蜜蜂研究所	27
作物科学研究所	98	生物技术研究所	27
哈尔滨兽医研究所	94	麻类研究所	25
蔬菜花卉研究所	84	柑桔研究所	19
农业环境与可持续发展研究所	81	水牛研究所	17
特产研究所	76	家禽研究所	14
兰州兽医研究所	76	环境保护科研监测所	7
上海兽医研究所	73	水稻研究所	7
郑州果树研究所	64	深圳农业基因组研究所	7
茶叶研究所	59	蚕业研究所	3
饲料研究所	59	甘薯研究所	3
烟草研究所	52	南京农业机械化研究所	2
油料作物研究所	51	中国农业科学技术出版社	2
农业信息研究所	49	沼气科学研究所	1

表 9-2　中国农业科学院院属单位 2022 年论文发表承担基金项目数

基　金　名	频　　数
国家自然科学基金	593
国家社会科学基金	30
农业科技园	5
国家科技支撑计划	3
农业科技成果转化资金	1
国家留学基金	1

1）数据导入

In
```
NKYWX=pd.read_excel('PyDm2data.xlsx','NKYWX');
NKYWX.shape
NKYWX.iloc[:,:2].head()
```

Out
```
(2072, 8)
     Title                                        Author
  0  土豆烧牛肉菜肴食用品质评价解析                    李建英;陈乐;刘成江;韩东;张春晖;黄峰;
  1  水肥一体化条件下密植高产玉米适宜追氮次数研究        毛圆圆;薛军;翟娟;张园梦;张国强;明博;谢瑞芝;王克
                                                   如;侯鹏;李召锋;李少昆;
  2  基于电子鼻和可见/近红外光谱技术的羊肉真实性鉴别    张春娟;郑晓春;古明辉;张德权;陈丽;
  3  施用有机肥煤矿复垦耕地有机碳的固持效率及组分       徐明岗;李然;孙楠;安永齐;王小利;靳东升;李建华;张
     变化                                          强;洪坚平;申华平;
  4  基于离散元法的茶园仿生铲减阻性能研究              姜嘉胤;董春旺;倪益华;徐家俊;李杨;马蓉;
```

In
```
NKYDW=pd.read_excel('PyDm2data.xlsx','NKYDW');
NKYDW.head()
```

Out
```
      单位
0     作物科学研究所
1     植物保护研究所
2     蔬菜花卉研究所
3     农业环境与可持续发展研究所
4     北京畜牧兽医研究所
```

2）单位统计与基金统计

中国农业科学院拥有 38 个直属研究所，表 9-1 统计了这 38 个直属研究所的论文发表情况。

In
```
organ=list_split(NKYWX['Organ'],';')
data1=pd.DataFrame([[i,search_university(organ,i)] for i in NKYDW['单位']])
data1.rename(columns={0:'单位',1:'频数'},inplace=True)
data1.sort_values(by='频数',ascending = False)[:8]
```

Out
```
        单位                      频数
4       北京畜牧兽医研究所          169
10      农业资源与农业区划研究所    167
1       植物保护研究所              167
20      果树研究所                  160
```

	7　　农产品加工研究所　　　　　113 9　　农业经济与发展研究所　　　109 0　　作物科学研究所　　　　　　98 23　 哈尔滨兽医研究所　　　　　94
In	jijin=list_split(NKYWX['Fund'].dropna(axis=0,how='all').tolist(),';;') data2=pd.DataFrame([[i,search_university(jijin,i)] for i in fund['基金名称']]) data2.rename(columns={0:'基金名称',1:'频数'},inplace=True) data2.sort_values(by='频数',ascending = False)[:12]
Out	基金名称　　　　　频数 0　　国家自然科学基金　　593 5　　国家社会科学基金　　30 32　 农业科技园　　　　　5 3　　国家科技支撑计划　　3 38　 农业科技成果转化资金　1 46　 国家留学基金　　　　1

9.3.2 科研期刊与作者分析

中国农业科学院高频作者、关键词和发文期刊统计的汇总统计如表 9-3、表 9-4 和表 9-5 所示。

In	author=list_replace(NKYWX['Author'].dropna(axis=0,how='all').tolist(),',',';') author1=list_split(author,';') author2=sum(author1,[]) pd.DataFrame(author2)[0].value_counts()[:5]
Out	王海波　　31 王孝娣　　20 郑海学　　20 史祥宾　　19 王小龙　　17

表 9-3　中国农业科学院论文发表数量排名前 30 的作者

作　者	频　数	作　者	频　数	作　者	频　数
王海波	31	王强	17	毕金峰	15
王孝娣	20	辛晓平	17	陈化兰	15
郑海学	20	王凤忠	17	刁其玉	15
史祥宾	19	刘凤之	15	李宝聚	14
王小龙	17	刘万学	15	柴阿丽	14
石延霞	14	王旭	13	王静	12
殷宏	14	王志强	13	王加启	12
谢学文	14	仇华吉	13	王磊	12
郑楠	13	李磊	13	杨博	12
张艺灿	13	王莹莹	13	尚庆茂	12

In	keyword=list_split(NKYWX['Keyword'].dropna(axis=0,how='all').tolist(),';;') keyword1=sum(keyword,[]) pd.DataFrame(keyword1)[0].value_counts()[:5]
Out	产量　46 品种　39 品质　33 生长性能　32 非洲猪瘟病毒　26

表 9-4　中国农业科学院论文排名前 30 的关键词

关键词	频数	关键词	频数	关键词	频数
产量	46	果实品质	19	梨	14
品种	39	粮食安全	19	肉鸡	14
品质	33	苹果	19	生物防治	14
生长性能	32	烤烟	19	葡萄	13
非洲猪瘟病毒	26	小麦	19	致病性	13
原核表达	24	抗氧化活性	16	马铃薯	13
玉米	23	水稻	16	大豆	13
种质资源	21	单克隆抗体	16	烟草	13
桃	20	主成分分析	15	有机肥	12
影响因素	19	棉花	14	分离鉴定	12

In	NKYWX.Source.value_counts()[:5]
Out	中国农业科学　76 中国兽医科学　67 畜牧兽医学报　66 中国预防兽医学报　65 植物保护　55

表 9-5　中国农业科学院发文排名前 30 的期刊

期刊名	频数	期刊名	频数
中国农业科学	76	中国畜牧杂志	33
中国兽医科学	67	果树学报	32
畜牧兽医学报	66	作物学报	32
中国预防兽医学报	65	食品安全质量检测学报	31
植物保护	55	植物营养与肥料学报	31
园艺学报	53	中国土壤与肥料	31
中国畜牧兽医	52	食品工业科技	29
动物营养学报	52	植物保护学报	26
中国动物传染病学报	51	中国烟草科学	26
中国农业资源与区划	51	中国油料作物学报	24
中国果树	45	灌溉排水学报	23

续表

期　刊　名	频　　数	期　刊　名	频　　数
植物遗传资源学报	39	中国生物防治学报	23
中国蔬菜	37	中国草地学报	22
中国农业科技导报	36	生物技术通报	21
食品科学	35	中国食品学报	20

9.3.3　图谱共现矩阵计算

将文献计量分析结果可视化可以构建知识图谱，又称为科学知识图谱。在图书情报界称为知识域可视化或知识领域映射地图，是显示知识发展进程与结构关系的一系列不同的图形，用可视化技术描述知识资源及其载体，挖掘、分析、构建、绘制和显示知识及它们之间的相互联系。可以先将文献题录数据通过共现分析获得共现矩阵，然后通过前文介绍的社会网络分析方法，用可视化的图谱形象地展示学科的核心结构、发展历史、前沿领域，为学科研究提供切实的、有价值的参考。

下面对第 9 章中的文献数据，分别构造高频作者的共现矩阵、高频发文单位的共现矩阵和高频关键词的共现矩阵，如表 9-6、表 9-7 和表 9-8 所示，这些矩阵是绘制知识图谱和进行科研发现的基础。

```
In  organ=list_split(NKYWX['Organ'],';')
    data1=pd.DataFrame([[i,search_university(organ,i)] for i in university['学校名称']])
    data1.rename(columns={0:'学校名称',1:'频数'},inplace=True)
    keyword=list_split(NKYWX['Keyword'].dropna(axis=0,how='all').tolist(),';;')
    keyword1=sum(keyword,[])
    author=list_replace(NKYWX['Author'].dropna(axis=0,how='all').tolist(),',',';')
    author1=list_split(author,';')
    author2=sum(author1,[])
```

```
In  #获取前 10 名的高频数据
    data_author=pd.DataFrame(author2)[0].value_counts()[:10].index.tolist()
    data_keyword=pd.DataFrame(keyword1)[0].value_counts()[0:10].index.tolist()
    data_university=data1.sort_values(by='频数',ascending = False)[0:10]['学校名称'].tolist()
```

```
In  def occurence(data,document):   #生成共现矩阵
        empty1=[];empty2=[];empty3=[]
        for a in data:
            for b in data:
                count = 0
                for x in document:
                    if   [a in i for i in x].count(True) >0 and [b in i for i in x].count(True) >0: count += 1
                empty1.append(a);empty2.append(b);empty3.append(count)
        df=pd.DataFrame({'from':empty1,'to':empty2,'weight':empty3})
        G=nx.from_pandas_edgelist(df, 'from', 'to', 'weight')
        return (nx.to_pandas_adjacency(G, dtype=int))
```

```
In  Matrix1=occurence(data_author,author1);Matrix1
```

表 9-6　高频作者共现矩阵

	王海波	王孝娣	郑海学	史祥宾	王小龙	...
王海波	31	18	0	18	17	...
王孝娣	18	20	0	11	8	...
郑海学	0	0	20	0	0	...
史祥宾	18	11	0	19	10	...
王小龙	17	8	0	10	17	...
...	...	...	...	...	...	...

In
```
Matrix2=occurence(data_university,organ)
```

表 9-7　高频发文单位共现矩阵

	吉林农业大学	中国农业大学	青岛农业大学	甘肃农业大学	新疆农业大学	...
吉林农业大学	45	1	0	0	0	...
中国农业大学	1	37	0	0	0	...
青岛农业大学	0	0	36	0	0	...
甘肃农业大学	0	0	0	34	0	...
新疆农业大学	0	0	0	0	29	...
...	...	...	...	...	...	...

In
```
Matrix3=occurence(data_keyword,keyword)
```

表 9-8　高频关键词共现矩阵

	产　量	品　种	品　质	生 长 性 能	非洲猪瘟病毒	...
产　量	66	4	20	0	0	...
品　种	4	69	4	0	0	...
品　质	20	4	121	5	0	...
生 长 性 能	0	0	5	32	0	...
非洲猪瘟病毒	0	0	0	0	29	...
...	...	...	...	...	...	...

9.3.4　共现矩阵的网络图

首先将共现矩阵转化为网络数据（用 nx.from_pandas_adjacency()函数），然后用 nx.draw_networkx()函数就可以绘制出高频作者间的合作情况图谱。

In
```
nf1=nx.from_pandas_adjacency(Matrix1)
nf1.remove_edges_from(nx.selfloop_edges(nf1))
pos = nx.spring_layout(nf1, k=6,seed=1234)
d = dict(nf1.degree)

nx.draw_networkx(nf1,pos,
        with_labels=True,
```

```
        nodelist=d,
        node_size=[d[k]*100 for k in d],node_color='yellow');plt.box(False);
```

Out

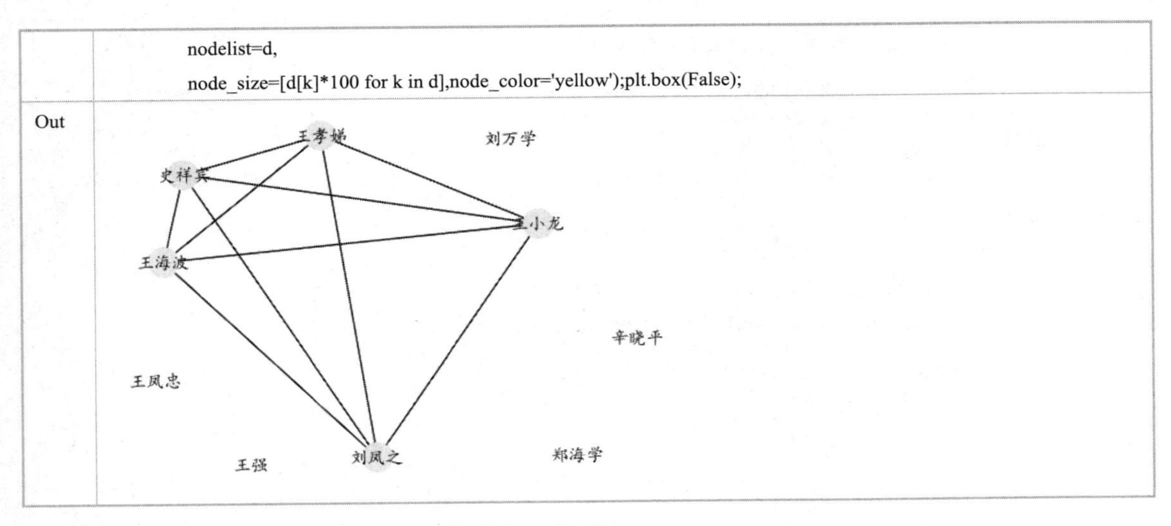

类似地，可以绘制出高校间合作的知识图谱。

```
In  nf2=nx.from_pandas_adjacency(Matrix2)
    nf2.remove_edges_from(nx.selfloop_edges(nf2))
    pos = nx.spring_layout(nf2, k=1,seed=2222)
    d = dict(nf2.degree)

    nx.draw_networkx(nf2,pos,
            with_labels=True,
            nodelist=d,
            node_size=[d[k]*100 for k in d],node_color='yellow');plt.box(False);
```

Out

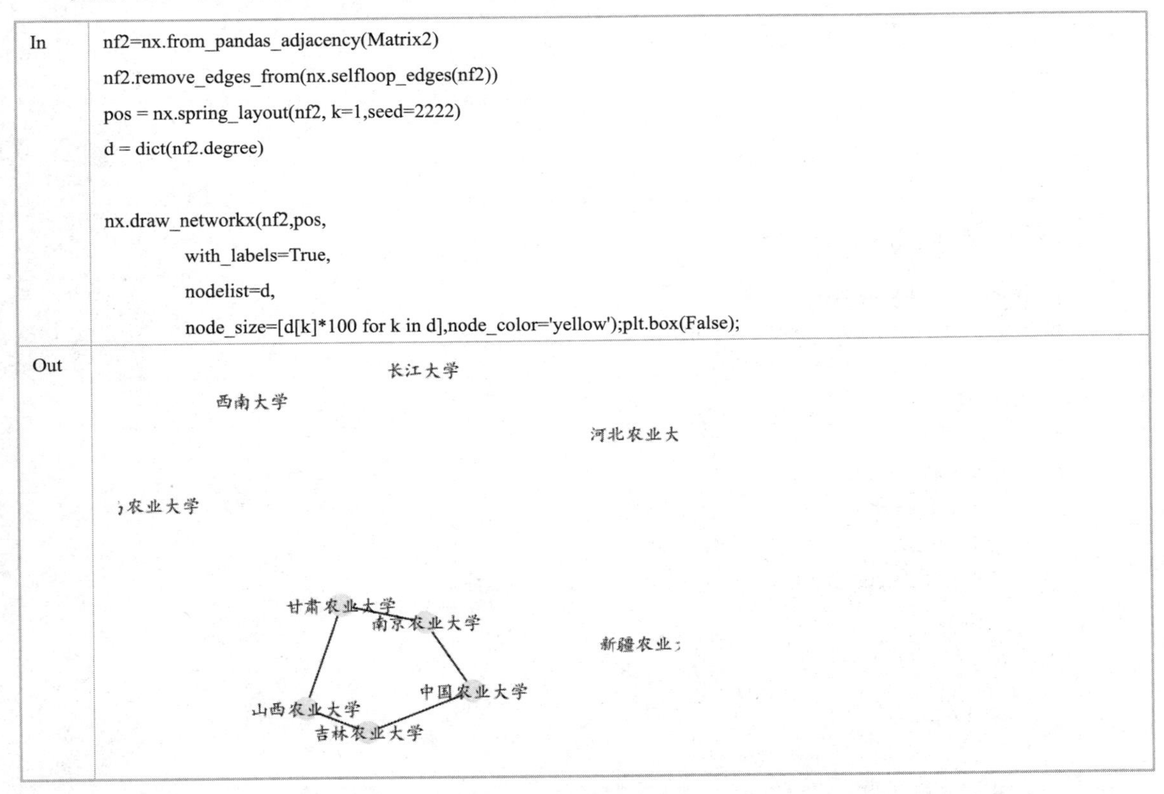

文献计量分析过程中，由于单位等信息的长度往往较长，在创建社会网络图时标签（Label）的信息不能在图谱中完全展示。下面介绍一种更新标签名的方式。首先通过创建字典的形式构建单位信息缩写表（如“中国农业大学”可以缩写为“中农”），然后使用 relabel_nodes()函数更新对应的标签名。

```
In  mapping = {'新疆农业大学':'疆农','吉林农业大学':'吉农','青岛农业大学':'青农',
            '甘肃农业大学':'甘农','山西农业大学':'山西农','中国农业大学':'中农',
```

```
           '南京农业大学':'南农','河北农业大学':'河北农'}
nf2 = nx.relabel_nodes(nf2, mapping)
pos = nx.spring_layout(nf2, k=1,seed=2222)
d = dict(nf2.degree)

nx.draw_networkx(nf2,pos,
         with_labels=True,
         nodelist=d,
         node_size=[d[k]*100 for k in d],node_color='yellow');plt.box(False);
```

Out

长江大学
西南大学
河北农
青农
甘农
南农
疆农
中农
山西农
吉农

下面是关键词间的知识图谱。

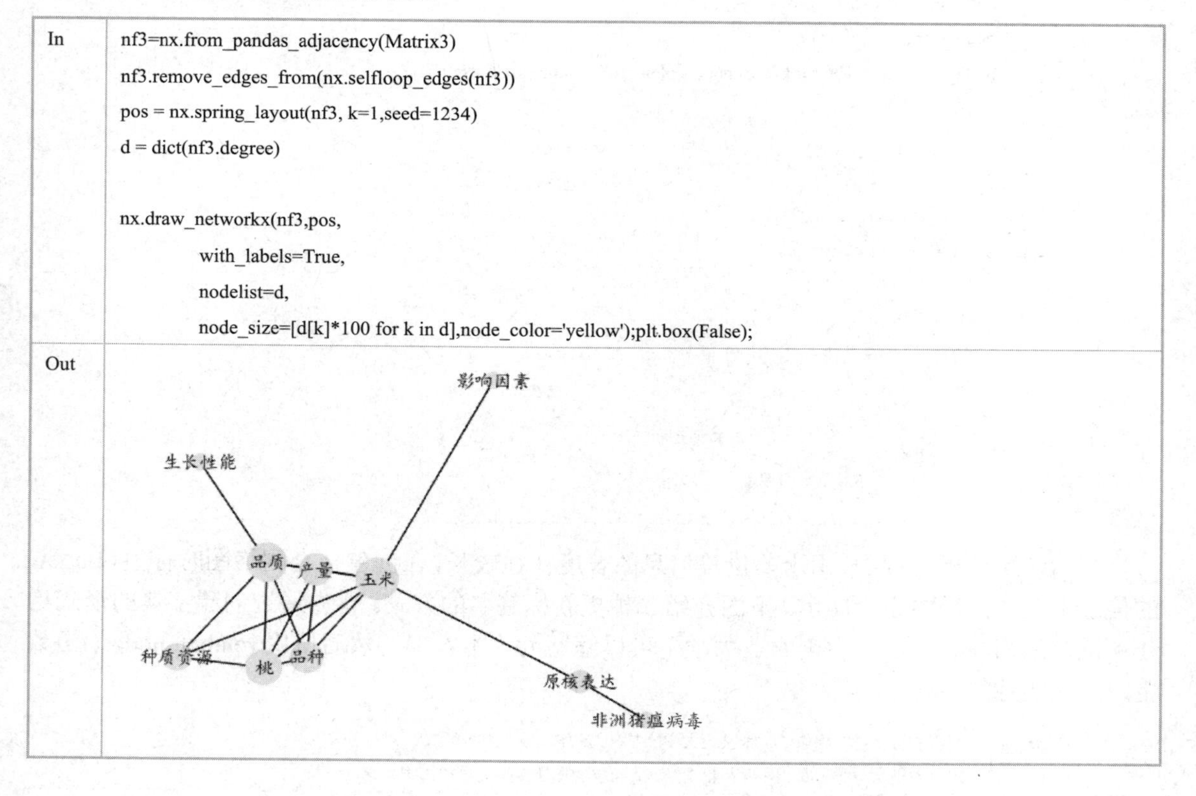

```
In  nf3=nx.from_pandas_adjacency(Matrix3)
    nf3.remove_edges_from(nx.selfloop_edges(nf3))
    pos = nx.spring_layout(nf3, k=1,seed=1234)
    d = dict(nf3.degree)

    nx.draw_networkx(nf3,pos,
             with_labels=True,
             nodelist=d,
             node_size=[d[k]*100 for k in d],node_color='yellow');plt.box(False);
```

Out

关键词的网络图往往不易区分出类别，这里倾向于绘制系统聚类图。通过系统聚类分析，可以将共现频率高的关键词找出来，从而总结与发现文献计量分析的研究状况与趋势。

In
```
import scipy.cluster.hierarchy as sch
H1=sch.linkage(Matrix3,method='ward');
sch.dendrogram(H1,labels=Matrix3.index,orientation='right');
```

Out

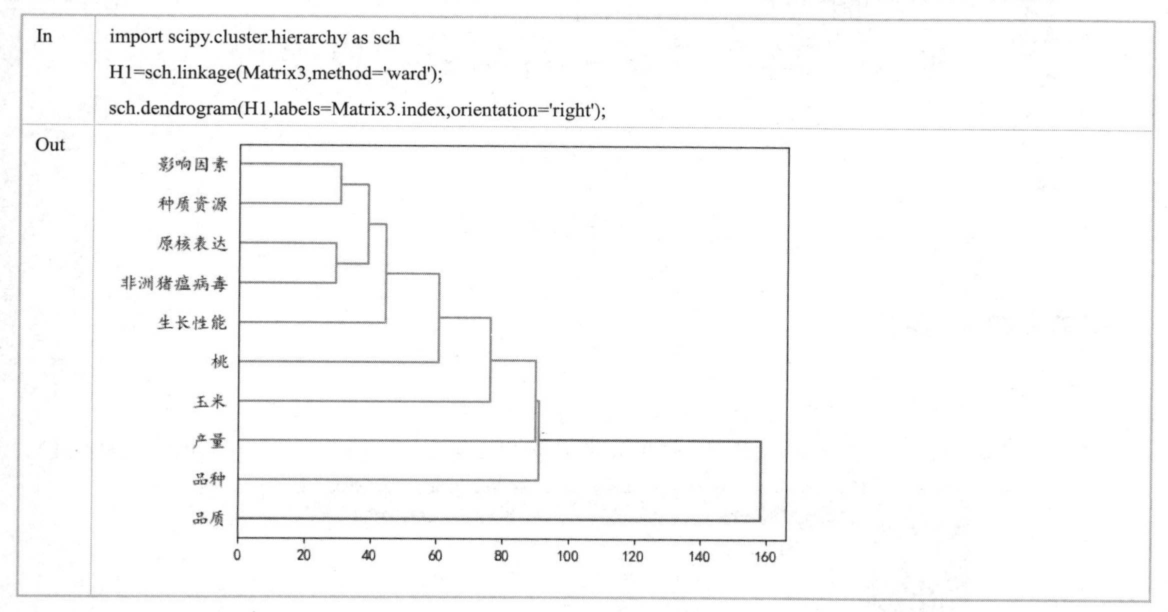

在绘制系统聚类图时，定义类与类之间的距离有许多种方法（如最短距离法、Ward 法等），可以根据需要和实际效果选择最佳的聚类方法。

数据及练习 9

9.1　对热门话题进行文献计量分析。请以“问题管理”为检索词，对中国知网数据库检索到的 2010—2022 年发表的问题管理论文进行文献计量分析。内容和格式仿照：孙继伟，金晓玲. 问题管理研究的文献计量分析[J]. 管理学报，2014，11（07）：953-958.

9.2　对某一期刊的发文数据进行总结评价。请运用文献计量学的方法，对 2022 年出版的《情报科学》进行统计分析，并与《情报科学》近几年有关的统计数据对比。内容和格式仿照：孙仙阁. 2008 年《情报科学》文献计量分析[J]. 情报科学，2009，27（11）：1679-1683.

9.3　试根据某单位若干年的科研数据进行文献计量分析。请以中国知网（CNKI）的中国学术文献网络出版总库作为数据统计源，检索 2010—2022 年安徽工程大学的学术文献，参照本章的文献计量分析框架进行分析。内容和格式仿照：秦丽萍，桂云苗. 基于 CNKI 的安徽工程大学学术文献计量分析[J]. 安徽工程大学学报，2013，28（03）：91-94.

9.4　试根据某单位若干年的科研数据进行文献计量分析。请以五邑大学为例，对中国知网数据库收录的五邑大学 2010—2022 年的科研论文，参照本章的文献计量分析框架进行分析。内容和格式仿照：陈水生. 地方高校科研论文文献计量分析——以五邑大学为例[J]. 高教论坛，2014（01）：80-85.

9.5　对热门话题进行文献计量分析。请以“临时雇佣”为检索词，对中国知网数据库检索到的 2000 年以来发表的管理论文进行文献计量分析。内容和格式仿照：蒋建武，李南才. 基于文献计量法的国内临时雇佣研究述评[J]. 管理学报，2015，12（04）：619-624.

附录　资源共享平台与云计算平台

附录 A　资源共享平台

A1　本书的学习网站

1．资源共享网站

为方便读者使用本书，我们建立了本书的资源共享课程平台（http://www.jdwbh.cn/Rstat）。

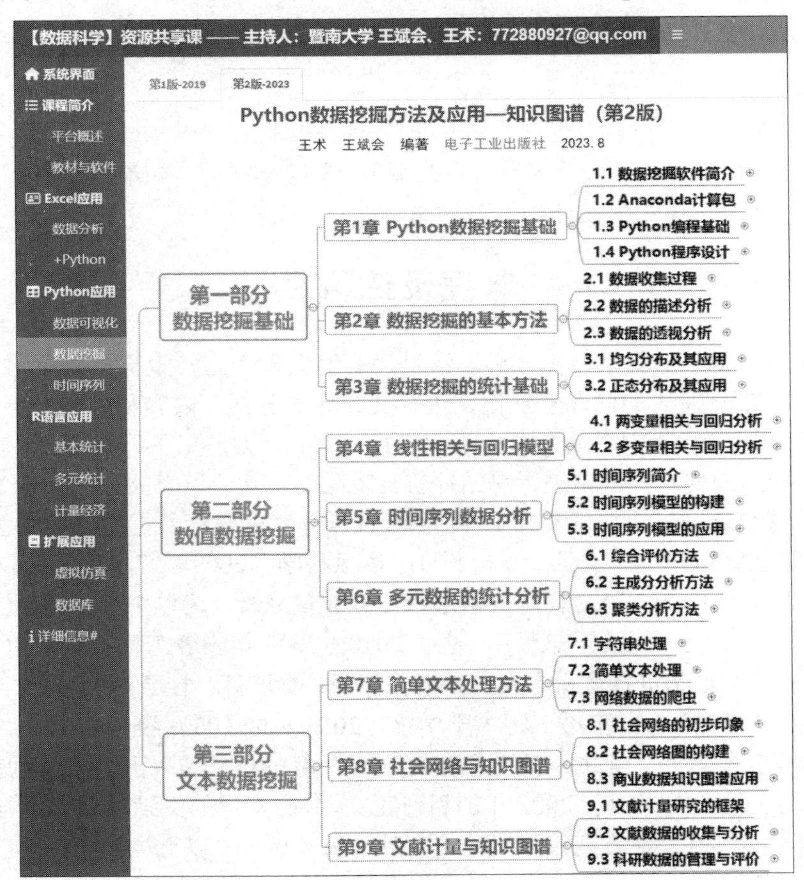

2．学习博客平台

为方便读者使用本书，我们建立了本书学习博客（https://www.yuque.com/rstat/pydm），本书的例子数据和习题数据都可直接从网上下载使用。

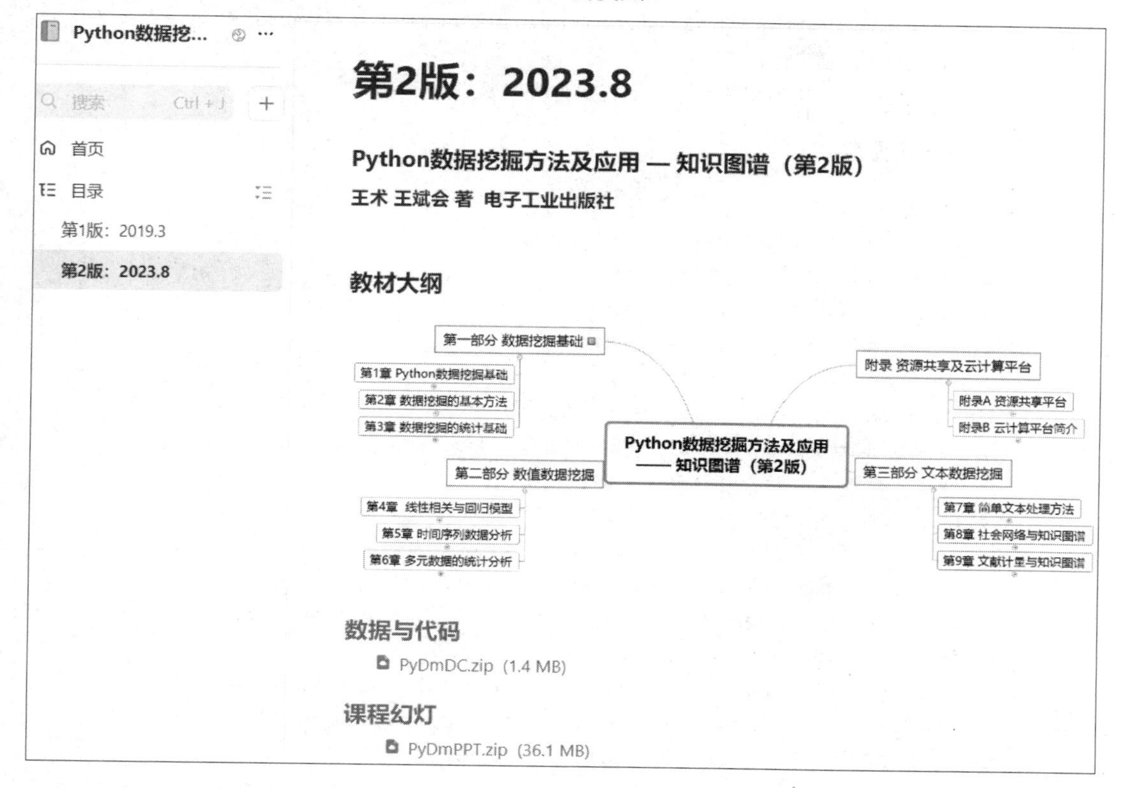

A2　本书自定义函数

（1）为便于读者学习本书及使用 Python 进行数据分析，本书自定义了一些 Python 函数辅助进行数据分析，下面列出部分自定义函数，供读者参考。

为便于读者使用这些函数，下面提供获得函数和包的途径。在使用 Python 前，最好在本地建立一个目录，这样所有数据、代码及计算结果都可保存在该目录下，方便操作。这里假设建立的目录是 D:\PyDm2，将本书所有自编函数形成一个 Python 文档 PyDm2fun.py，读者可加载调用。

（2）自定义函数包的安装与使用。

① 安装自定义包：将 PyDm2fun.py 文档复制到当前工作目录 D:\PyDm2 下。

② 加载自定义函数：%PyDm2fun.py。

③ 自定义函数调用：mcor_test (X) #使用相关系数矩阵检验函数。

（3）本书自定义函数的部分源代码。

① 相关系数矩阵检验函数。

```
def mcor_test(X): #相关系数矩阵检验
  p=X.shape[1];p
  sp=np.ones([p, p]);sp
  for i in range(0,p):
    for j in range(i,p):
      sp[i,j]=st.pearsonr(X.iloc[:,i],X.iloc[:,j])[1]
```

```
        sp[j,i]=st.pearsonr(X.iloc[:,i],X.iloc[:,j])[0]
    R=pd.DataFrame(sp,index=X.columns,columns=X.columns)
    print(round(R,4))
    print("\n 下三角为相关系数，上三角为概率")
```

② 主成分分析函数。

```
def PCrank(X,m=2): #主成分评价函数
  from sklearn.decomposition import PCA
  Z=(X-X.mean())/X.std()
  p=Z.shape[1]
  pca = PCA(n_components=p).fit(Z)
  Vi=pca.explained_variance_;Vi
  Wi=pca.explained_variance_ratio_;Wi
  Vars=pd.DataFrame({'Variances':Vi},index=X.columns);Vars
  Vars['Explained']=Wi*100;Vars
  Vars['Cumulative']=np.cumsum(Wi)*100;
  print("\n 方差贡献:\n",round(Vars,4))
  Compi=['Comp%d' %(i+1) for i in range(m)]
  loadings=pd.DataFrame(pca.components_[:m].T,columns=Compi,index=X.columns);
  print("\n 主成分负荷:\n",round(loadings,4))
  scores=pd.DataFrame(pca.fit_transform(Z)).iloc[:,:m];
  scores.index=X.index; scores.columns=Compi;scores
  scores['Comp']=scores.dot(Wi[:m]);scores
  scores['Rank']=scores.Comp.rank(ascending=False);scores
  print('\n 综合得分与排名:\n',round(scores,4))
  plt.plot(scores.Comp1,scores.Comp2,'.');
  for i in range(Z.shape[0]):
    plt.text(scores.Comp1[i],scores.Comp2[i],X.index[i])
  plt.hlines(0,scores.Comp1.min(),scores.Comp1.max(),linestyles='dotted')
  plt.vlinZes(0,scores.Comp2.min(),scores.Comp2.max(),linestyles='dotted')
```

③ 网络爬虫函数。

```
import requests
from bs4 import BeautifulSoup
def read_html(url,encoding='utf-8'): #获取 html 文档
  response = requests.get(url)
  response.encoding = encoding
  return response.text
def html_text(info,word):   #按关键词解析文本
  return([w.get_text() for w in info.select(word)])
```

④ 文献计量分析函数。

```
def find_words(content,pattern):#寻找关键词
  return [content[i] for i in range(len(content)) if (pattern in content[i])
== True]
```

```
def search_university(content,pattern): #查找单位
 return len([find_words(content[i],pattern) for i in range(len(content)) if
find_words(content[i],pattern) != []])
```

⑤ 共现矩阵的计算。

```
def occurence(data,document): #定义共现矩阵
  empty1=[];empty2=[];empty3=[]
  for a in data:
    for b in data:
      count = 0
      for x in document:
        if [a in i for i in x].count(True) >0 and [b in i for
  i in x].count(True) >0:
          count += 1
      empty1.append(a);empty2.append(b);empty3.append(count)
  df=pd.DataFrame({'from':empty1,'to':empty2,'weight':empty3})
  G=nx.from_pandas_edgelist(df, 'from', 'to', 'weight')
  return (nx.to_pandas_adjacency(G, dtype=int))
```

附录 B　云计算平台简介

B1　课程学习平台

http://www.jdwbh.cn/PyDm

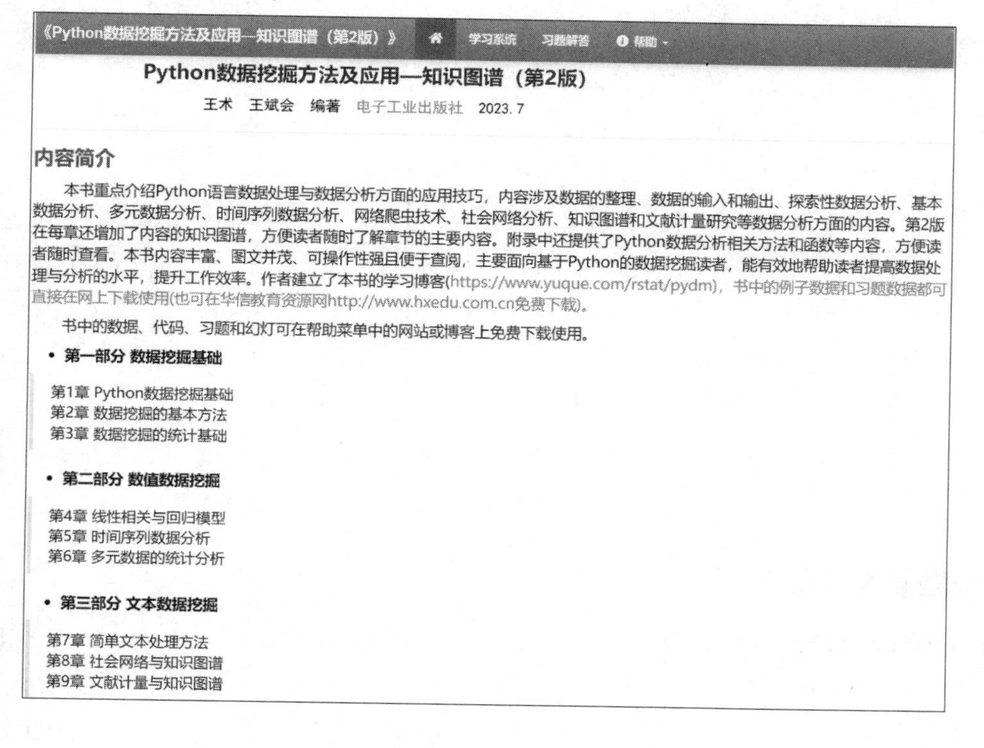

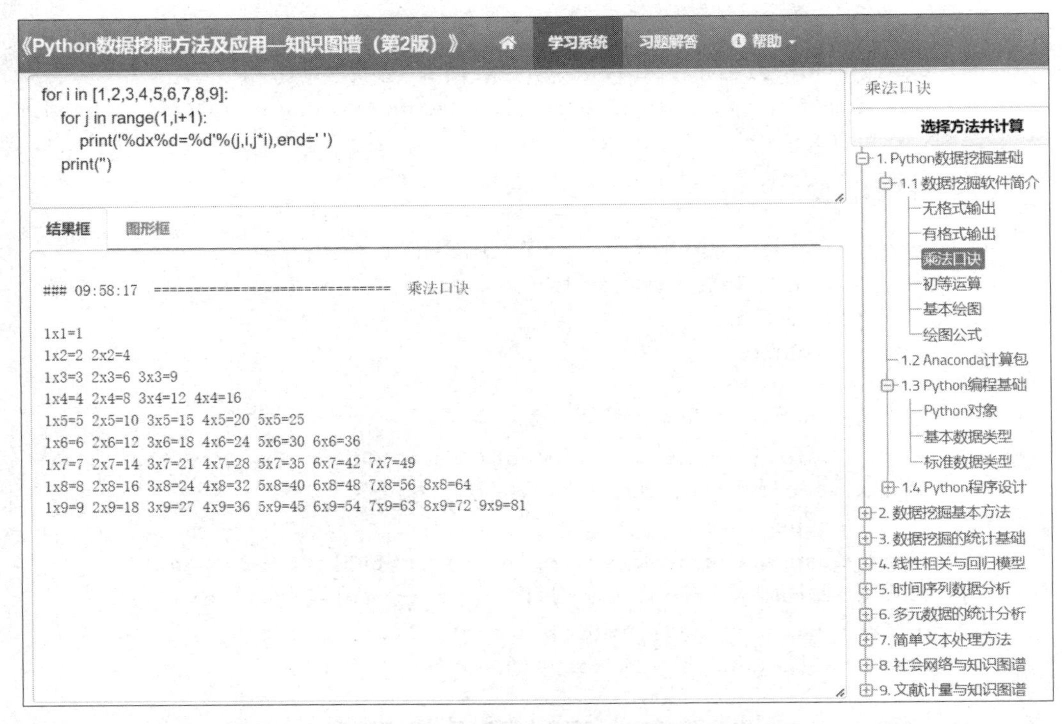

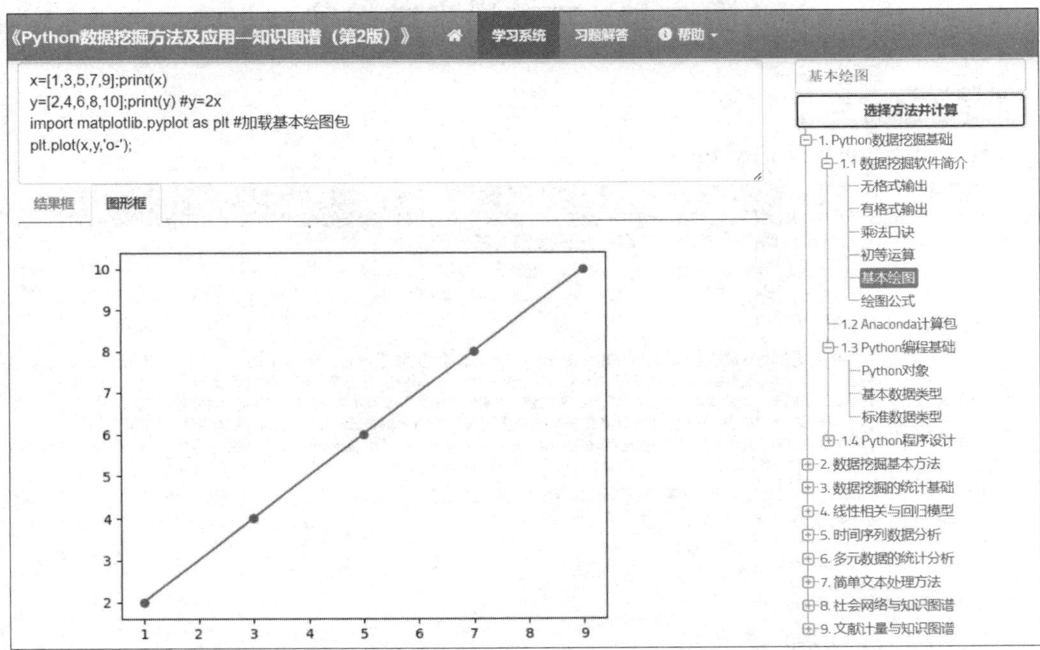

B2 习题解答平台

http://www.jdwbh.cn/Py/PyDmEx

《Python数据分析基础教程—数据可视化（第2版）》　习题解答系统　帮助

- 本平台针对书中练习题进行云计算学习，将结果提交电子作业！
- 进入系统后，可按每一章的练习题进行操作与分析。

每章参考答案

- **第一部分 数据挖掘基础**
- 第1章 Python数据挖掘基础习题答案
- 第2章 数据挖掘的基本方法习题答案
- 第3章 数据挖掘的统计基础习题答案
- **第二部分 数值数据挖掘**
- 第4章 线性相关与回归模型习题答案
- 第5章 时间序列数据分析习题答案
- 第6章 多元数据的统计分析习题答案
- **第三部分 文本数据挖掘**
- 第7章 简单文本处理方法习题答案
- 第8章 社会网络与知识图谱习题答案
- 第9章 文献计量与知识图谱习题答案

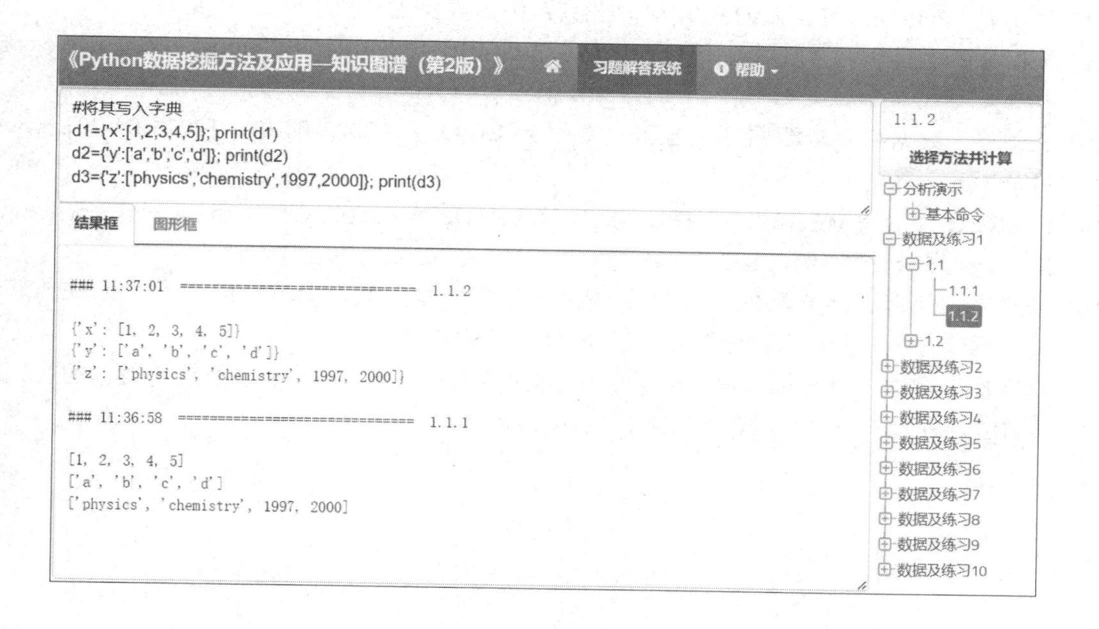

参考文献

[1] 王斌会. 数据分析及 Excel 应用[M]. 广州：暨南大学出版社，2021.

[2] 王斌会，王术. Python 数据分析基础教程：数据可视化[M]. 2 版. 北京：电子工业出版社，2021.

[3] 王斌会. 数据统计分析及 R 语言编程[M]. 2 版. 北京：北京大学出版社，2017.

[4] 王斌会. 多元统计分析及 R 语言建模[M]. 5 版. 北京：高等教育出版社，2020.

[5] 王斌会. 计量经济学时间序列模型及 Python 应用[M]. 广州：暨南大学出版社，2021.

[6] 吴国富，安万福，刘景海. 实用数据分析方法[M]. 北京：中国统计出版社，1992.

[7] 唐启义，冯明光. 实用统计分析及其 DPS 数据处理系统[M]. 北京：科学出版社，2002.

[8] MCKINNEY W. 利用 Python 进行数据分析[M]. 唐学韬，等译. 北京：机械工业出版社，2014.

[9] 张良均，王路，谭立云，等. Python 数据分析与挖掘实战[M]. 北京：机械工业出版社，2015.

[10] NELLI F. Python 数据分析实战[M]. 杜春晓，译. 北京：人民邮电出版社，2016.

[11] 吴喜之. Python：统计人的视角[M]. 北京：中国人民大学出版社，2018.

[12] 王斌会. 数据分析学习博客[EB/OL].（2023-04-01）[2023-04-20]. https://www.yuque.com/rstat.

[13] 王斌会. 数据科学资源共享课程云计算平台[EB/OL].（2023-04-01）[2023-04-20]. www.jdwbh.cn/rstat.

[14] BORGATTI, S P, MEHRA, A , BRASS, D J, et al. Network Analysis in the Social Sciences[J]. Science, 2009, 323 5916: 892-895.

[15] 马述忠，任婉婉，吴国杰. 一国农产品贸易网络特征及其对全球价值链分工的影响:基于社会网络分析视角[J]. 管理世界，2016（03）：60-72.

[16] 刘善仕，孙博，葛淳棉，等. 人力资本社会网络与企业创新:基于在线简历数据的实证研究[J]. 管理世界，2017（07）：88-98+119+188.